冶金工业出版社

普通高等教育"十四五"规划教材

金属压力加工原理

（第 2 版）

主　编　魏立群
副主编　柳谋渊　宋美娟

北　京
冶　金　工　业　出　版　社
2021

内 容 提 要

本书针对应用型本科教学的特点与要求，本着理论与应用并重的原则，吸收各相关教材的精华编写而成。全书共分三篇，第一篇金属轧制理论，主要介绍轧制理论的发展趋势、轧制的基本原理、轧制时金属的变形规律、力能参数计算方法等；第二篇金属挤压理论，主要介绍不对称轧制理论、挤压技术的发展趋势、挤压时金属流动和变形规律、力能参数计算方法等；第三篇金属拉拔理论，主要介绍拉拔技术的发展趋势、拉拔时金属流动和变形规律、力能参数计算方法等。

本书主要作为高等学校金属压力加工专业本科教学用书，也可作为金属压力加工专科学生的教学用书和冶金企业相关技术人员的培训教材。

图书在版编目（CIP）数据

金属压力加工原理/魏立群主编 . —2 版 . —北京：
冶金工业出版社，2021.3
普通高等教育"十四五"规划教材
ISBN 978-7-5024-8734-8

Ⅰ.①金… Ⅱ.①魏… Ⅲ.①金属压力加工—
高等学校—教材 Ⅳ.①TG3

中国版本图书馆 CIP 数据核字（2021）第 030037 号

出 版 人 苏长永

地 址 北京市东城区嵩祝院北巷 39 号 邮编 100009 电话 （010）64027926
网 址 www.cnmip.com.cn 电子信箱 yjcbs@cnmip.com.cn
责任编辑 杜婷婷 刘林烨 美术编辑 彭子赫 版式设计 禹 蕊
责任校对 石 静 责任印制 禹 蕊
ISBN 978-7-5024-8734-8
冶金工业出版社出版发行；各地新华书店经销；三河市双峰印刷装订有限公司印刷
2021 年 3 月第 1 版、2021 年 3 月第 1 次印刷
787mm×1092mm 1/16；15 印张；356 千字；223 页
48.00 元

冶金工业出版社 投稿电话 （010）64027932 投稿信箱 tougao@cnmip.com.cn
冶金工业出版社营销中心 电话 （010）64044283 传真 （010）64027893
冶金工业出版社天猫旗舰店 yjgycbs.tmall.com
（本书如有印装质量问题，本社营销中心负责退换）

第 2 版前言

本书第 1 版自 2008 年 2 月出版以来，受到高等院校金属压力加工专业师生和冶金企业相关工程技术人员的欢迎和好评。该教材针对高等院校应用型本科人才培养要求和教学特点，以"加强理论，突出应用，强调理论联系实际，注重培养学生理论基础应用和技术创新能力"为指导思想，本着理论与应用并重的原则，充分吸收各相关教材的精华，并尽可能使书的内容接近学科的前沿，力求反映学科的发展水平。同时突显应用特色，适应应用型高等院校金属压力加工本科专业教学的要求。

近年来，随着信息数据技术、人工智能技术和绿色制造技术等在冶金和金属加工领域的不断应用，本书第 1 版的一些内容需要调整和增补，以满足广大读者的需求。根据冶金工业出版社高等学校规划教材的要求，决定对本书第 1 版进行修订。本书保留了第 1 版体系，对一些章节内容进行了修订，并新增第 10 章内容。

本书由上海应用技术大学魏立群任主编。参加编写的有徐州工程学院宋美娟（第 1~3 章、第 9 章），上海应用技术大学柳谋渊（第 11~14 章），上海应用技术大学魏立群（第 0 章、第 4~8 章、第 10 章、第 15 章、第 16 章），全书由魏立群修改、增补和统稿，请相关院校的任课教师对书稿进行了审议，对本书提出了许多宝贵意见，特别是我院陆济民教授为本书编写提供很大的帮助，作者在此深表感谢。

本书主要作为高等学校金属压力加工专业本科教学用书（适用 70 学时），也可作为金属压力加工专科学生的教学用书和冶金企业相关技术人员的培训教材。

由于编者水平所限，书中不妥之处，敬请读者批评指正。

编　者
2020 年 8 月

第1版前言

本书针对应用型本科教学的特点和要求，以"加强理论，突出应用，强调理论联系实际，有利培养学生应用能力"为指导思想，本着理论与应用并重的原则，吸收各相关教材的精华，尽可能使书中的内容接近学科的前沿，力求反映学科的发展水平，同时突显应用特色。全书共分三篇，第一篇金属轧制理论：主要介绍轧制理论的发展趋势、轧制的基本原理、轧制时金属的变形规律、力能参数计算方法等。第二篇金属挤压理论：主要介绍挤压技术的发展趋势、挤压时金属流动和变形规律、力能参数计算方法等。第三篇金属拉拔理论：主要介绍拉拔技术的发展趋势、拉拔时金属流动和变形规律、力能参数计算方法等。每章均设有习题，以便学生自主学习。全书内容力求体现针对性、实用性和先进性相统一的原则，力求反映传统与现代、理论与实际相结合的特色。

本书由上海应用技术学院魏立群任主编。参加编写的有重庆科技学院宋美娟（第1~3章、第9章），上海应用技术学院柳谋渊（第10~13章），魏立群（第0章、第4~8章、第14章、第15章），全书由魏立群统稿，并请相关院校的任课教师对书稿进行了审议，提出了许多宝贵意见，特别是上海应用技术学院陆济民教授为本书编写提供了很大的帮助。另外，本教材的编写工作还得到"上海市高等学校——《材料加工》本科教育高校建设"的资助，编者在此深表感谢。

本书主要作为高等学校金属压力加工专业本科教学用书（适用70学时），也可作为金属压力加工专科学生的教学用书和冶金企业相关技术人员的培训教材。

由于编者水平有限，书中不妥之处，敬请读者批评指正。

编　者
2008 年 2 月

目　　录

第 1 篇　金属轧制理论

第 2 篇　金属挤压理论

第3篇　金属拉拔理论

第1篇 金属轧制理论

0 绪 论

金属压力加工过程就是金属塑性变形的过程，所以金属压力加工亦称金属塑性加工，其作用不仅是通过塑性变形改变金属的形状和尺寸，而且也能改善其组织和性能。塑性加工的方法主要有锻造、冲压、拉拔、挤压和轧制等，其中轧制在冶金工业，尤其在钢铁工业中是最主要的加工方法。在钢铁生产总量中，除少部分采用铸造和锻造等方法直接制成成品以外，其余90%以上的钢都须经过轧制成材。许多有色金属与合金材料也是靠轧制方法进行生产的。由此可见，金属材料的轧制生产在国民经济中占有极其重要的地位。

金属轧制理论是研究轧制过程的基本理论，它是建立在塑性加工力学和金属塑性加工物理学基础之上的，同时它又是轧制工艺学、轧制设备、轧制过程数学模拟等课程的基础，是与生产实践紧密结合，适用性很强的学科分支。金属轧制理论无论对于轧制原理的深入研究，还是对于轧制生产的发展都关系非常密切。因此，在学习过程中要求掌握轧制过程的规律及实质，并能应用所学规律去分析、解决生产实践和科学研究中的问题。此外还要掌握一些工程近似计算方法，这是由于影响轧制过程的因素很复杂，往往要进行一些假设和简化，但只要正确使用近似计算方法，用于轧制过程的工程计算精度还是足够的。

本篇的内容大致分为轧制基础理论、力能参数、弹塑性曲线与连轧理论的基本方程。分析方法主要是从变形区的微观分析到宏观计算等。

0.1 轧制理论的发展历史

由于金属轧制理论的发展较晚，因此其系统性、理论性不像其他学科那样严密和精确。所谓发展较晚，是指从1925年T.卡尔曼（Karman）发表轧制压力微分方程至今也不过八十多年，轧钢机的发明到现在为止也只有五百多年历史，因此其发展远远赶不上化学、物理等基础学科。

轧制理论的发展大致经历了这样几个时期：

（1）轧制理论不能实际应用的时代（1940~1950年）。1925年T.卡尔曼的轧制压力微分方程发表后，为轧制理论奠定了理论计算基础，但是，由于人工计算复杂，花费时间长，实际上未得到推广应用。另外，一方面由于理论计算值与实测值不一致，即理论公式即使是正确的，但变形抗力的值和摩擦系数计算不正确，结果也不准；另一方面由于当时的现场测定值受仪表精度的限制不太准确，理论计算在现场不能使用。

（2）轧制理论发展阶段（1950~1960 年）。进入 20 世纪 50 年代后，轧制理论的研究蓬勃发展起来。许多国家开展了热轧和冷轧时的变形抗力和摩擦机理研究，对轧制压力及扭矩的测量方法、测量装置的研究等。在变形区轧制压力分布、摩擦力分布等研究领域得到许多精确结果，为轧制理论的发展，提供了实测依据，提出了大量轧制压力公式，以及轧制压力分布的理论分析。

（3）轧制理论的应用阶段。随着电子计算机的发展和普及，应用计算机控制轧制过程得到推广，计算机应用后，复杂的公式很容易得到数值解，使轧制理论及其有关数学模型实际应用性显著增大，并且还研究出与理论公式同样精度的回归模型，使之更便于控制和使用。

0.2　现代轧制理论的发展趋势

近年来，面对着新技术浪潮的冲击，轧制技术的面貌可以说是日新月异，瞬息万变。在这种情景下，作为支撑轧制技术发展的轧制理论，也在传统轧制理论的基础上，大大地拓宽了研究领域、加深了研究深度，成为推动轧制技术发展的系统理论。传统的轧制理论以宽展、前滑等变量参数和轧制力、轧制力矩等力能参数为主要研究对象。近年来，现代轧制理论向应用理论的方向发展，向为工业生产服务的方向发展，并呈现出新的发展趋势和特点。首先与力学、数学和计算机科学形成密不可分的交叉体系。力学的研究从独立的力学分析到热、磁、电、化学作用的综合分析，从宏观力学深入到细观、微观，甚至纳观力学。近代数学的定性理论和非线性理论的成就，使力学研究层次和精确性都提高到一个新的水平。计算机科学的发展使力学和数学成果在轧制过程中得以更加有效的应用；其次将系统学引入轧制理论。轧制生产是一个由物理冶金、化学冶金、机械加工和自动控制等环节组成的复杂生产系统，整个系统的优化既需要引入系统工程学的方法，建立合理的模型描述，又要发展可靠而高效的计算方法。为了适应轧制生产现代化发展的需要，轧制理论今后在以下几个方面仍需进行不断的研究：

（1）精确计算轧制过程力能参数仍是深入理解轧制过程的物理实质，进一步发展轧制理论的基础。

（2）利用物理实验和数学方法相结合，研究轧材成分和变形条件对组织变化影响的定量关系，建立不同轧材组织结构与性能变化之间的理论模型，以便实现根据产品的使用要求来进行轧材成分和轧制规程的预设计。

（3）轧制工艺向上下工序的拓展与集成要求轧制理论突破原有界限，针对新材料、新技术和新工艺的具体要求，开拓新的理论研究领域。

（4）利用固体力学、计算力学的最新成果，开发各种计算软件来模拟轧制过程将是提高理论研究水平与速度的重要手段。

（5）开展轧制系统仿真的研究，应用计算机辅助工程、系统工程及人工智能方法寻求整个轧制生产过程的最优化，以实现最终提高产品质量、降低成本的目的。

总之，现代轧制理论的发展需要借助高速发展的信息技术、自动控制技术与现代化实验手段，与金属物理、热力学、金属学、力学、数学和计算机科学、人工智能等领域紧密结合，互相促进，才能有更加广阔的发展前景。

本篇涉及的范围仅是金属轧制理论的基础部分，是轧钢工程技术人员应当掌握的基本内容，并应用这些基本理论与计算方法解决生产实际问题。而轧制理论本身还要通过生产实践与科学研究来不断地充实、完善和发展。

1 轧制过程的基本概念

轧制又称压延，是金属压力加工中应用最为广泛的一种生产形式。所谓轧制过程就是指金属被旋转轧辊的摩擦力带入轧辊之间受压缩而产生塑性变形，从而获得一定尺寸、形状和性能的金属产品的过程。

根据轧制时轧辊旋转与轧件运动等关系，可以将轧制分成纵轧、横轧和斜轧。所谓纵轧是指工作轧辊的轴线平行、轧辊旋转方向相反、轧件的运动方向与轧辊的轴线垂直［见图 1-1(a)］。横轧是指工作轧辊的轴线平行、轧辊旋转方向相同、轧件的运动方向与轧辊的轴线平行、轧件与轧辊同步旋转［见图 1-1(b)］。斜轧是指工作轧辊的轴线是异面直线、轧辊旋转方向相同、轧件的运动方向与轧辊的轴线成一定角度［见图 1-1(c)］。本书主要讨论纵轧时的轧件变形和力能参数计算等问题。

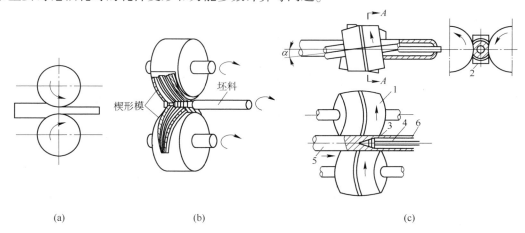

(a)　　　　　　　　　(b)　　　　　　　　　(c)

图 1-1　轧制的分类

(a) 纵轧；(b) 横轧；(c) 斜轧

1—轧辊；2—导板；3—顶头；4—顶杆；5—管坯；6—毛管

研究轧制过程中咬入、宽展及前滑等的规律性，以解决轧制时力能参数的计算等问题，则首先必须建立起轧制过程的基本概念。

1.1　变形区及其主要参数

1.1.1　简单轧制与非简单轧制

在实际生产中，轧制变形是比较复杂的。为了便于研究，有必要对复杂的轧制问题进行简化，即提出了所谓比较理想的轧制过程——简单轧制过程。通常把具有下列条件的轧制过程称为简单轧制过程。

(1) 两个轧辊都被电动机带动，且两轧辊直径相同，转速相等，轧辊辊身为平辊，轧辊为刚性。

（2）两个轧辊的轴线平行，且在同一个垂直平面中。

（3）被轧制金属性质均匀一致，即变形温度一致，变形抗力一致，且变形均匀。

（4）被轧制金属只受到来自轧辊的作用力，即不存在前后拉力或推力，且被轧制金属做匀速运动。

显然，凡不具备以上四个条件的轧制过程均为非简单轧制过程，如：

（1）由于加热条件的限制所引起的轧件各处温度分布不均匀，或受孔型形状的影响，变形沿轧件断面高度和宽度上不均匀等。

（2）由于轧辊各处磨损程度的不同，上下轧辊直径不完全相等，使金属质点沿断面高度和宽度运动速度不等。

（3）轧制压力和摩擦力沿接触弧长度上分布不均。

因此，简单轧制过程是一个理想化的轧制过程模型。为了简化轧制理论的研究，有必要从简单轧制过程出发，并在此基础上再对非简单轧制过程的问题进行探讨。

实际生产中，还有各种非简单轧制情况：

（1）单辊传动的轧机，如单辊传动平整轧机、周期式叠轧薄板轧机。

（2）附有外力（张力或推力）的连续式轧机，如带张力的冷连轧机组。

（3）轧制速度在一个道次中发生变化的轧机，如初轧机及带直流电动机传动的轨梁轧机。

（4）上下轧辊直径不相等的轧机，如劳特式三辊轧机。

（5）在非矩形断面的孔型中的轧制，如在异形孔型及椭、菱、立方孔型中的轧制。

1.1.2　变形区的主要参数

所谓轧制时的变形区就是指在轧制过程中，轧件连续不断地处于塑性变形的那个区域，也称为物理变形区。为研究问题方便起见，定义如图 1-2 所示的简单轧制过程示意图中 ABCD 所构成的区域，在俯视图中画有剖面线的梯形区域为几何变形区。近来轧制理论的发展，除了研究 ABCD 几何变形区的变形规律之外，又对几何变形区之外的区域进行了研究。因为轧件实际上不仅在 ABCD 范围内变形，其以外的范围也发生变形。故一般泛指变形区均系专指几何变形区而言。

简单轧制时，变形区的纵横断面可以看作梯形，变形区可以用轧件入出口断面的高度 H、h （或平均高度 $\bar{h}_c$）和宽度 B_H、B_h （或平均宽度 $\bar{B}$）及变形区长度 l，接触弧所对应的圆心角即咬入角 α

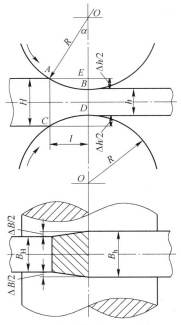

图 1-2　简单轧制过程示意图

来表示，以上各量称为变形区基本参数。对它们之间的关系及其表示方法的研究是弄清变形过程的重要手段。

变形区的平均高度及平均宽度为：

$$\bar{h}_c = \frac{H + h}{2} \qquad (1\text{-}1)$$

$$\bar{B} = \frac{B_H + B_h}{2} \qquad (1\text{-}2)$$

式中 H, h——轧件轧前、轧后的高度；

B_H, B_h——轧件轧前、轧后的宽度。

当变形区形状不是梯形时，其平均宽度可按下式计算：

$$\bar{B} = \frac{B_H + 2B_h}{3} \qquad (1\text{-}3)$$

变形区长度 l 可以用 AB 弦的水平投影长度表示，由图可知：

$$l = AE = \sqrt{R^2 - OE^2}$$

$$OE = R - \Delta h/2$$

式中 R——轧辊工作半径；

Δh—— 该道次的压下量，$\Delta h = H - h$。

当 Δh 不大时，代入上式并略去 Δh 的平方项，整理后得：

$$l = \sqrt{R\Delta h} \qquad (1\text{-}4)$$

关于咬入角 α 的表示法，由图示的几何关系可知：

$$\sin\alpha = l/R = \sqrt{\Delta h/R}$$

当 α 很小时，近似地取 $\sin\alpha \approx \alpha$，则得：

$$\alpha = \sqrt{\Delta h/R} \qquad (1\text{-}5)$$

$$\Delta h = R\alpha^2$$

咬入角、压下量和轧辊工作直径之间的关系，由图 1-2 可知：

$$R\cos\alpha = R - \Delta h/2$$

整理后得：

$$\Delta h = D_K(1 - \cos\alpha) \qquad (1\text{-}6)$$

式中 D_K——轧辊工作直径。

为简化计算，又可将 Δh、D_K 和 α 三者之间的关系用算图来显示。如图 1-3 所示，只要知道 Δh、D_K 和 α 三个参数中的任意两个，便可应用算图很快地求出第三个参数。

1.1.3 轧制变形的表示方法

轧制变形使轧件三个方向上的尺寸发生变化。为简化工程计算，通常假定这三个主要变形方向和主轴方向一致，即三个主轴方向发生的变形为主变形。变形的表示方法有三种。

1.1.3.1 绝对变形量表示方法

表示轧件高向变形的量称为压下量，即：

$$\Delta h = H - h \qquad (1\text{-}7)$$

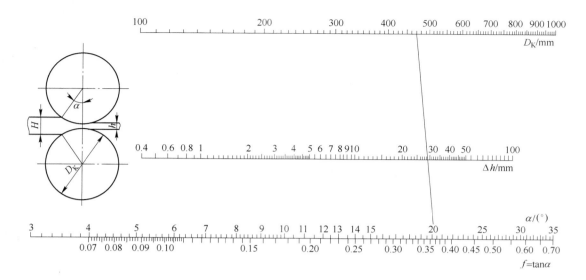

图 1-3　Δh-α-D_K 图

表示轧件宽向变形的量称为宽展量，即：

$$\Delta b = B_\mathrm{h} - B_\mathrm{H} \tag{1-8}$$

表示轧件纵向变形的量称为伸长量，即：

$$\Delta l = L_\mathrm{h} - L_\mathrm{H} \tag{1-9}$$

式中　H，B_H，L_H——轧件轧前的高度、宽度、长度；

　　　h，B_h，L_h——轧件轧后的高度、宽度、长度。

绝对变形量表示变形的方法，在大、中型及开坯生产，板带钢生产中应用较多，尤以前二者应用更为广泛。绝对变形量不能确切地表示变形程度的大小，只能表示轧件外形尺寸的变化。

1.1.3.2　相对变形量表示方法

一般相对变形量是用绝对变形量与轧件原始尺寸（或轧后尺寸）的比值表示的，即：

$$\varepsilon_1 = \frac{H - h}{H} = 1 - \frac{h}{H} \quad \text{或} \quad \varepsilon_1 = \frac{H - h}{h} = \frac{H}{h} - 1 \tag{1-10}$$

同理

$$\varepsilon_2 = \frac{B_\mathrm{h} - B_\mathrm{H}}{B_\mathrm{H}} \quad \text{或} \quad \varepsilon_2 = \frac{B_\mathrm{h} - B_\mathrm{H}}{B_\mathrm{h}} \tag{1-11}$$

$$\varepsilon_3 = \frac{L_\mathrm{h} - L_\mathrm{H}}{L_\mathrm{H}} \quad \text{或} \quad \varepsilon_3 = \frac{L_\mathrm{h} - L_\mathrm{H}}{L_\mathrm{h}} \tag{1-12}$$

为了确切地表示轧件某一瞬间的真实变形程度，又可用对数方法表示轧件的变形程度，即：

$$e_1 = \int_H^h \frac{\mathrm{d}h_x}{h_x} = \ln \frac{h}{H} \tag{1-13}$$

$$e_2 = \int_{B_H}^{B_h} \frac{\mathrm{d}b_x}{b_x} = \ln \frac{B_h}{B_H} \tag{1-14}$$

$$e_3 = \int_{L_H}^{L_h} \frac{\mathrm{d}l_x}{l_x} = \ln \frac{L_h}{L_H} \tag{1-15}$$

用对数表示的变形，反映了轧件的真实变形程度，所以又称真变形。根据体积不变定律，三个互相垂直方向的真变形的代数和应等于零，所以已知其中任意两个，便可求出另外一个真变形。一般在要求精度较高的计算时，才使用真变形。在简单轧制条件下，为了计算方便，经常采用的是相对变形量。相对变形量能够表示出轧件变形的大小。例如，同是 $\Delta h = 1\mathrm{mm}$ 变形量的两个轧件，对于原高为 100mm 的轧件，变形量只有 1%，而对于原高为 2mm 的轧件，其变形量达到 50%。所以相对变形量表示方法在工程计算上较为常用。

1.1.3.3 变形系数表示方法

表示高度方向变形的系数称为压下系数，即：

$$\eta = \frac{H}{h} \tag{1-16}$$

表示宽度方向变形的系数称为宽展系数，即：

$$\beta = \frac{B_h}{B_H} \tag{1-17}$$

表示长度方向变形的系数称为伸长系数，即：

$$\mu = \frac{L_h}{L_H} \tag{1-18}$$

根据塑性变形遵守的体积不变定律，则对于任意横断面面积，可有以下关系：

$$F_0 L_0 = FL$$
$$F_0 / F = L / L_0 = \mu \tag{1-19}$$

式中　F_0, L_0——轧件轧前横断面面积、长度；

　　　F, L——轧制某道次后轧件的横断面面积、长度。

由此可见，伸长系数 μ 又可等于轧制前与轧制后轧件横断面面积之比，而且伸长系数之值总大于 1。

轧制时，由坯料到成品要经过若干道次，其中每一道次断面的变形称为道次伸长系数；由坯料原始横断面至成品横断面的变形，称为总伸长系数。

如轧制 n 道次，各道次轧前轧件横断面面积为：

$$F_0 = \mu_1 F_1, \quad F_1 = \mu_2 F_2, \quad F_2 = \mu_3 F_3, \quad \cdots, \quad F_{n-1} = \mu_n F_n$$

故

$$F_0 = \mu_1 \mu_2 \mu_3 \cdots \mu_n F_n$$
$$F_0 / F_n = \mu_1 \mu_2 \mu_3 \cdots \mu_n = \mu_\Sigma \tag{1-20}$$

式中　μ_Σ——轧件轧制 n 道次后的总伸长系数，等于各道次伸长系数的乘积；

　　F_0, F_n——轧件轧前、轧后的横断面面积；

　　$F_1 \sim F_{n-1}$——1~$(n-1)$ 道次轧件轧后的横断面面积；

$\mu_1 \sim \mu_n$——$1 \sim n$ 道次的伸长系数。

假如各道次的伸长系数都相等，均等于平均伸长系数 $\bar{\mu}$，则：

$$\mu_\Sigma = \frac{F_0}{F_n} = (\bar{\mu})^n$$

故 $$\bar{\mu} = \sqrt[n]{\mu_\Sigma} = \sqrt[n]{F_0/F_n} \qquad (1\text{-}21)$$

同理，也可以很容易地导出轧制道次同轧件原始断面面积、成品断面面积及平均伸长系数的关系，即：

$$n = \frac{\lg F_0 - \lg F_n}{\lg \bar{\mu}} \qquad (1\text{-}22)$$

在忽略宽展，如轧制板材时，可以认为 $B_H = B_h$，则该伸长系数为：

$$\mu = F_0/F = B_H H / B_h h = H/h = \eta \qquad (1\text{-}23)$$

即轧制板材时，伸长系数可以用压下系数表示。

同理，也可以得到总压下系数与部分压下系数间的关系，即：

$$\eta_\Sigma = \frac{H}{h_n} = \eta_1 \eta_2 \eta_3 \cdots \eta_n \qquad (1\text{-}24)$$

由式（1-10）可知，在不计宽展时，相对压下量和伸长系数间存在如下关系：

$$\varepsilon_1 = 1 - \frac{1}{\mu} \qquad (1\text{-}25)$$

或 $$\mu = \frac{1}{1 - \varepsilon_1} \qquad (1\text{-}26)$$

1.1.4 平均工作辊径与平均压下量

公式（1-6）中所用轧辊直径为轧辊工作直径。所谓工作直径是指轧辊与轧件相接触处的直径，若取其一半，则为工作半径。

在平辊或矩形断面孔型中轧制时，工作辊径（见图 1-4）为：

$$D_K = D - h \qquad (1\text{-}27)$$

或 $$D_K = D' - (h - S) \qquad (1\text{-}28)$$

式中 D_K——轧辊工作直径；

  D——轧辊原始直径；

  D'——轧辊辊环直径；

  h——轧辊孔型高度；

  S——轧辊辊缝值。

与轧辊工作直径相对应的轧辊圆周速度，称为轧制速度，即：

$$v = \frac{\pi D_K n}{60} \qquad (1\text{-}29)$$

若实际轧制时，不是平辊或矩形断面孔型，应根据公式（1-30）计算出平均工作辊径，与平均工作辊径相对应的轧制速度，即为轧件离辊的平均速度。平均工作辊径的计算方法用求孔型平均高度法进行，如图 1-5 所示。

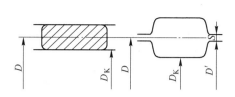

图 1-4 在平辊或矩形断面孔型中轧制

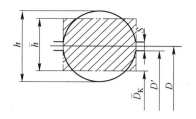

图 1-5 在非矩形断面孔型中轧制

$$\overline{D}_K = D - \overline{h} \tag{1-30}$$

$$\overline{D}_K = D - F/B_h \tag{1-31}$$

式中 $\overline{D}_K$——轧辊平均工作直径；

   $\overline{h}$——非矩形断面孔型的平均高度；

   F——非矩形断面孔型的断面面积；

   B_h——非矩形断面孔型的宽度。

或 $$\overline{D}_K = D' - (F/B_h - S) \tag{1-32}$$

若上下两辊直径相差悬殊时，则其轧辊平均工作半径按下式计算：

$$\overline{R} = \frac{2R_1R_2}{R_1 + R_2}$$

或 $$\overline{R} = \frac{D_1D_2}{D_1 + D_2} \tag{1-33}$$

式中 $\overline{R}$——上下轧辊直径不等时的轧辊平均工作半径；

 R_1，R_2——上、下轧辊的工作半径；

 D_1，D_2——上、下轧辊的工作直径。

   与轧辊平均直径的计算相同，也可以很容易地求出非矩形断面孔型的平均压下量（见图 1-6 均匀压缩实例），即：

$$\Delta h = H - h \tag{1-34}$$

式中 H——轧件轧制前高度；

   h——轧件轧制后高度。

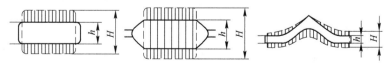

图 1-6 均匀压缩实例

   类似如图 1-7 所示的情况，可视为不均匀压缩的例子。不均匀压缩时，可将非矩形断面的孔型（或轧件）视为矩形，其宽与原非矩形断面孔型的宽度相等，用求平均高度的方法即可决定平均压下量。

   不均匀压缩时，图 1-7（a）和（b）的情况比较简单，其平均压下量为：

$$\Delta \overline{h} = H - \frac{F}{B_h} \tag{1-35}$$

式中 F——非矩形断面孔型的面积；
　　　　B_h——非矩形断面孔型的宽度。

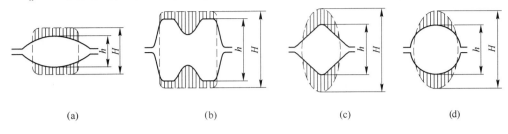

图 1-7   不均匀压缩实例

图 1-7(c)和(d)的情况，对送入轧件亦需要按假定矩形断面计算其平均高度，则平均压下量为：

$$\Delta \bar{h} = \overline{H} - \bar{h} \tag{1-36}$$

$$\Delta \bar{h} = \frac{F_0}{B_0} - \frac{F}{B_h} \tag{1-37}$$

式中 F_0——非矩形断面原料的断面面积；
　　　　B_0——非矩形断面原料入孔型的宽度。

1.2   实现轧制过程的条件

实现轧制过程的必要条件是轧辊的作用力能把轧件拉入辊隙中去，从而实现轧件的塑性变形，并能继续不断地进行轧制。实现轧制咬入过程的实质是当轧件和轧辊接触时，轧辊对轧件有作用力的方向和大小能实现轧制过程的咬入条件。

1.2.1   轧制过程开始阶段的咬入条件

轧件与轧辊接触时，轧辊对轧件的作用力如图 1-8 所示。当轧件接触到旋转的轧辊时，在接触点上（实际上是一条沿辊身长度的线）轧件以 P 力压向轧辊，因此，旋转的轧辊即以与作用力 P 大小相同、方向相反的力作用于轧件上。同时在旋转的轧辊与轧件间产生摩擦力 T。P 力是径向方向的正压力；T 力的方向是沿轧辊切线方向，与 P 力垂直，且与轧辊转动方向一致。根据库仑摩擦定律，有如下关系：

$$T = fP$$

式中 f——轧辊与轧件间的摩擦系数。

由轧件受力图 1-9 可以看出，P 力是外推力，而 T 力是拉入力，企图把轧件拉入轧辊辊隙。进一步分析还可以把力 P 和 T 进行分解，即分解 P 为 P_x 和 P_y，分解 T 为 T_x 和 T_y。垂直分力 P_y 和 T_y 压缩轧件，使轧件高度减小产生塑性变形。水平分力 P_x 和 T_x 是影响轧件可否被咬入的力。P_x 方向与轧件运动方向相反，阻碍轧件进入轧辊间，称为推出力；T_x 与轧件运动方向一致，力图将轧件拉入辊隙，称为咬入力。显然，当 P_x 大于 T_x 时，咬不进；当 P_x 小于 T_x 时，能够咬入；当 P_x 等于 T_x 时，是轧辊咬入轧件的临界条件。

由图 1-9 可知：

$$P_x = P\sin\alpha, \quad T_x = T\cos\alpha$$

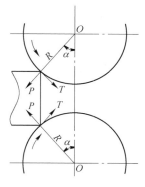

图 1-8　咬入时轧件受力分析

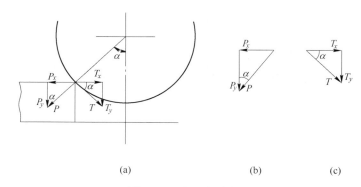

图 1-9　P 和 T 的分解

（a）咬入时轧件受力分解；（b）正压力 P 分解；（c）摩擦力 T 分解

当 $P_x = T_x$ 时，则：

$$P\sin\alpha = T\cos\alpha$$

得：

$$\frac{T}{P} = \frac{\sin\alpha}{\cos\alpha} = \tan\alpha \tag{1-38}$$

已知 $\frac{T}{P} = f$，所以

$$f = \tan\alpha \tag{1-39}$$

式（1-39）表明，咬入角 α 的正切等于轧件与轧辊间摩擦系数 f 时，是咬入的临界条件。根据图 1-10，改变式（1-39），可写成如下形式：

$$\tan\alpha = \tan\beta$$

或

$$\alpha = \beta \tag{1-40}$$

式中　α——咬入角；

　　　β——摩擦角。

式（1-40）即轧辊咬入轧件的临界条件，故轧制过程的咬入条件为摩擦角大于或等于咬入角，即：

$$\alpha \leqslant \beta \tag{1-41}$$

在一定条件下，f 为一定值，即 β 已知，则咬入角的最大值为：

$$\alpha_{\max} = \beta \tag{1-42}$$

显然，由图 1-10~图 1-12 可知，也可以将力 P 与 T 的合力 R 的指向表示轧件能否被咬入的条件，即：

（1）当 $\alpha > \beta$，$P_x > T_x$ 时，合力 R 向外，不能咬入；

（2）当 $\alpha < \beta$，$P_x < T_x$ 时，合力 R 指向轧制方向，可以咬入；

（3）当 $\alpha = \beta$，$P_x = T_x$ 时，合力 R 垂直于轧制线，为咬入临界条件。

1.2.2　轧制过程稳定阶段的咬入条件

在咬入过程中，金属和轧辊的接触表面，一直是连续增加的。随着金属逐渐进入辊隙，轧件与轧辊接触的正压力 P 和摩擦力 T 的作用点也在不断地变化，向着变形区出口

12

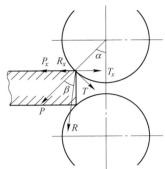

图 1-10　当 $\alpha > \beta$ 时，轧辊对
轧件作用力合力的方向

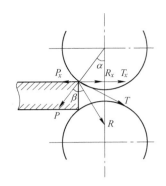

图 1-11　当 $\alpha < \beta$ 时，轧辊对
轧件作用力合力的方向

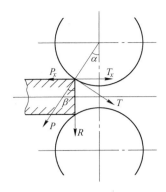

图 1-12　当 $\alpha = \beta$ 时，轧辊对
轧件作用力合力的方向

方向移动。

　　若用 δ 表示轧件被咬入后其前端与两辊心连线所成的角度〔见图 1-13（a）〕。按轧件进入变形区的程度，开始咬入时 $\delta = \alpha$；随着轧件的逐渐进入，δ 逐渐减小；金属完全充满辊隙时，$\delta = 0$，开始稳定轧制阶段。

　　图 1-13（b）示出了合力作用点与两辊心连线的夹角 φ，在轧件不断地充填辊隙的过程中，夹角 φ 也在不断地变化。随着轧件不断地充填辊隙，合力作用点内移，φ 角自 $\varphi = \alpha$ 开始逐渐减少，相应地，轧辊对轧件作用力的合力逐渐向轧制方向倾斜，向着有利于咬入的方向发展。当轧件充填辊隙过程过渡到稳定轧制阶段，合力作用点位置就固定下来，而所对应的 φ 角不再发生变化，并为最小值。若令

$$\varphi = \frac{\alpha_y}{K_x} \tag{1-43}$$

式中　　α_y——进入稳定轧制阶段的咬入角；

　　　　K_x——合力作用点系数。

　　金属充满变形区后，继续轧制的条件，仍应是咬入力 T_x 大于推出力 P_x，即 $T_x \geqslant P_x$，如图 1-14 所示。此时：

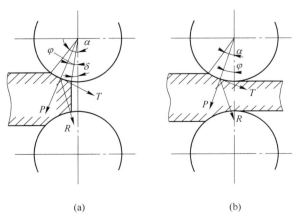

图 1-13　轧件充填辊隙过程中作用力条件的变化图解
（a）充填辊隙过程；（b）稳定轧制阶段

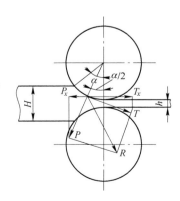

图 1-14　建成稳定轧制
过程咬入条件

$$T_x = T\cos\varphi = Pf_y\cos\varphi$$
$$P_x = P\sin\varphi \tag{1-44}$$

式中　f_y——稳定轧制阶段的摩擦系数。

若 $T_x \geqslant P_x$，则式（1-44）可写成：

$$T\cos\varphi \geqslant P\sin\varphi$$

或　　　　　　　　　　$$T/P \geqslant \tan\varphi$$

即　　　　　　　　　　$$f_y = T/P \geqslant \tan\varphi$$

将 $\varphi = \alpha_y/K_x$ 代入上式，则稳定轧制的条件为：

$$f_y \geqslant \tan\frac{\alpha_y}{K_x} \tag{1-45}$$

或　　　　　　　　　　$$\beta_y \geqslant \frac{\alpha_y}{K_x}$$

式中　β_y——稳定轧制阶段的摩擦角。

一般情况下，进入稳定轧制阶段时，$K_x = 2$，所以 $\varphi = \dfrac{\alpha_y}{2}$，即 $\beta_y \geqslant \dfrac{\alpha_y}{2}$。

由上述讨论可以得到如下结论：假设由咬入阶段过渡到稳定轧制阶段的摩擦系数不变，即 $\beta = \beta_y$，则稳定轧制阶段允许的咬入角比开始咬入阶段的咬入角可增大 K_x 倍，或近似地认为增大两倍。

同理，可以写出进入稳定轧制阶段的极限条件为：

$$\beta_y \geqslant \frac{\alpha_y}{K_x}$$

或　　　　　　　　　　$$\alpha_y \leqslant K_x\beta_y$$

或　　　　　　　　　　$$f_y \geqslant \tan\frac{\alpha_y}{K_x}$$

1.2.3　开始咬入条件与稳定轧制阶段咬入条件的比较

由上述可知：开始咬入阶段的极限条件为 $\alpha = \beta$；进入稳定轧制阶段的极限条件为 $\alpha_y = K_x\beta_y$。其比值为：

$$K = \frac{\alpha_y}{\alpha} = K_x\frac{\beta_y}{\beta}$$

或　　　　　　　　　　$$\alpha_y = K_x\frac{\beta_y}{\beta}\alpha \tag{1-46}$$

由式（1-46）可以看出，稳定轧制时的极限条件与开始咬入时的极限条件是不相同的，其比值取决于 K_x 与 β_y/β 之乘积，取决于合力作用点位置与摩擦系数的变化。

下面分别讨论各因素对轧制的影响：

（1）合力作用点位置的影响。如图 1-13（b）所示，轧件被咬入后，随轧件前端不断地充填变形区，轧件与轧辊的接触面积不断地增大，合力作用点逐渐向出口方向移动，由于合力作用点一定在咬入弧上，所以 K_x 一定大于1。若轧制过程中产生的宽展越大，则变形区宽度向出口方向逐渐扩张，合力作用点越向出口方向移动，即 φ 角越小，K_x 值越高。根据公式(1-46)在其他条件不变的前提下，K_x 值越高，则 α_y 越高，即在稳定轧制阶段可实现更大的咬入角。

（2）摩擦系数变化的影响。影响摩擦系数的因素很多，伴随轧制过程的进行，影响摩擦系数变化的主要是轧制温度和氧化铁皮的状态。冷轧时，轧制温度和氧化铁皮的状态变化较小，所以 $\beta_y=\beta$，即从开始咬入过渡到稳定轧制阶段，摩擦系数近似不变，所以冷轧时影响极限咬入条件与极限稳定条件的差异，主要是合力作用点位置系数。在热轧条件下，由实验证实 $\beta_y<\beta$，即从咬入过渡到稳定轧制阶段，摩擦系数降低，其原因有：

1）轧件端部温度较其他部分低。因为轧件端部最先与轧辊接触，端部散热面积较大，再受到冷却水的影响，所以轧件端部温度较其他部分温度低，咬入时的摩擦系数大于稳定轧制阶段的摩擦系数。

2）氧化铁皮的影响。咬入时轧件与轧辊接触时发生冲撞，易使轧件端部的氧化铁皮脱落，露出金属表面使摩擦系数提高；而轧件其他部分氧化铁皮不易脱落，故保持了较低的摩擦系数。

轧件表面氧化铁皮是影响摩擦系数的最主要因素，实际生产中，经常发生自然咬入后过渡到稳定轧制阶段时引起打滑的现象，就是一个很好的证明。

由以上分析可见，K 值变化较复杂，随轧制条件的不同而发生变化。冷轧时，可认为摩擦系数无变化，但由于 K_x 值较高，所以冷轧时 K 值也较高，说明咬入条件与稳定轧制条件间的差别也较大。

一般

$$K=K_x\approx 2\sim 2.4$$

所以

$$\alpha_y=(2\sim 2.4)\alpha$$

热轧时，由于温度和氧化铁皮的影响，使摩擦系数显著降低，所以 K 值较冷轧时小，一般为：

$$K=1.5\sim 1.7$$

所以

$$\alpha_y\approx(1.5\sim 1.7)\alpha$$

上述讨论表明，在稳定轧制阶段所允许的压下量较开始咬入时的最大允许压下量大很多，从开始咬入阶段过渡到稳定轧制阶段，(T_x-P_x) 增加很多，对继续咬入起很大作用，通常将 (T_x-P_x) 称为剩余摩擦力。轧件充填辊隙越多，剩余摩擦力就越大，到进入稳定轧制阶段剩余摩擦力达到最大值。轧钢生产中，为了保证咬入，一般均以 $\alpha<\beta$ 咬入，因此开始即有了剩余摩擦力，进入稳定轧制阶段后，剩余摩擦力更大。若能充分利用剩余摩擦力，如在稳定轧制刚刚开始的瞬时进行强制压下，用增大压下量的方法使之形成最大 α_y，仍能继续进行轧制，从而可以提高轧机生产率。所谓"带钢压下"技术就是利用这个原理。

1.3　最大压下量的计算及改善咬入的措施

1.3.1　最大压下量的计算

根据式(1-42)，咬入角的最大值等于摩擦角，即：

$$\alpha_{max}=\beta$$

按最大咬入角 α_{max} 计算压下量即为最大压下量。其计算公式为：

$$\Delta h_{max} = D_K(1 - \cos\alpha_{max}) \qquad (1\text{-}47)$$

在开坯机上，为了最大限度地提高轧机产量，往往采用最大咬入角，以获得最大压下量。若将上式改写一下，则有：

$$\cos\alpha_{max} = \frac{1}{\sqrt{1 + \tan^2\alpha_{max}}} = \frac{1}{\sqrt{1 + \tan^2\beta}} = \frac{1}{\sqrt{1 + f^2}}$$

得：

$$\Delta h_{max} = D_K\left(1 - \frac{1}{\sqrt{1 + f^2}}\right) \qquad (1\text{-}48)$$

已知轧辊直径时，所允许的最大压下量即为已知，称 $\Delta h_{max}/D_K$ 为轧入系数。其他不同轧制条件下的轧入系数与允许的最大咬入角和摩擦系数列于表 1-1 中。

表 1-1　不同轧制条件下的 α_{max}、f 与轧入系数

轧制条件	临界咬入角 α_{max}/(°)	摩擦系数 f	轧入系数 $\Delta h_{max}/D_K$
磨光轧辊润滑冷轧	3~4	—	1/410~1/330
粗糙轧辊上冷轧	5~8	—	1/262~1/182
表面研磨轧辊	12~15	0.212~0.268	1/46~1/29
粗面轧辊（厚板轧制）	15~22	0.268~0.404	1/29~1/14
平辊（窄带轧制）	22~24	0.404~0.445	1/14~1/12
轧槽	24~25	0.445~0.466	1/12~1/11
箱形孔	28~30	0.532~0.577	1/8.5~1/7.5
箱形孔并刻痕	28~34	0.532~0.675	1/8.5~1/6
连续式轧机	27~30	0.509~0.577	1/9~1/7.5

当轧制速度大于 1.6m/s 时，最大咬入角值随轧制速度的增大而下降。可以用下式近似地计算最大咬入角：

$$\alpha_{max} = 25.5 - 2v$$

式中　v——轧辊圆周速度，m/s。

表 1-2 列举了各种圆周速度条件下实测的最大咬入角。

表 1-2　各种圆周速度下实际临界咬入角

轧辊	轧辊圆周速度/m·s⁻¹							
	0	0.5	1.0	1.5	2.0	2.5	3.0	3.5
平辊	25.5	24.5	23.5	22.5	19.5	16.0	—	9
孔型辊	29.0	27.5	26.0	24.5	21.0	17.0	12.0	—
刻痕辊	33.0	32.0	31.0	30.0	28.0	26.0	24.0	21.0

1.3.2　影响轧件咬入的因素

在讨论改善咬入条件的措施之前，不妨先对式(1-6)进行分析，以求弄清影响咬入条件的各个因素，寻求更合理地改善咬入的措施，最大限度地提高轧机产量。

1.3.2.1　轧辊直径及压下量对咬入的影响

由公式 $\Delta h = D_K(1 - \cos\alpha)$ 可知：

（1）Δh 等于常数时，增加轧辊直径，咬入角减小。由此得出，当增加轧辊直径时，在摩擦系数相同的条件下，可以改善咬入条件，如图 1-15（a）所示。

（2）D_K 等于常数时，压下量减小，咬入角减小，使轧机产量降低，如图 1-15（b）所示。

（3）α 等于常数时，压下量与轧辊直径成正比，如图 1-15（c）所示。

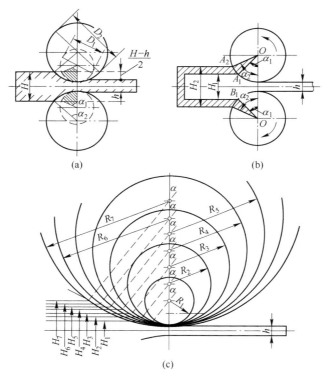

图 1-15　辊径、压下量和咬入角三者间的关系
（a）压下量不变时；（b）辊径不变时；（c）咬入角一定时

由以上分析可以看出，增大轧辊工作直径，虽然可以使咬入角 α 减小，改善咬入条件，但在轧钢设备已给定的车间，不可能随意变更轧辊直径的大小，所以用增大轧辊直径的方法提高轧机咬入能力是不现实的。只有在其他改善咬入的方法受到限制时，才被迫用降低轧槽高度的方法来增大轧辊工作直径，或在轧机牌坊窗口允许的条件下适当增大轧辊直径，以便改善咬入。

用减小压下量的方法，虽然可以减小咬入角，但必然使轧制道次徒然增加很多，从而降低轧机产量。一般在初轧机或三辊开坯机轧制的前几道次，为保证咬入，多采用减小压下量的方法。

1.3.2.2　作用水平力对咬入的影响

所有顺着轧制方向的外力，都有助于咬入。如实际生产中加于轧件后端的推力 Q 及加于轧件前端的拉力 M（见图 1-16），或轧件减速时产生的惯性力。

推力有助于咬入，但被咬入的物体，必须具备适当的塑性或弹性；反之，绝对刚体的物质在任何条件下都不可能咬入。实际生产中，如某些高合金钢的轧制，咬入时经常发生打滑，从而延长间隙时间，影响轧机产量的提高。有时在轧机前安装推料机以帮助轧件咬入。

一般在轧制过程已建立之后，才能在轧件上施以拉力。在带材轧制时，前拉力有助于轧件的咬入，避免由于压下量过大而产生的滑动。但过大的前张力也会促使轧件与轧辊间发生滑动，使轧辊咬不住轧件。

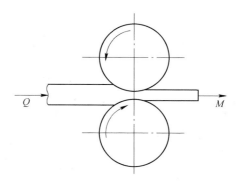

图 1-16　轧制时轧件上的推力及拉力

轧制过程中，轧件被迫做减速运动时所产生的惯性力，有助于轧件被轧辊咬住。实际生产中，常采用突然降低轧辊速度，用以改善轧制过程发生的滑动，使轧制能继续进行。

另外，所有逆轧制方向的外力，都不利于轧件的咬入。

1.3.2.3　轧辊表面状态对咬入的影响

轧辊表面状态即轧辊表面与轧件表面接触的状态，对轧件能否被咬入有很大影响。如轧辊表面越粗糙，则摩擦系数越大，即越有利于轧件被咬入。因此，有时在辊面上刻痕或焊痕。但这种方法容易引起产品表面光洁度的恶化，一般仅用于初轧或开坯的前几个道次。

1.3.2.4　轧制速度对咬入的影响

轧辊的轧制速度提高，降低了轧件与轧辊接触的摩擦系数，从而不利于轧件被咬入；速度降低，摩擦系数增大，所允许的咬入角增大，有利于轧件被咬入。

在一些轧机上，为了消除轧制速度对轧辊咬入的影响，经常采用可调节速度的轧制方式。咬入时，辊速降低；咬入一经实现，即提高轧辊转速（见图 1-17）。

1.3.2.5　轧件形状对咬入的影响

轧件的形状，特别是轧件前端的形状，与轧件是否容易被咬入有很大关系。通常轧件的形状有三种情况：

（1）铸锭前端大于后端，不利于咬入，如沸腾钢钢锭。

（2）铸锭前端小于后端，利于咬入。黑色金属轧制时，常用小头送入轧机即属此种方法。

（3）铸锭两端为尖形或圆形，利于咬入。有色金属铸锭经常制成此种形式。

1.3.2.6　有些非简单轧制过程不利于咬入

下列两种非简单轧制过程不利于咬入：

（1）仅下辊为主传动，上辊靠摩擦带动的轧机，对咬入不利。因上辊无作用力及摩擦力，只有反作用力［见图 1-18(a)］。

（2）在三辊劳特式轧机上，中辊直径较小，在压下量相同的条件下，与上下大直径轧辊比较，咬入角较大，故不利于咬入［见图 1-18(b)］。

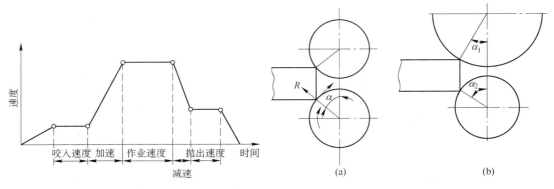

图 1-17　可调节速度作业方式中的速度图

图 1-18　非简单轧制过程的咬入

（a）单辊传动的轧制；（b）三辊劳特式轧制

1.3.3　改善咬入条件的措施

根据咬入条件 $\alpha \leqslant \beta$ 及影响咬入的因素，可以得出以下改善咬入的措施。

1.3.3.1　减小咬入角

（1）用楔形钢坯进行轧制，使 $\alpha < \beta$ 有利于咬入，一旦轧件被咬入后，即可加大压下量，充分地利用咬入后剩余摩擦，对产品质量亦无不良影响。生产中常常采用预先压下钢坯尾部，使尾部形成楔形，以利于下一道次的咬入。

（2）带钢压下：以 $\alpha < \beta$ 咬入后，将轧辊压下，以增大 α 增加压下量。这种方法实质上与上法相同，但要求有快速压下机构，一般应用于冷轧薄板生产中。

（3）冲力送入，使轧件冲向轧辊，将轧件前端压扁成楔形，使合力作用点前移，以改善咬入条件，也称为强迫咬入。

1.3.3.2　提高摩擦角

（1）改变轧件或轧辊的表面状态，以提高摩擦角。采用刻痕、堆焊或滚花的轧辊，以增加轧辊的粗糙度，加大摩擦角。多用于初轧及开坯的前几个道次中。轧辊刻痕、堆焊都有一定尺寸要求，以防止轧件表面形成折叠。轧制高合金钢时，轧辊刻痕或堆焊会影响钢材表面质量，宜采用清除炉生氧化铁皮的方法，增大摩擦系数来改善咬入。

（2）降低轧辊咬入轧件时的速度，以增加摩擦角。此法简单可靠，所有采用调速的轧机，都可以运用。

实际生产中究竟采用哪种方法，应对具体情况进行具体分析。总之，在轧机已定的条件下，充分地利用建成稳定轧制过程的条件，保证顺利操作的情况下，采用最大压下量，提高轧机产量，是改善咬入条件的目的。实际生产中，还有很多改善咬入的方法，而且往往根据不同的具体条件，可能几种方法同时应用。

1.4　轧制时的不均匀变形

许多实验研究表明，由于金属与工具接触表面上摩擦力的作用，在轧制过程中，金属的变形一般是不均匀的，其不均匀的性质与在镦粗时发生的不均匀变形相类似，镦粗时的各种不均匀变形现象，在轧制过程中也可看到。

在轧制时，除由接触摩擦引起的不均匀变形外，位于塑性变形区前后的轧出部分和待轧部分的金属称为外端，对于变形的不均匀性也有很大影响。在轧制过程中，变形区内垂直横断面上不同部位，由于外端的强制作用，而使其变形趋于均匀化。

证明不均匀变形理论正确性的实验工作，以 И. Я. 塔尔诺夫斯基（Тарновский）的实验最有代表性。他用水平和垂直纵截面为剖分面的铅试件，先在剖分面上刻画出直线网格，然后用低熔点合金将预先选定的剖分面焊合在一起。轧制完后将试件加热到合金熔化温度，即可将试件沿剖分面分开，使变形的网格显露出来。

根据剖分面上网格的应变，即可确定变形区内应变的分布。其实验研究结果如图 1-19 所示。

图 1-19 中曲线 1 表示轧件表面层各个单元体的变形沿接触弧长度 l 的变化，曲线 2 表示轧件中心层各个单元体的变形沿接触弧长度 l 的变化。图中纵坐标是以自然对数表示的变形。

由图 1-19 可以看出：接触弧开始处轧件表面层单元体的变形比轧件中心层单元体的变形大。变形区内参数存在如下关系：

$$v_x = v_0 \mu_x \tag{1-49}$$

式中　v_0——轧件入口速度；

　　　v_x——变形区中某一断面单元体金属的流动速度；

　　　μ_x——变形区中某一断面的伸长系数。

图 1-19 不仅说明沿轧件断面高度上的变形分布不均匀，而且也说明表面层的金属流动速度比中心层的快。

图 1-19 中曲线 1 与曲线 2 的交点相应于临界面的位置。在这个面上表面层金属与中心层金属的变形和流动速度是均匀的。在临界面的右边，即出辊方向，出现了相反的现象。轧件中心层单元体的变形比表面层单元体的变形大，金属流动速度也比表面层的快。

在接触的中间部分，曲线上有一段平行于横坐标的线段，说明在轧件与轧辊相接触的表面上确实存在在粘着区，即金属表面质点相对轧辊表面质点之间没有相对滑动。

另外，从图中还可以看出，在入辊前和出辊后轧件表面层和中心层都发生了变形。这充分证明在外端和几何变形区之间存在变形过渡区。在这个区域变形和流动速度也是不均匀的。

图 1-20 所示为轧制变形区分布示意图，Ⅰ 区为易变形区，Ⅱ 区为难变形区，Ⅲ 和 Ⅳ 区为自由变形区。由图 1-19 可以看出曲线 1 在出入口处表面层变形增加很快，图 1-20 可

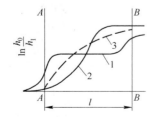

图 1-19　沿轧件断面高度上变形分布
1—表面层；2—中心层；3—均匀变形；
A—A—入辊平面；B—B—出辊平面

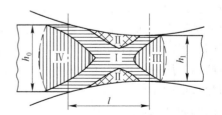

图 1-20　轧制变形区（$l/\bar{h} > 0.8$）分布示意图
Ⅰ—易变形区；Ⅱ—难变形区；
Ⅲ、Ⅳ—自由变形区

看到该处正处于易变形区 Ⅰ；而到中部呈水平段，图 1-20 中可看到表面层正处于难变形区 Ⅱ 发生粘着。图 1-19 曲线 2 在出入口处中心层变形增加缓慢，因为该处正处于自由变形区 Ⅲ 和 Ⅳ；而曲线 2 中部变形陡增，该处正处于易变形区 Ⅰ。

由塔尔诺夫斯基实验可以得出以下结论：

（1）沿轧件断面高度上的变形、应力和流动速度分布都是不均匀的。

（2）在几何变形区内，在轧件与轧辊接触表面上，不但有相对滑动，而且还有粘着。所谓粘着系指轧件与轧辊间无相对滑动。

（3）变形不但发生在几何变形区内，而且也发生在几何变形区之外，其变形分布都是不均匀的，这样就把轧制变形区分为变形过渡区、前滑区、后滑区和粘着区，如图 1-21 所示。

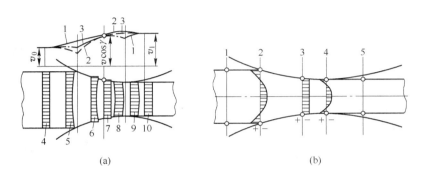

图 1-21　按不均匀变形理论金属流动速度和应力分布

（a）金属流动速度分布：1—表面层金属流动速度；2—中心层金属流动速度；3—金属平均流动速度；

4—后外端金属流动速度；5—后变形过渡区金属流动速度；6—后滑区金属流动速度；

7—临界面金属流动速度；8—前滑区金属流动速度；9—前变形过渡区金属流动速度；

10—前外端金属流动速度

（b）应力分布：1—后外端；2—入辊处；3—临界面；4—出辊处；5—前外端；+—拉应力；－—压应力

（4）在粘着区内有一个临界面，在这个面上金属的流动速度分布均匀，并且等于该处轧辊的水平速度。

实验还表明，轧制时应变分布的不均匀性，随变形区形状系数 $l/\bar{h}$ 的变化呈现不同的状态。根据 $l/\bar{h}$ 的不同可将轧件的变形粗略地分为下述三种情况：

（1）薄轧件轧制（$l/\bar{h} > 2{\sim}3$）。轧制板、带材通常属于这种情况。

当形状系数 $l/\bar{h}$ 较大时，由于轧件表面到轧件中部距离较小，整个变形区受接触摩擦力的影响都很大，所以在接触表面和轧件中部都呈现出较强的三向压应力状态。考虑到外端的作用，阻碍出入口断面向外凸出，中部区域压应力值还将有所增大，而靠近上下接触表面区域内，压应力值将有所减小，所以应力沿断面高度的分布趋于均化，使应变沿断面高度的分布也趋于均化，接触表面有滑动而无粘着。在平面假设的条件下，可以认为变形前垂直横断面在变形过程中保持为一平面，变形区内断面高度上金属质点所受应力、变形和流动速度均相同，如图 1-22 所示。

（2）中等厚度轧件轧制（$2{\sim}3 > l/\bar{h} > 0.5{\sim}1$）。轧制型材通常属于此类。

由于 $l/\bar{h}$ 的减小，摩擦力对中部区域的影响减弱，应力-应变沿垂直横断面分布的不

均匀性明显地增大。这时的不均匀变形状
态与产生单鼓形的不均匀镦粗相当，压缩
变形完全深入到轧件内部，因此，存在侧
表面转变为接触表面的现象。

对于此种变形情况，水平流动速度 v_x
沿变形区长度每一横断面高度的分布如图
1-21 所示。

（3）厚轧件轧制（$l/\bar{h} < 0.5 \sim 1.0$）。
在初轧机和大型开坯机上轧制钢坯时，前
面的道次多属于此类变形。

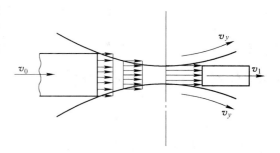

图 1-22　轧制薄轧件时流动速度沿断面
高度的分布图示

随变形区形状系数的减小，外端对变形过程的影响，变得更加突出。上下压缩变形不
能深入到轧件内部，变形只限于表面层附近的区域，表面层的变形较中心层的大。在接触
表面下面有刚性移动区即难变形区存在，金属流动速度和应力分布都不均匀。沿变形区高
度，在轧件表面层有水平压应力产生而在轧件中心层有水平拉应力存在。当比值 $l/\bar{h}$ 越小
时，应力的数值（绝对值）越大，如图 1-23 所示。同时应该指出，轧制厚轧件时，靠近
表面层金属产生横向流动的趋势较大，而使轧件的横断面呈中凹状。

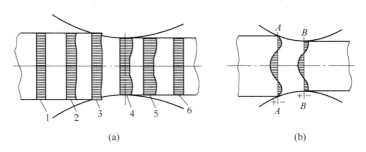

图 1-23　$l/\bar{h} < 0.5 \sim 1.0$ 时金属流动速度与应力分布
（a）金属流动速度分布；（b）应力分布
1，6—外端；2，5—变形过渡区；3—后滑区；4—前滑区；
A—A—入辊平面；B—B—出辊平面

图 1-24 所示是 А. И. 克尔巴斯尼柯夫（Колпашников）的实验研究结果，其可作为
变形沿断面高度不均匀分布的一例。图中所列数据是在轧制侧表面上刻有网格的铝合金板

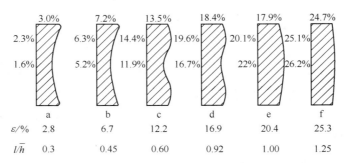

	a	b	c	d	e	f
$\varepsilon/\%$	2.8	6.7	12.2	16.9	20.4	25.3
$l/\bar{h}$	0.3	0.45	0.60	0.92	1.00	1.25

图 1-24　热轧铝合金时沿断面高度上的变形分布

坯时得到的。在相对压下量 $\varepsilon = 2.8\%$、6.7%、12.2%、16.9% 和比值 $l/\bar{h} = 0.3$、0.45、0.6、0.92 的条件下得到的四个实验结果，属于所述的厚轧件变形。在 $\varepsilon = 20.4\%$、25.3% 及 $l/\bar{h} = 1.0$、1.25 时得到的两个实验结果，则为中等厚度轧件变形。

1.5　轧制过程的运动学与力学条件

1.5.1　轧制过程的运动学

根据金属发生塑性变形的最小阻力定律和体积不变定律，高度被压下的金属，必然向宽度和长度方向流动。若为平板压缩时，金属向四周变形流动，其分界线应为垂直对称线，如图 1-25(a) 所示。若压缩时工具平面不平行 ［见图 1-25(b)］，由于工具形状的影响，金属容易向 AB 方向流动，因此它的分界线偏向 CD 一侧。轧制时，金属变形则类似不平行平板的压缩 ［见图 1-25(c)］，金属向阻力小的方向流动容易，向阻力大的方向流动困难。因此，分界线偏向出口侧，金属向入口侧流动多，向出口侧流动少。金属质点向入口侧流动形成后滑，向出口侧流动形成前滑。正如 1.4 节所述，金属的前后滑动，必然引起轧件相对于轧辊在变形区入口和出口处的速度差。根据金属变形体积不变定律，可以很容易证明，在辊隙内水平轴 X 方向的流动速度是不断改变的。如设轧件入口速度为 v_H，轧件出口速度为 v_h，入口轧件断面面积为 F_H，出口轧件断面面积为 F_h。则：

$$F_H v_H = F_h v_h$$

得：

$$v_h = \frac{F_H}{F_h} v_H \tag{1-50}$$

因为 F_H / F_h 为该道次的伸长系数，其值必大于 1。所以：

$$v_h > v_H \tag{1-51}$$

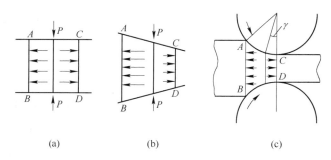

(a)　　　　　　　　(b)　　　　　　　　(c)

图 1-25　金属变形图示

从另一方面也可理解为：在出口处金属流动速度为 $v_h = v + \Delta v_h$。其中 v 为轧辊出口速度，Δv_h 为金属向前塑性流动所引起的速度增量。在入口处金属向前流动速度为 $v_H = v\cos\alpha - \Delta v_H$。其中 $v\cos\alpha$ 为入口处轧辊水平分速度，Δv_H 为由于金属向后塑性流动所引起的向后的速度增量。由此可以得出结论：轧件出口速度高于轧辊水平速度，而且出口处速度 v_h 为最大；轧件入口速度低于入口处轧辊水平速度，并在入口处速度 v_H 为最小。也就是说，入口处轧件相对轧辊向后滑动，出口处轧件相对轧辊向前滑动。在变形区内必有一断面，该处的轧辊和轧件水平速度相等，无相对滑动，称为中性面。它所对应的圆心角 γ 称为中性角。于是，中性面将变形区分为两个区域，即前滑区和后滑区。

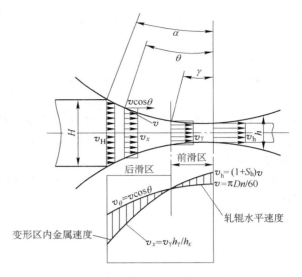

图 1-26 轧制过程速度图示

由以上分析，并假设无宽展，且轧件沿每一个断面高度上的质点变形均匀，变形速度一致（见图 1-26），则可得出：

$$v_h > v_\gamma > v_H \qquad (1\text{-}52)$$
$$v_h > v \qquad (1\text{-}53)$$

式中 v_h——轧件在出口处的速度；

   v_γ——轧件在中性面的速度；

   v_H——轧件在入口处的速度；

   v——轧辊的圆周速度。

且轧件入口速度小于轧辊水平分速度 $v\cos\alpha$，则：

$$v_H < v\cos\alpha \qquad (1\text{-}54)$$

中性面处轧件的水平速度与此处轧辊水平速度相等，即：

$$v_\gamma = v\cos\alpha \qquad (1\text{-}55)$$

当忽略宽展时，变形区任意一点的轧件水平速度，可以依体积不变定律求出：

$$v_x h_x = v_\gamma h_\gamma \qquad (1\text{-}56)$$

式中 h_x，v_x——变形区任意一点处轧件断面高度及其水平速度；

   h_γ——中性面处轧件断面高度。

研究轧制运动学有很大的实际意义。如在连续式轧机上，欲保持两机架间张力不变，很重要的条件就是要保持前后两机架间秒流量相等，即保持秒流量不变，才能保证轧制顺利地进行。要保持秒流量不变，必须了解两相邻机架的出入口速度，并建立一定关系。这为轧制运动学的研究提供了理论依据。

1.5.2 轧制的力学条件

为讨论轧件与轧辊接触弧长上力的作用，基于简单轧制的理想情况，假设：

（1）沿接触弧上径向单位压力 p 均匀分布；

（2）前、后滑区的摩擦系数相等；

（3）忽略宽展；

（4）轧辊为刚体，无压扁变形发生。

首先研究接触弧内任一微分弧长上的作用力。如图 1-27 所示，任一微分弧长与轧辊中心连线的夹角为 θ，其上作用有正压力 p 及摩擦力 t。摩擦力的作用方向取决于该微分弧长在接触弧内所处的位置。在后滑区内摩擦力作用方向与金属运动方向相同，拉轧件进入辊隙；前滑区内摩擦力方向则相反，阻碍轧件进入辊隙。摩擦力遵守库仑定律：

$$t = fp$$

式中　t——单位摩擦力；

　　　f——摩擦系数。

　　　p——轧制单位压力。

　　　下面对前、后滑区内任意一点上力的作用情况进行分析。例如，在后滑区，p 与 t 的合力以 R 表示。将 R 合力进行分解，可得水平分量 R_x 和垂直分量 R_y。力 R_x 企图拉金属进入接触弧内，而垂直分量 R_y 则压缩轧件使之塑性变形。若轧制过程已经建立，则单位压力 p 之合力 P 作用于接触弧中点 $\alpha/2$ 处，而摩擦力的合力则因前、后滑区方向的不同，其合力分别用 T_{1x} 和 T_{2x} 表示。

　　　根据力的平衡条件，在无外力作用下，轧制作用力的水平分量之和为零，如图 1-28 所示。

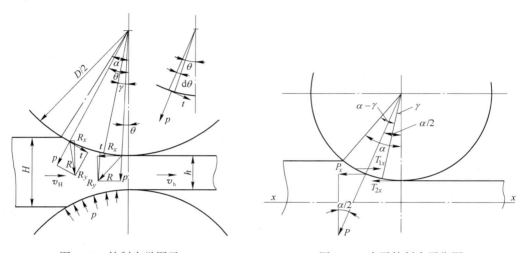

图 1-27　轧制力学图示　　　　　　　　　图 1-28　水平轧制力平衡图

$$\sum X = 0$$

即
$$\sum X = T_{1x} - P_x - T_{2x} = 0 \tag{1-57}$$

式中　T_{1x}——后滑区水平摩擦力之和；

　　　P_x——正压力水平分量之和；

　　　T_{2x}——前滑区水平摩擦力之和。

则
$$T_{1x} = fpB\frac{D}{2}(\alpha - \gamma)\cos\frac{\alpha + \gamma}{2} \tag{1-58}$$

$$P_x = pB\frac{D}{2}\alpha\sin\frac{\alpha}{2} \tag{1-59}$$

$$T_{2x} = fpB\frac{D}{2}\gamma\cos\frac{\gamma}{2} \tag{1-60}$$

分别代入式(1-57)，并令

$$\sin\frac{\alpha}{2} \approx \frac{\alpha}{2}$$

$$\cos\alpha \approx 1$$

$$f = \tan\beta = \beta$$

简化整理后得:

$$\gamma = \frac{\alpha}{2}\left(1 - \frac{\alpha}{2\beta}\right) \tag{1-61}$$

或

$$\gamma = \frac{\alpha}{2}\left(1 - \frac{\alpha}{2f}\right) \tag{1-62}$$

式(1-62)即为 И. М. 巴甫洛夫(Павлов)导出的三个特征角 α、β 和 γ 间的关系式。

轧制时的不均匀变形、运动学、力学条件以及咬入条件,称为轧制四条件。它描述了轧制时的基本现象,反映了轧制过程的基本概念。

习　　题

1-1　什么叫轧制,什么叫简单轧制过程?

1-2　什么叫变形区,几何变形区有哪些主要参数,如何计算?

1-3　产生剩余摩擦力的原因是什么?

1-4　推导轧制咬入条件和稳定轧制条件,分析如何改善轧制咬入条件?

1-5　有时钢坯出炉后立即进行轧制,不能咬入;将轧件在辊道上搁置一会儿,即可咬入,为什么?

1-6　在 $\phi430mm$ 轧机上轧制断面为 100mm×100mm 的钢坯,压下量取为 25mm,若 $\Delta b=0$,求变形区各主要参数(l、α、$\bar{h}_c$、$\bar{B}_c$)。

1-7　用 85mm×85mm 方坯轧制 $\phi28mm$ 圆钢,若平均伸长系数 $\bar{\mu}=1.28$,应轧制多少道次?

1-8　在 $\phi500mm$ 轧机上轧制圆钢断面 $F=12000mm^2$,宽度 $b=120mm$,求轧辊切槽的平均工作辊径?

1-9　在 $D=650mm$ 轧机上轧制 60mm 圆钢,椭圆轧件进入圆孔型轧制时,其尺寸如图 1-29 所示,已知:

$F_{椭}=4268mm^2$;$H_{椭}=54mm$;$B_{椭}=97mm$;

$F_{圆}=2827mm^2$;$h_{圆}=60.4mm$;$b_{圆}=61.2mm$。

求 $\Delta\bar{h}_{圆}$ 及 $\bar{D}_{圆}$ 之值。

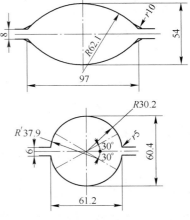

图 1-29　轧机 $\phi60$ 圆钢的
成品孔与成前孔

1-10　在 $\phi460mm$ 轧机上,箱形孔型的高度为 70mm,宽度为 114mm,轧制碳素钢坯断面尺寸为 110mm×110mm,轧辊材料为铸钢,轧制速度 $v=2.1m/s$,轧制温度为 1150℃。轧制时可否咬入?

2 轧制过程中的宽展

在轧制变形过程中，金属沿着轧件宽度方向流动引起轧件宽度尺寸发生变化的现象称为宽展。宽展的大小一般用轧制前后轧件宽度差的绝对值表示。如前所述，宽展还可以用宽展系数 $\beta = b/B$ 来表示。

由于宽展的大小受轧件尺寸（宽度、高度和变形区长度）和轧制条件（轧辊直径、轧制温度、轧制速度、摩擦系数和轧件的材质）等因素的影响，所以精确地确定各种轧制条件的宽展是轧制工艺设计中的一个难点。例如，在孔型设计中，若计算宽展大于轧件的实际宽展，则孔型充填不满，产品宽度尺寸不合要求，如图 2-1（a）所示。反之，若计算宽展小于轧件的实际宽展，则孔型过充满，产生耳子，如图 2-1（b）所示。以上两种情况都造成轧件废品。在生产实践中，根据轧制断面的不同特点，有时要求宽展量大，有时又要求宽展量小。如从较窄的坯料轧成宽度较大的成品时，希望有大的宽展；若从大断面的坯料轧成较小断面的成品时，则不希望有宽展。在这种情况下，应力求用最小宽展进行轧制，以减小消耗于横向变形的功。

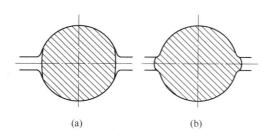

图 2-1　对宽展估计不足产生的缺陷
（a）未充满；（b）过充满

因此，根据已给定的坯料尺寸及压下量确定轧后的产品尺寸，或已知轧后轧件尺寸及压下量确定轧前坯料尺寸，都需要了解被压下的金属体积是如何进行延伸和宽展的。所以无论是从孔型设计的角度出发，还是从确定产品或坯料尺寸的需要，都应该掌握宽展的变化规律，并能够精确地计算宽展值。此外，正确地确定宽展值，对于实现负偏差轧制，提高经济效益，改善技术经济指标，也是重要的保证。因此，研究和讨论轧制过程的宽展，对于轧制生产具有十分重要的意义。

2.1　宽展的种类和组成

2.1.1　宽展的种类

为了全面地研究宽展现象及其客观规律，按宽展的特征以及金属在横向流动的自由程度，可将宽展分为以下三种：

（1）自由宽展。在轧制过程中，高度方向压缩下来的金属质点沿着轧件宽度方向流动时，除来自轧辊的摩擦阻力外，不受任何其他的阻力和限制而形成的宽展量，如图 2-2 所示。例如，钢板的轧制，在平辊上轧制扁钢、带钢，在开口孔型中轧制角钢，以及在宽度很大而侧壁不起作用的箱形孔中的轧制，都属于自由宽展的轧制。自由宽展的轧制是轧制变形中最简单的轧制情况。

（2）限制宽展。在轧制过程中，高度方向压缩下来的金属质点沿着轧件宽度方向流动时，除受到来自轧辊的摩擦阻力外，还受到来自孔型侧壁的限制而形成的宽展量，如图2-3所示。限制宽展值比自由宽展值小。例如，在立方孔型、菱形孔型中的轧制所得到的宽展值均为限制宽展。最近还有采用斜配置孔型的轧制方法，所得宽展甚至可以为负值，如图2-4所示。

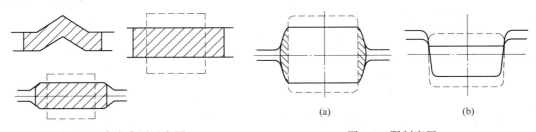

图 2-2　自由宽展示意图　　　　　　　　　　图 2-3　限制宽展
（a）箱形孔内的宽展；（b）闭口孔内的宽展

（3）强迫宽展。在轧制过程中，高度方向压缩下来的金属质点沿着轧件宽度方向流动时，不仅不受任何阻碍，反而受到强烈的推动作用，使轧件产生强迫宽展。在凸形孔型中轧制时，首先，由凸形孔型的侧壁作用于轧件的横向分力，促使金属质点横向移动，有利于宽展的产生，从而使宽展较大地增加；其次，利用沿轧件宽度上轧件的高度产生强烈的不均匀变形，从而促使宽展的增加。以图2-5为例，当宽度较小的坯料轧制较大的宽扁钢时，常常采用图2-5（b）所示的孔型，如把坯料划分为三部分，中部的压下量比两边部的压下量大，因此延伸也大，但轧件是一个紧密联系的整体，以平均伸长系数轧出孔型的。由于边部延伸小，中部的延伸必然受到边部金属的牵制和阻碍。根据体积不变定律，中部被压下金属的一部分将被迫流向宽度方向，使宽展增大而形成所谓强迫宽展。利用强迫宽展的方法，可以采用小坯料轧制出较大宽度的扁钢，或在帽形孔中强制形成轨底，如图2-5（a）所示。

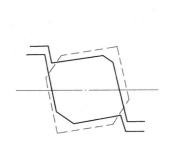

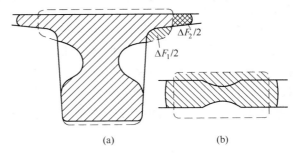

图 2-4　在斜配孔型内的宽展　　　　　　　　图 2-5　强迫宽展
（a）钢轨底层的强迫宽展；（b）凸形孔型的强迫宽展

在孔型中轧制时，由于孔型侧壁的作用和轧件高度的变形不均匀性，确定金属在孔型中轧制时的宽展是十分复杂的，尽管做了大量的研究工作，但在限制或强迫宽展的孔型内金属的流动规律还不太清楚。

2.1.2　宽展的组成

2.1.2.1　宽展沿轧件横断面高度上的分布

由于轧辊与轧件接触表面上的摩擦，以及变形区几何形状和尺寸的影响，沿接触表面上金属质点的流动轨迹，与接触面附近区域和远离接触面的区域是不同的。一般由滑动宽展 ΔB_1、翻平宽展 ΔB_2 和鼓形宽展 ΔB_3 3 部分组成，如图 2-6 所示。

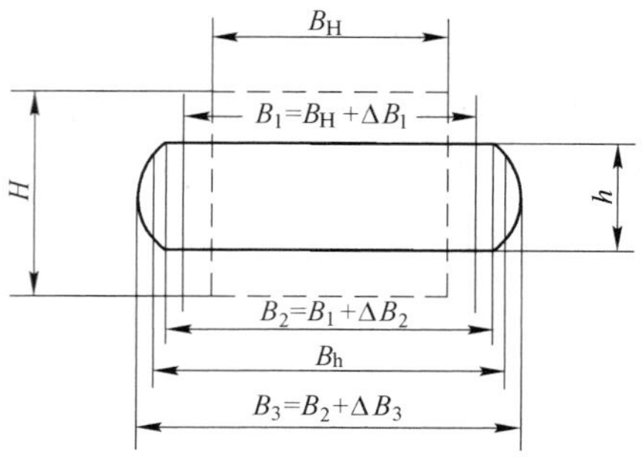

（1）滑动宽展是由于变形金属在与轧辊的接触面上产生相对滑动而使轧件宽度增加的量，用 ΔB_1 表示。轧件发生滑动宽展后的宽度为 B_1，则：

$$B_1 = B_H + \Delta B_1 \tag{2-1}$$

式中　B_H——轧件原始宽度。

图 2-6　宽展沿轧件横断面高度分布

（2）翻平宽展是由于变形金属与工具接触表面摩擦阻力的作用，迫使轧件侧面金属翻转到接触表面而使轧件宽度增加的量，以 ΔB_2 表示。考虑平宽展后试件的宽度为 B_2，则：

$$B_2 = B_1 + \Delta B_2 = B_H + \Delta B_1 + \Delta B_2 \tag{2-2}$$

（3）鼓形宽展是由于轧件发生不均匀变形，其侧表面产生鼓形而使轧件宽度增加的量，以 ΔB_3 表示。考虑鼓形宽展后试件的宽度为 B_3，则：

$$B_3 = B_2 + \Delta B_3 = B_H + \Delta B_1 + \Delta B_2 + \Delta B_3 \tag{2-3}$$

一般理论上计算的宽展，是将轧制后的轧件横断面视为同一厚度的矩形件的宽度与原始宽度之差，即：

$$\Delta b = B_h - B_H \tag{2-4}$$

决定上述三种形式宽展大小的因素是：

1）接触表面的摩擦系数；

2）变形区的几何参数；

3）高向变形量的大小。

若接触表面的摩擦系数 f 越大，引起不均匀变形越严重，则滑动宽展减小，翻平宽展和鼓形宽展增大。若轧件越厚，变形区的几何参数 l/h 越小，粘着区增大，则宽展主要由翻平宽展和鼓形宽展组成，如图 2-7 所示。同理，若摩擦系数 f 及变形区几何尺寸一定，随相对压下量的增加，滑动宽展上升，则翻平宽展及鼓形宽展增大到一定值之后便下降。图 2-8 为巴甫洛夫等所作出的以 H 为常数条件下，相对压下量与各种宽展率的关系实验曲线。

$l/\bar{h}$ 是变形区形状系数，$l/\bar{h}$ 比值反映了接触表面的摩擦条件及高度上变形的不均匀性。由于比值 $l/\bar{h}$ 的不同，在轧制后，轧件侧边形状可能呈现出双鼓形、单鼓形和平直形。

当 $l/\bar{h}$ 比值较小时，即轧件高度较大，使变形不深透，宽展仅产生在接触表面上，而中心层的宽展很小甚至没有变形，则轧件侧边形状呈双鼓形。

当 $l/\bar{h}$ 比值较大时，即轧件高度较小，变形结果是轧件中心层产生较大宽展，而两接触表面的宽展较小，则轧件侧边形状呈单鼓形。

当 $l/\bar{h}$ 在一定范围内（即介于上述两者之间）时，接触表面与中心层的宽展一样，表明接触表面与中心层的变形一致，则轧件侧边形状呈平直形。

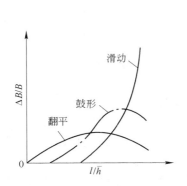

图 2-7   各种宽展与 $l/\bar{h}$ 的关系

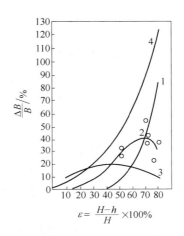

图 2-8   相对压下量与各种宽展率之间的关系曲线

H 不变：试样尺寸 20mm×20mm；$D = 220$mm

曲线：$1 — \dfrac{\Delta B_1}{B_H}$；$2 — \dfrac{\Delta B_2}{B_H}$；$3 — \dfrac{\Delta B_3}{B_H}$；$4 — \dfrac{\Delta B}{B_H}$

2.1.2.2   宽展沿轧件宽度上的分布

宽展沿轧件宽度分布的理论，基本上有两种假说。第一种假说认为，宽展沿轧件宽度是均匀分布的，如图 2-9 所示。其理论依据建立在变形是均匀的假说之上，并考虑外端的作用。因为变形区内金属与前后外端是紧密联系在一起的整体，对变形起均匀作用，使沿轧件长度方向上延伸均匀，所以宽展也是均匀的。宽展沿宽度均匀分布的假说，在轧制宽而薄的板材时，因宽展很小，可以忽略不计，变形可以认为是均匀的。但在其他情况下，均匀假说与许多实际情况不相符合，尤其对于窄而厚的轧件更不适应，因此这种假说是有局限的。

第二种假说，按最小阻力定律，把变形区分为四个区域（见图 2-10），认为两边为宽展区，中间为前后延伸区。虽然这种划分金属变形的方法，不能严格地说明金属表面质点的流动轨迹，但是它能定性地描述宽展发生时，变形区内金属质点流动的总趋势，容易说明宽展现象的性质，并作为计算宽展的依据。

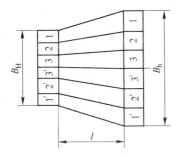

图 2-9   宽展沿宽度均匀分布假说

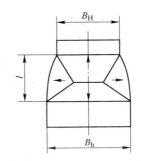

图 2-10   变形区分区图示

总之，宽展是一种极复杂的现象，正如前述，其组成不是单一的形式，不仅在轧件横断面高度上分布不均匀，而且在轧件宽度上分布也是不均匀的。

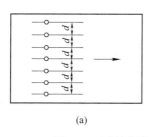 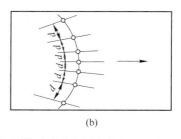

(a)   (b)

图 2-11　试料内嵌入小柱体以试验宽展之分布

(a) 轧制前；(b) 轧制后

为了了解宽展沿横断面宽度上的分布情况，可进行以下实验。在轧件的某一宽度上，嵌入一行按一定距离排列的小柱体，如图 2-11(a) 所示。经轧制后，横向排列的小柱体间距发生变化且成为圆弧形排列，如图 2-11(b) 所示。由于金属质点横向移动所受的阻力，由边缘至中央依次增加，所以轧件经轧制后可以得到：

（1）靠近横向边缘的柱距变化大于中央部分的柱距变化。

（2）越靠近轧件中央，金属的纵向流速越大，柱体排列由直线变成弯曲状。

从上述实验可以清楚地看出宽展沿轧件宽度分布是不均匀的。

2.2　影响宽展的因素

宽展的变化与一系列轧制因素有关，它们之间又构成复杂的关系。其表达式为：

$$\Delta b = f(H、h、l、B、D、\varphi_\alpha、\Delta h、\varepsilon、f、t、m、p_\sigma、v、\dot{\varepsilon})$$

式中　$H，h$——变形区轧制前后的高度；

$\qquad B，l$——变形区的宽度与长度；

$\qquad D$——轧辊直径；

$\qquad \varphi_\alpha$——变形区横断面形状系数；

$\quad \Delta h，\varepsilon$——压下量及压下率；

$f，t，m$——摩擦系数、轧制温度、金属化学成分；

$\qquad p_\sigma$——金属的力学性能；

$\quad v，\dot{\varepsilon}$——轧辊线速度、变形速度。

H、h、l、B、D 和 φ_α 是表示变形区特征的几何因素；f、t、m 和 p_σ、$\dot{\varepsilon}$ 及 v 是物理因素，它们影响到变形区内的作用力，特别是摩擦力。几何因素和物理因素的综合影响不仅限于变形区的应力状态，同时还涉及轧件的纵向和横向变形的特征。

轧制时高向压下的金属体积怎样分配给延伸和宽展，是由体积不变定律和最小阻力定律支配的。下面介绍影响宽展的因素，主要是以上述两定律出发进行分析研究的。

2.2.1　压下量对宽展的影响

实验证明，随着压下量的增加，宽展量也增加，如图 2-12 所示。因为压下量增加，$\Delta h/H$ 增加，引起高向压下的金属体积增加。一方面根据体积不变定律，横向移动的体积必然增加，则宽展增加。另一方面，根据最小阻力定律，随压下量的增加，变形区长度也增加，则金属纵向流动的阻力增加，故金属横向运动趋势增大，宽展增加。

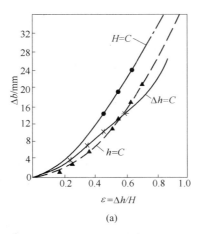 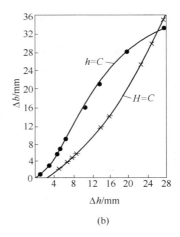

图 2-12 宽展与压下量的关系

（a）当 Δh、H、h 为常数，低碳钢，轧制温度为 900℃ 和轧制速度为 1.1m/s 时，Δb 与 $\Delta h/H$ 的关系；

（b）当 H、h 为常数，低碳钢，轧制温度为 900℃ 和轧制速度为 1.1m/s 时，Δb 与 Δh 的关系

相对压下量对宽展的影响分为三种情况：

（1）Δh 不变时，通过减小 H 或 h 来增加 $\Delta h/H$，使宽展增大。但由于 Δh 为常数，变形区长度没有增大，所以宽展增加缓慢。

（2）H 不变时，通过减小 h 或增加 Δh 来增大 $\Delta h/H$。Δh 增加或 h 减小，都会增加宽展，而且由于二者综合作用的结果，使宽展 Δb 增加迅速。

（3）h 不变时，只有增加 Δh 和增大 H 才能使 $\Delta h/H$ 增加，而 H 的增加又会使 $\Delta h/H$ 有所降低，因此 h 不变时，宽展的增加又比 H 为常数时增加的慢。

综上所述，很容易理解 Ю. M. 齐西柯夫（Чижиков）所作的 $\Delta h/H$ 与宽展指数 $\Delta B/\Delta h$ 之间的关系曲线，如图 2-13 所示。当 $\Delta h/H$ 增加时，Δb 增加，则 $\Delta b/\Delta h$ 增加。当 Δh 为常数时，增加 $\Delta h/H$，显然是靠 H 和 h 的减小使宽展增加的，所以 $\Delta b/\Delta h$ 呈直线增加。当 H 或 h 等于常数时，$\Delta h/H$ 的增加是靠增大 Δh 实现的，所以 $\Delta b/\Delta h$ 增长缓慢而且在达到一定数值后，h 增加超过了 Δb 的增长，还会发生 $\Delta b/\Delta h$ 下降的趋势。

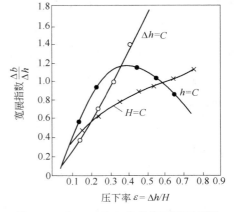

图 2-13 Δh、H 和 h 为常数时宽展指数与压下率的关系

2.2.2 轧辊直径对宽展的影响

实验证明，随轧辊直径增大，宽展增加。因为随轧辊直径增大，变形区长度增加，纵向延伸阻力增大，根据最小阻力定律，宽展必然增加。此外，由于轧辊直径的增大，比值 $B/\sqrt{R\Delta h}$ 减小，外区的作用减弱，也促使宽展随轧辊直径的增大而增加。同时，由于轧辊直径的增大，在压下量不变的条件下，接触弧中心角减小，故由轧辊形状的影响所造成的延伸减小也促使宽展增加。宽展随轧辊直径的增大而增加的关系，如图 2-14 所示。

2.2.3　轧件的宽度对宽展的影响

实验证明，轧件宽度小于某一定值时，随轧件宽度的增加宽展增加；超过此一定宽度以后，随轧件宽度的继续增加宽展减小，且以后不再对宽展发生影响，如图 2-15 所示。

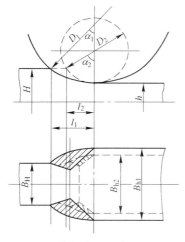

图 2-14　轧辊直径对宽展的影响

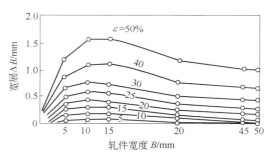

图 2-15　轧件宽度与宽展的关系图

宽展随轧件宽度变化而变化的规律，其实质可作如下说明：当 B 增加时，压下体积有较明显的增加，所以随宽度 B 的增加，轧件的宽展也增加。当宽度超过一定值后，随轧件宽度的增加，变形区形状发生显著变化，使变形区内横向阻力显著增加，所以随轧件宽度的增加，宽展减小。当轧件宽度很大时，横向阻力接近于 $\sigma_2 = (\sigma_1 + \sigma_3)/2$，即接近于平面变形状态，宽展趋近于零。

一般来说，当 $l/\overline{B}$ 增加时，宽展增加，即宽展与变形区长度 l 成正比，而与其宽度 $\overline{B}$ 成反比。$l/\overline{B}$ 的变化反映了变形区形状的变化，实质上反映了纵向阻力与横向阻力的变化。如前所述，通常认为在变形区纵向长度为横向长度的两倍时，即 $l/\overline{B} = 2$ 时，才会出现纵横变形相等的情况，其所以不在 $l/\overline{B} = 1$ 时产生，主要是由于工具形状及外端的影响。轧制时，工具形状在纵向为凸形时有利于延伸，变形区的前后外端妨碍金属质点的横向移动，也使宽展减小。

2.2.4　摩擦系数对宽展的影响

图 2-16 所示的实验曲线，表明了摩擦系数对宽展的影响。由图可知，轧辊表面粗糙时，摩擦系数增加，从而使宽展增加。由此说明，宽展随摩擦系数的增加而增加。

摩擦对宽展的影响，还可归结为摩擦对纵、横方向流动阻力比的影响，如图 2-17 所示。由于后滑区比前滑区大得多，且中性角 γ 只有几度，可把前滑区视为平面，因此变形区纵横阻力比主要取决于后滑区。

若 W_x、W_y 分别表示纵向延伸和横向宽展的阻力，则变形区纵向与横向流动阻力比 K 为：

$$K = \frac{W_x}{W_y} = \frac{T_{1x} - P_{1x}}{T_1} \qquad (2-5)$$

式中 W_x——金属纵向延伸阻力；

　　　 W_y——金属横向宽展阻力。

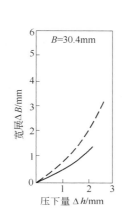

图 2-16　宽展与压下量和
　　　　　辊状况的关系
（实线为光面辊；虚线为粗面辊）

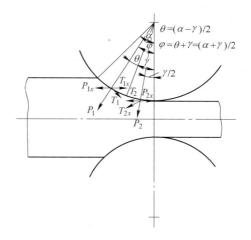

图 2-17　变形区塑流阻力示意图

后滑区纵向的塑性流动阻力为 T_{1x} 与 P_{1x} 的代数和；而在横向，由于辊身是平的，则宽展的流动阻力为 $W_y = T_1 = P_1 f$。由图 2-17 可知：

$$P_{1x} = P_1 \sin \frac{\alpha + \gamma}{2}$$

$$T_{1x} = T_1 \cos \frac{\alpha + \gamma}{2} = P_1 f \cos \frac{\alpha + \gamma}{2}$$

代入式(2-5)中，得：

$$K = \frac{T_{1x} - P_{1x}}{T_1} = \frac{f P_1 \cos \dfrac{\alpha + \gamma}{2} - P_1 \sin \dfrac{\alpha + \gamma}{2}}{f P_1}$$

得：
$$K = \cos \frac{\alpha + \gamma}{2} - \frac{1}{f} \sin \frac{\alpha + \gamma}{2} \qquad (2-6)$$

由式(2-6)可以看出，当 f 增加时，K 值增加，即阻碍纵向延伸的作用增加，所以宽展增加。

纵横阻力比 K 也反映了轧辊形状的影响，根据式(2-6)绘制成曲线，如图 2-18 所示。由图可以看出，$1 > K > 0$，说明纵向阻力小于横向阻力，极限情况二者相等，即 $K=1$ 时，轧辊直径 D 为无限大，相当于平面状态。按照最小阻力定律，在轧制时，由于轧辊形状的影响，延伸变形一般大于宽展，K 越小，金属在纵向变形阻力越小，延伸越大，横变形宽展越小。当咬入角 α 越大，轧辊形状影响越大，纵横阻力比 K 越小，越有利于延伸，即宽展越小。

因此，凡能影响变形区形状和轧辊形状变化的各种因素都将影响变形区金属流动的纵横阻力比，显然也都影响变形区内纵向延伸和横向宽展。

其他因素如轧制温度、轧制速度、润滑状况及轧件表面状态、化学成分等，都是通过摩擦系数影响宽展的。

轧制温度对宽展的影响实验曲线如图 2-19 所示。低温时，有氧化铁皮的轧件，其宽展远大于无氧化铁皮时的宽展。高温时，由于氧化铁皮起着润滑作用，轧件的宽展随温度的增加急剧下降。无氧化铁皮的轧件在高温时，宽展没有明显的变化。由此也说明：高温时炉生氧化铁皮起润滑作用，使宽展降低；而低温时再生氧化铁皮增大摩擦系数，使宽展增加。

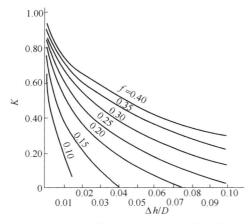

图 2-18　变形区第一个区域工具形状系数图

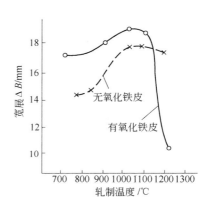

图 2-19　宽展与轧件温度的关系
（Q195 钢，$\Delta h / H = 50\%$）

轧制速度对宽展的影响是通过摩擦系数作用的。根据实验，在轧辊直径为 340mm 的二辊式轧机上，将宽度为 40mm，轧后高为 10mm 的试件，在套管中加热，加热温度约为 1000℃，去掉套管后轧制一个道次。变化每次试验压下量的大小，则可以得到在某一压下量时，轧制速度在 0.3~7m/s 的范围内变化下，轧制速度与宽展的关系曲线如图 2-20 所示。由图可知，轧制速度为 1~2m/s 时，宽展有最大值。当轧制速度大于 3m/s 时，曲线约保持水平位置，即轧制速度提高，宽展恒定。这与轧制速度对摩擦系数的影响，从而引起宽展的变化趋势是一致的。

在不同的润滑剂条件下进行轧制时，得到的宽展值也不同。在干辊面轧制时，宽展增加迅速；用煤油、乳液、锭子油、动物油等润滑剂时，都明显地降低了宽展的增长，如图 2-21 所示。

2.2.5　轧制道次对宽展的影响

若总压下量一定，则少道次轧制要比多道次轧制所得到的宽展量大。这是因为道次增多时，在总压下量不变的条件下，每个道次的压下量小，变形区长度减小，促使纵向摩擦阻力减小，引起延伸增加，所以宽展减小。表 2-1 给出了轧制道次和宽展的关系。

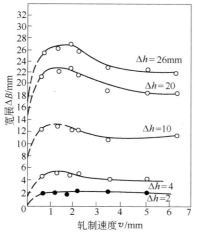

图 2-20 宽展与轧制速度的关系

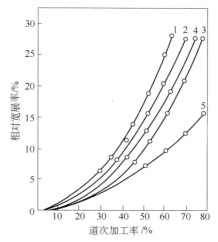

图 2-21 在不同润滑剂情况下相对宽展率
与每道次轧制率的关系

1—干辊；2—煤油；3—乳液；4—锭子油；5—动物油

表 2-1 轧制道次和宽展的关系

序　号	轧制温度/℃	道次数目	$\dfrac{H-h}{H}\times100\%$	$\Delta B/\mathrm{mm}$
		原　状		
1	1000	1	74.5	22.4
2	1085	6	73.6	15.6
3	925	6	75.4	17.5
4	920	1	75.1	33.2

由此可知，宽展量必须按道次计算。依轧件厚度的减小，按比例地计算总的宽展量是不正确的。另外，在总压下量一定的条件下，如前所述，用多道次轧制或少道次轧制所得轧件的宽展形式，也有很大区别。在用大压下量情况下，轧件边缘的宽展容易形成单鼓形；而在小压下量多道次轧制时，则边缘易形成双鼓形。

2.2.6　金属性质对宽展的影响

金属性质对宽展的影响，主要是通过化学成分改变金属氧化铁皮的形成和性质，使摩擦系数变化，从而增大或减小宽展的。

例如，当轧制铬钢和铬镍钢时，板材表面形成一层塑性很小的氧化层；而在轧制含硫易切钢时，由于含硫量高，高温时生成氧化铁皮层，甚至是熔化的液体状。因而轧制铬钢和铬镍钢时较轧制含硫易切钢时的摩擦系数大，宽展也大。

Ю. M. 齐西柯夫做了各种化学成分及组织的钢种实验，所得结果列入表 2-2 中，从表中可以看出合金钢的宽展比碳素钢的宽展大。

按一般公式计算出的宽展，很少考虑合金元素的影响，为了确定合金钢的宽展，必须将按一般公式计算出的宽展值乘以表 2-2 中的影响系数，即：

$$\Delta B_{合} = m \Delta B_{计} \tag{2-7}$$

式中　$\Delta B_{合}$——欲求的合金钢的宽展值；

　　　$\Delta B_{计}$——按一般公式计算出的宽展值；

　　　m——考虑合金元素影响宽展的系数。

表 2-2　钢的成分对宽展的影响系数

组别	钢　种	钢　　号	影响系数	平　均　数
I	普碳钢	10 号钢	1.0	—
II	珠光体-马氏体钢	T7A（碳工钢）	1.24	1.25~1.32
		GCr15（轴承钢）	1.29	
		16Mn（结构钢）	1.29	
		4Cr13（不锈钢）	1.33	
		38CrMoAl（合金结构钢）	1.35	
		4Cr10Si2Mo（不锈耐热钢）	1.35	
III	奥氏体钢	4Cr14Ni14W2Mo	1.36	1.35~1.40
		2Cr13Ni4Mn9（不锈耐热钢）	1.42	
IV	带残余相的奥氏体（铁素体、莱氏体）钢	1CrNi9Ti（不锈耐热钢）	1.44	1.40~1.50
		3Cr18Ni25Ti2（不锈耐热钢）	1.44	
		1Cr23Ni13（不锈耐热钢）	1.53	
V	铁素体钢	1Cr17Al5（不锈耐热钢）	1.55	—
VI	带有碳化物的奥氏体钢	Cr15Ni60（不锈耐热钢）	1.62	—

2.2.7　后张力对宽展的影响

实验证明，后张力对宽展有很大影响，前张力对宽展影响很小。由图 2-22 可见，随后张力 σ_0 的增加，宽展减小。当 σ_0 增加到剪切屈服极限 k 值时，轧件宽展为零。在某些情况，甚至导致轧件宽度上压缩。

横坐标上的 $\sigma_0 = T_0 / F_0$ 为作用在入口断面上的单位后张力值。T_0 为作用在轧件上的后张力值。

纵坐标　　$C_0 = \Delta b / \Delta b_0$

式中　Δb——有后张力时的实际宽展量；

　　　Δb_0——无后张力时的宽展量。

由图 2-22 可见，函数 $C_0 = f(\sigma_0 / 2k)$ 在 $\sigma_0 / 2k < 0.5$ 范围内近似于直线。

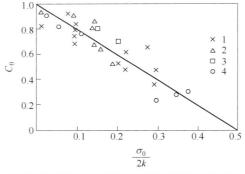

实验点编号	h_0/mm	b_0/mm	ε/%	b_0/l
1	38	104	26.3	2.4
2	18	203	33.4	5.7
3	8.6	63	26.8	3.2
4	8.1	85	27.2	4.4

图 2-22　热轧焊管坯时的宽展的后张力影响系数
（φ330mm 实验轧机上轧制）

2.2.8　外端对宽展的影响

如前所述，所谓外端（外区）就是指金属变形区以外的区域，通常指金属几何变形区以外的金属体积。其分布在入口平面以前和出口平面以后，外端使沿板材截面的纵向延伸均匀，所以使宽展减小。当不存在外端时，板材端部宽展增加。

总之，宽展问题十分复杂，要精确地计算宽展，计算公式必须正确地反映出各种主要因素对宽展的影响。影响宽展的因素虽然很多，但根据金属发生塑性变形的体积不变定律及最小阻力定律，影响宽展的因素可以归纳为以下两点：

（1）高向变形的大小。当其他条件相同时，高向变形增加，使宽展增加。因此压下量的大小是影响宽展的主要因素。

（2）变形区内纵横阻力比。该比值越大，即纵向阻力越大，横向阻力越小，则宽展增加。根据分析，纵横阻力比 K 还与变形区形状有关。变形区形状所反映的纵横阻力比，主要与变形区的两个边长之比以及摩擦系数有关。变形区形状系数为：

$$\varphi_\alpha = f(l/\overline{B}, f)$$

即变形区长度 l 越大，延伸阻力增加，使 φ_α 增加，则宽展增大。当横向尺寸 $\overline{B}$ 增加，横向阻力增加，即 φ_α 下降，则宽展减小。此外，纵横阻力比还与轧辊形状系数有关。

前述轧辊工作直径、轧件宽度、摩擦系数和轧制道次等对宽展的影响，都反映了变形区纵横阻力比的变化对宽展的影响。

2.3 计算宽展的公式

综上所述，由于宽展问题比较复杂，精确导出包含各类影响因素的宽展公式目前还是比较困难的。下面介绍的计算宽展的公式，多是根据一定的试验条件总结出来的，所以公式的应用是有条件的，并且计算是近似的。在实际生产中总结大量的实践经验才能合理地应用这些宽展公式，并正确地估计宽展的数值。

2.3.1 Л. 日兹（Же3）宽展公式

$$\Delta B = C\Delta h \tag{2-8}$$

式中 C——宽展指数，$C = 0.35 \sim 0.48$。冷轧时 $C = 0.35$（硬钢），热轧时 $C = 0.48$（软钢）。

C 值根据现场经验选取。如热轧低碳钢（1100~1150℃）时，$C = 0.31 \sim 0.35$；热轧合金钢或高碳钢时，$C = 0.45$。

根据大量生产实测资料的统计，在轧制普通碳素钢时，采用不同的孔型，C 值波动范围见表2-3。

表 2-3 宽展指数表

轧　机	孔型形状	轧件尺寸/mm	宽展指数 C 值
中小型开坯机	扁平箱形孔型	—	0.15~0.35
	立箱形孔型	—	0.20~0.25
	共轭平箱孔型	—	0.20~0.35
小型初轧机	方进六角孔型	边长>40的方坯	0.5~0.7
		边长<40的方坯	0.65~1.0
	菱进方形孔型	—	0.20~0.35
	方进菱形孔型	—	0.25~0.40

轧　机	孔型形状	轧件尺寸/mm	宽展指数 C 值
中小型轧机及 线材轧机	方进椭圆孔型	边长 6~9	1.4~2.2
		9~14	1.2~1.6
		14~20	0.9~1.3
		20~30	0.7~1.1
		30~40	0.5~0.9
	圆进椭圆孔型	—	0.4~1.2
	椭圆进方孔型	—	0.4~0.6
	椭圆进圆孔型	—	0.2~0.4

日兹公式只考虑了绝对压下量的影响，因此是近似计算，局限性较大。但形式简单，使用方便，所以在生产中应用较多。

2.3.2　E. 齐别尔（Siebel）宽展公式

当 $H<B$ 时，

$$\Delta B = C\sqrt{R(H-h)} \times \frac{H-h}{H} \tag{2-9}$$

式中　C——宽展系数，$C=0.35~0.45$。

热轧低碳钢（1150℃）时，$C=0.31$。

热轧低碳钢（1000℃）时，$C=0.35$。

轧制硬钢（1000℃以下）时，$C=0.4~0.45$。

对于转炉钢，C 值可取小一些；合金钢则取大值。

如果 $B > \sqrt{R(H-h)}$，则 C 应按表 2-4 选取。

表 2-4　选取 C 值表

$B_H/\sqrt{R(H-h)}$	7	8	10	12	14	16	18	20
C	1.0	0.92	0.75	0.6	0.45	0.3	0.15	0

注：1. H、h 为轧件轧制前和轧制后的高度；

　　2. R 为轧辊工作半径；

　　3. B_H 为轧件轧制前的宽度。

齐别尔公式考虑了变形区长度和轧前宽度以及相对压下量对宽展的影响。

现根据生产厂实际数据求得的系数，再考虑孔型形状及其他因素的影响，并利用平均高度法，求得 $\overline{H}$、$\overline{h}$ 及 $\overline{D}$，代入齐别尔宽展公式，就可以很容易地得出计算孔型中的宽展公式。

（1）计算椭圆孔型中的宽展。在椭圆孔型中轧制方断面坯料时的宽展为：

$$\Delta b_t = 0.4\sqrt{R(H-\overline{h}_t)} \times \frac{H-\overline{h}_t}{H} \tag{2-10}$$

式中　$\overline{h}_t$——椭圆孔型的平均高度，$\overline{h}_t = \dfrac{F_t}{b_t} \approx 0.74 h_t$；

H——方坯边长；

$\overline{R}$——轧辊平均工作半径，$\overline{R}=0.5(D-\overline{h}_t)$；

D——轧辊原始直径。

（2）计算立方孔型中的宽展。如图 2-28 所示，在立方孔型中轧制椭圆轧件时的宽展为：

$$\Delta b_f=(0.3\sim0.5)\sqrt{\overline{R}(\overline{b}_t-\overline{h}_f)}\times\frac{\overline{b}_t-\overline{h}_f}{\overline{b}_t} \tag{2-11}$$

式中　$\overline{b}_t$——椭圆轧件的平均宽度，即送入立方孔型的平均高度，$\overline{b}_t=\dfrac{F_t}{h_t}\approx0.74b_t$；

$\overline{h}_f$——立方孔型的平均高度，$\overline{h}_f=\dfrac{F_f}{b_f}\approx0.76\alpha$；

α——立方孔型的边长；

$\overline{R}$——立方孔型轧辊平均工作半径，$\overline{R}=0.5(D-\overline{h}_f)$；

D——轧辊原始直径。

2.3.3　Б. П. 巴赫钦诺夫（Бахтинов）宽展公式

Б. П. 巴赫钦诺夫的宽展公式为：

$$\Delta B=1.15\frac{\Delta h}{2H}\left(\sqrt{R\Delta h}-\frac{\Delta h}{2f}\right) \tag{2-12}$$

式中　f——摩擦系数；

Δh——压下量；

H——轧制前轧件高度；

R——轧辊工作半径。

此公式比齐别尔宽展公式多考虑了摩擦的影响，在计算平辊轧制和箱形孔型中的自由宽展轧制时，可以得到较为良好的结果。对 B/H 值较大的轧件，计算结果误差较大。

2.3.4　Z. 乌沙托夫斯基（Wusatowcki）宽展公式——相对宽展计算公式

相对宽展的计算公式为：

$$\beta=\lambda^{-10^{-1.2698}\cdot\varepsilon^{0.556}} \tag{2-13}$$

式中，$\beta=b/B$；$\lambda=h/H$；$\delta=B_H/H$；$\varepsilon=H/D$。

设 $W=10^{-1.269\delta}\cdot\varepsilon^{0.556}$ 为相对宽展指数，则：

$$\beta=\lambda^{-W} \tag{2-14}$$

或伸长系数（$\mu=l/L$）

$$\mu=\lambda^{-(1-W)} \tag{2-15}$$

在采用大压下量（$\lambda=h/H=0.5\sim0.1$）时的宽展系数公式为：

$$\beta_1=\lambda^{-W_1} \tag{2-16}$$

式中，$W_1 = 10^{-0.3457\delta} \cdot \varepsilon^{0.968}$。

为了便于计算，将式（2-13）绘制成曲线计算图 2-23 和图 2-24。将图 2-24 中的 $\lambda = 0.5 \sim 0.9$ 的一部分，放大为图 2-25，以便选择时更准确。

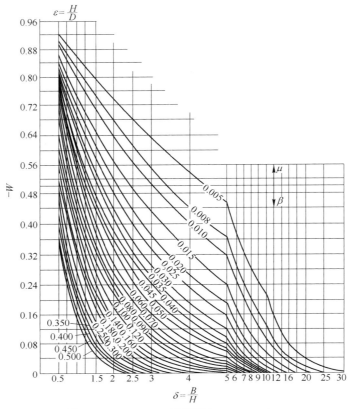

图 2-23　$W = f(\varepsilon, \delta)$ 计算图（$\delta = 0.5 \sim 30$）

当已知 δ 和 ε 时，从图 2-23 中可求出 W 值，又从图 2-24 的 $-W$ 曲线和 λ 值即可得到 β（或 μ）。

考虑影响宽展的其他因素，如轧件的轧制温度、轧制速度、轧辊表面加工情况和轧件材质等的影响，可将宽展系数 β 修正为：

$$\beta_{\text{正}} = acde\lambda^{-W} \tag{2-17}$$

式中　a——温度修正系数；

　　　c——轧制速度修正系数；

　　　d——轧件钢种修正系数；

　　　e——轧辊材质和加工修正系数。

轧制温度修正系数：当轧制温度处于 $750 \sim 900℃$ 时，$a = 1.005$；当轧制温度超过 $900℃$ 时，$a = 1.00$。

轧制速度修正系数：轧制速度在 $0.4 \sim 17\text{m/s}$ 时，

$$c = (0.00341\lambda - 0.002958)v + (1.07168 - 0.10431\lambda) \tag{2-18}$$

式中　λ——压下系数，$\lambda = h/H$；

　　　v——轧制速度，m/s。

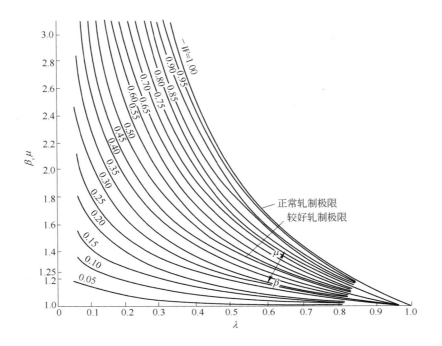

图 2-24 $\beta($ 或 $\mu)=f(\lambda \setminus W)$ 计算图 $(\lambda = 0 \sim 1.0)$

为了计算方便，将上式绘制成如图 2-26 所示的曲线关系。

轧件钢种修正系数 d 可从表 2-5 中查出。

轧辊材质和加工表面情况修正系数：

铸铁轧辊（表面加工粗糙时） $e = 1.025$

硬面轧辊（表面加工光滑时） $e = 1.000$

磨光钢轧辊 $e = 0.975$

表 2-5 轧件钢种修正系数表

序号	化学成分（质量分数）/%						修正系数 d	钢种
	C	Si	Mn	Ni	Cr	W		
1	0.06	残余	0.22	—	—	—	1.00000	转炉沸腾钢
2	0.20	0.20	0.50	—	—	—	1.02026	碳素结构钢
3	0.30	0.25	0.50	—	—	—	1.02338	碳素结构钢
4	1.04	0.30	0.45	—	—	—	1.00734	碳素工具钢
5	1.25	0.20	0.25	—	—	—	1.01454	碳素工具钢
6	0.35	0.50	0.60	—	—	—	1.01636	含锰耐热钢
7	1.00	0.30	1.50	—	—	—	1.01066	含锰耐热钢
8	0.50	1.70	0.70	—	—	—	1.01410	弹簧钢
9	0.50	0.40	24.0	—	—	—	1.99741	高锰耐磨钢

续表 2-5

序号	化学成分（质量分数）/%						修正系数 d	钢 种
	C	Si	Mn	Ni	Cr	W		
10	1.20	0.35	13.0	—	—	—	1.00887	高锰耐磨钢
11	0.06	0.20	0.25	3.50	0.40	—	1.01034	渗碳钢
12	1.30	0.25	0.30	—	0.50	1.80	1.00902	合金工具钢
13	0.40	1.90	0.60	2.00	0.30	—	1.02719	合金工具钢

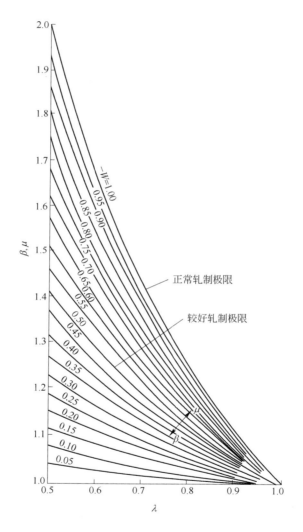

图 2-25 β（或 μ）$= f(\lambda, W)$ 计算图（$\lambda = 0.5 \sim 1.0$）

为了应用以上公式及图表计算宽展，现举实例如下。

【**例 2-1**】 轧制时的轧辊直径 $D = 598\text{mm}$，轧制温度 $t = 850℃$，轧辊淬火，轧件材质为碳钢（$w(\text{C}) = 0.25\%$）。轧制前轧件高度 $H = 27.5\text{mm}$，宽度 $B_\text{H} = 115.4\text{mm}$，轧制后轧件高度 $h = 16.7\text{mm}$，试计算该道次轧制后的宽展。

解：
$$\lambda = \frac{h}{H} = \frac{16.7}{27.5} = 0.607$$

$$\delta = \frac{B_{H}}{H} = \frac{115.4}{27.5} = 4.20$$

$$\varepsilon = \frac{H}{D} = \frac{27.5}{598} = 0.046$$

当 $\delta = 4.2$，$\varepsilon = 0.046$ 时，由图 2-23 查得 $W = 0.110$。在已知 $\lambda = 0.607$ 的情况下，由图 2-24 查得 $\beta = \lambda^{-W} = 1.054$，并由放大的曲线图 2-25 查得 $\mu = \lambda^{-(1-W)} = 1.556$。

根据轧制温度，求得其修正系数 $a = 1.005$。

根据轧制速度，$\lambda = 0.607$ 时，查曲线图 2-26，求得其修正系数 $c = 0.999$。

由轧件钢种，查表 2-5 得其修正系数 $d = 1.020$。

由轧辊硬度得轧辊表面修正系数 $e = 1.00$，得：
$$\beta_{正} = \beta acde = 1.054 \times 1.005 \times 0.999 \times 1.020 \times 1.00 = 1.0794$$

$$\mu_{正} = \frac{\mu}{acde} = \frac{1.556}{1.005 \times 0.999 \times 1.020 \times 1.00} = 1.5293$$

轧制后轧件宽度：
$$B_{h} = B_{H}\beta_{正} = 115.4 \times 1.0794 = 124.6(\text{mm})$$

验算　　　　$\lambda\beta_{正}\mu_{正} = 0.607 \times 1.0794 \times 1.5293 = 1.002 \approx 1$
表明上述计算是合理的。

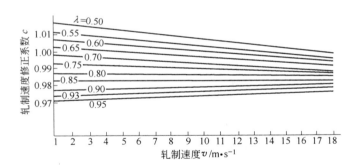

图 2-26　轧制速度修正系数 c 与轧制速度、压下系数的关系

2.3.5　A. И. 采利柯夫（Целиков）宽展公式

该公式是根据最小阻力定律和体积不变定律，并经过严格的数学推导得出的。该理论公式的计算比较复杂，不便于应用。在略去前滑区宽展不计的条件下，当 $\frac{\Delta h}{H} < 0.9$ 时，其简化公式如下：

$$\Delta B = C\Delta h\left(2\sqrt{\frac{R}{\Delta h}} - \frac{1}{f}\right)\varphi(\varepsilon) \tag{2-19}$$

式中　C——决定于轧件开始宽度与咬入弧长的比值的系数，其计算式如下：

$$C = 0.5 + 1.34\left(\frac{B_H}{\sqrt{R\Delta h}} - 0.15\right)e^{0.15 - \frac{B_H}{\sqrt{R\Delta h}}}$$

$\varphi(\varepsilon)$——决定于压下率的函数，$\varepsilon = \dfrac{\Delta h}{H}$，

$$\varphi(\varepsilon) = 0.138\varepsilon^2 + 0.328\varepsilon$$

R——辊身工作半径；

Δh——该道次的绝对压下量；

H——进入轧辊的轧件高度；

B_H——进入孔型的轧件宽度。

c 和 $\varphi(\varepsilon)$ 也可以由图 2-27 和图 2-28 的曲线查得。

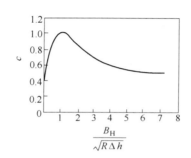

图 2-27　系数 c 与 $B_H/\sqrt{R\Delta h}$ 比值的关系　　图 2-28　函数 $\varphi(\varepsilon)$ 与压下率 $\varepsilon = \dfrac{\Delta h}{H}$ 的关系

2.3.6　轧制合金钢时计算宽展的公式

轧制合金钢时计算宽展的公式为：

$$\Delta B = \left(1 + \frac{\Delta h}{H}\right)\left[\xi dc(0.005t - 0.006\xi^{0.005t})\left(\sqrt{R\Delta h} - 0.5\Delta h\right)\frac{\Delta h}{H}\right] \tag{2-20}$$

式中　ξ——决定于轧辊材料表面情况的系数；

d——决定于轧件材质的系数；

c——决定于轧制速度的系数；当 $v = 1.5\text{m/s}$ 时，$c = 1.3$；当 $v > 1.5\text{m/s}$ 时，$c = 1.0$。

轧辊材料表面对宽展的影响系数 ξ 见表 2-6，轧件材质对宽展的影响系数 d 见表 2-7。

表 2-6　轧辊材料表面对宽展的影响系数 ξ

轧辊材料	轧辊表面	系数 ξ	轧辊材料	轧辊表面	系数 ξ
铸钢	车光	0.10~0.12	铁（半硬）	磨光	0.07~0.08
				车光	0.08~0.10
	粗	0.13~0.15		粗	0.10~0.12
锻钢	磨光	0.05~0.07	铁（硬面）	磨光	0.04~0.06
	车光	0.09~0.1		车光	0.07~0.08
	粗	0.12~0.14		粗	0.08~0.10

表 2-7　轧件材质对宽展的影响系数 d

钢种类别	影响系数 d	钢种类别	影响系数 d
碳素钢	1.0	奥氏体钢	1.4
莱氏体钢	1.0	铁素体钢	1.55
珠光体-马氏体钢	1.24~1.30	奥氏体钢（含碳化物）	1.60

2.4　孔型中轧制时的变形特点

孔型中的宽展是极为复杂的现象，迄今尚有许多问题未获得解决。孔型中的宽展除受上述因素的影响外，还有以下几方面的影响。

2.4.1　在轧件宽度上压下不均匀的影响

如图 2-29 所示，以椭圆孔型中轧制方形件为例，在宽向各点的压下不均，必然造成宽向各点延伸不均，但金属作为一整体，是平均延伸出口的。在 1 区内的延伸接近于平均延伸；2 区内的延伸大于平均延伸，被压下的金属形成强边宽展；3 区内的延伸小于平均延伸，多余部分的延伸产生宽度上的拉缩，从而形成负宽展。

轧件以平均延伸出辊时，$\bar{\mu} = L_h / L_H$；在变形区内可能有三种变形条件同时存在：

（1）形成 $\bar{\eta} = \bar{\mu}$ 区域，轧件被压下的部分金属完全形成延伸，$\beta = 0$，宽展消失，应力状态处于平面变形状态，即 $\sigma_2 = (\sigma_1 + \sigma_3)/2$。

（2）形成 $\bar{\eta} > \bar{\mu}$ 区域，$\beta > 1$，产生正值宽展，即形成强迫宽展。

（3）形成 $\bar{\eta} < \bar{\mu}$ 区域，$\beta < 1$，产生负值宽展，即形成横向收缩现象。

因此不均匀压下使变形区宽度上各点的宽展有很大差别，尤其是强迫宽展和拉缩现象，对产品尺寸精度影响很大，孔型设计时应充分地考虑这个影响，以保证产品质量。

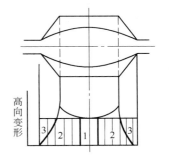

图 2-29　在椭圆孔型中轧制方形件的高向变形分布图

孔型中不均匀压下的情况，使压下量的求法不能用简单轧制下的 $\Delta h = H - h$ 来进行计算，可按以下两种方法进行：

（1）外形轮廓法。该法即按照轧件最大外形尺寸计算，如图 2-30 所示。

$$\Delta h = H - h$$
$$\Delta B = B_h - B_H$$

此法计算简单，但不准确。

（2）平均高度法。如第 1 章所述，以相同的矩形面积代替具有曲线轮廓的孔型面积或轧件面积，如图 2-31 所示。

轧前椭圆面积 $F_t = B_H \bar{H}$；轧后立方面积 $F_f = B_h \bar{h}$，B_H、B_h 为已知轧件或孔型的宽度尺寸，用平均高度法求平均高度，则：

$$\overline{H} = \frac{F_t}{B_H}, \quad \overline{h} = \frac{F_f}{B_h}, \quad \overline{H} - \overline{h} = \Delta\overline{h}$$

得：
$$\Delta\overline{h} = \frac{F_t}{B_H} - \frac{F_f}{B_h}$$

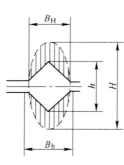

图 2-30　外形轮廓法

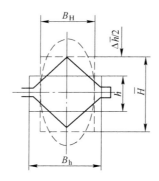

图 2-31　平均高度法

2.4.2　孔型侧壁的影响

孔型侧壁的作用主要是通过改变横向变形阻力影响宽展的。在平辊上轧制时，横向变形阻力仅为轴向外摩擦力；而在孔型中轧制时，由于孔型侧壁的作用，使横向变形阻力不仅决定于外摩擦力，且与孔型侧壁上的正压力有关，从而影响轧件的纵横阻力比。例如，菱形孔就类似前述的凹形工具；而切入孔则如同凸形工具，如图 2-32 所示。

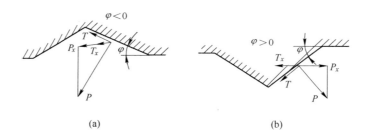

图 2-32　孔型形状的影响
（a）菱形孔；（b）切入孔

在菱形孔中，工具角 $\varphi < 0$，此时横向变形阻力为摩擦力 T 及压力 P 的水平分量之和，即 $T_x + P_x$。而在切入孔中，横向变形阻力为摩擦力与压力的水平分量之差，即 $T_x - P_x$。由此可见，凸形孔型中轧制时产生强迫宽展，而在凹形孔型中轧制时宽展受到限制。这与平辊轧制的自由宽展是不相同的。

2.4.3　轧件与轧辊非同时性接触的影响

由图 2-33 可以看出，轧件与轧辊首先在 A 点局部接触，随着轧件继续进入变形区，逐步与 B 点开始接触，直到最边缘的 C 点与 D 点，沿轧件宽度轧件与轧辊全部接触。

由图 2-34 也可以清楚地看到，图中画出了与
轧辊轴心连线平行的垂直于变形区的若干截面。轧
件开始进入轧辊时，轧件上下两顶端尖角部分与孔
型接触，如Ⅳ—Ⅳ截面。由于轧件被压缩部分较
小，纵向延伸困难，故可能得到局部宽展。在Ⅲ—
Ⅲ截面，被压缩部分面积比未压缩面积大，此时未
被压缩部分金属受压缩部分的作用而延伸。相反，
被压缩部分的延伸受未压缩部分的抑制而产生强制
宽展，但宽展增加不明显。在变形区终了，由于两
侧部分孔型高度很小，应得到较大延伸，但轧件中
间大部分压下已经结束，轧件边缘部分金属受到中
间部分金属的牵制而延伸减小，金属被迫横向流动
使宽展增加。

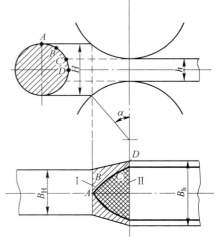

图 2-33　接触的非同时性

Ⅰ—非接触区；Ⅱ—接触区

2.4.4　轧制速度差的影响

在孔型中轧制时，轧辊工作直径沿孔型宽度方向各点不同，如图 2-35 所示的菱形孔，孔型边部的工作直径为：$D_1 = D - s$；中央部分的工作直径为：$D_2 = D - h$。两者差值为：$D_1 - D_2 = h - s$，其中 h 为孔型高度，s 为辊缝。在同一轧辊转数下，D_1 的线速度 v_1 大于 D_2 的线速度 v_2，其速度差 $\Delta v = v_1 - v_2 = \dfrac{\pi(h-s)n}{60}$。但由于轧件是一个整体，其出口速度是相同的，这就造成轧件中部与边部的相互拉扯。若中部体积大于边部的金属体积，边部金属拉不动中部的金属，则使宽展增加。同时由于金属的互相拉扯，将引起孔型侧壁的磨损不均匀。

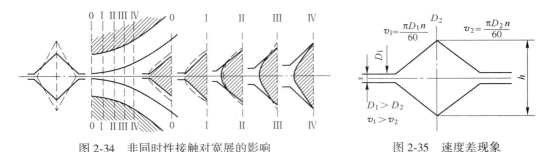

图 2-34　非同时性接触对宽展的影响　　　　图 2-35　速度差现象

从上述分析孔型中轧制变形条件的特点可知，在孔型中轧制时，宽展不再是自由宽展，大部分成为强迫宽展或限制宽展并产生局部的展宽或拉缩。因此，要正确地确定孔型中轧制时的宽展，必须综合考虑上述孔型中轧制特点的影响。

习　　题

2-1　什么叫宽展，宽展在型材轧制中有何意义？

2-2　轧制线材时，为什么有时出现头部充不满而尾部又有耳子？

2-3 　轧制过程中影响宽展的因素有哪些，各因素对宽展产生怎样的影响？

2-4 　分析孔型中轧制的变形特点以及对宽展的影响？

2-5 　有哪些因素影响变形区纵横阻力比，随纵横阻力比 K 的变化，宽展应如何变化？

2-6 　在 1150mm 初轧机上，轧辊材料为锻钢，轧制速度为 2.5m/s，用尺寸为 $\dfrac{710\times620}{760\times670}\times2280(\text{mm}^3)$ 的碳钢钢锭，轧制尺寸为 280mm×300mm 初轧坯，压下规程见表 2-8。试用日兹、齐别尔和巴赫钦诺夫公式，计算其 5~8 道次的宽展（第 5 道次的轧制温度为 1000℃，终轧温度为 900℃），并和压下规程中的 Δb 值进行比较。

表 2-8 　$\dfrac{710\times620}{760\times670}\times2280(\text{mm}^3)$ 钢锭轧制 280mm×300mm 钢坯的压下规程

道次号	孔号	轧件断面尺寸 $H\times B$/mm×mm	Δh/mm	Δb/mm
0		760×670	—	—
1		620×670	140	0
2	1	530×670	90	0
3		440×680	90	10
4		350×690	90	10
翻　钢				
5		560×360	130	10
6	2	460×370	100	10
7`		360×385	100	15
8		270×400	90	15
翻　钢				
9	3	280×300	120	30

2-7 　某小型轧机的轧辊直径为 270mm，轧辊材质为铸铁，轧制 ϕ5mm 圆钢，其精轧前及精轧前前孔型为椭圆和方形，尺寸如图 2-36 所示。试用孔型中计算宽展的公式，计算椭圆孔及方孔中的宽展值（精轧前前方孔的坯料为椭圆形，其尺寸为：宽度 36.6mm，高度 13.5mm，椭圆孔槽底半径 34.6mm，辊缝 3mm）。

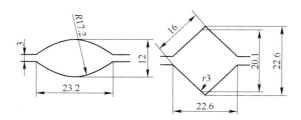

图 2-36 　精轧孔前的椭圆孔和方孔的尺寸图

3 轧制过程中的纵变形——前滑与后滑

3.1 轧制时的前滑与后滑

通过第 1 章的学习已经知道：在轧制过程中，轧件在高度方向受压缩的金属，一部分向纵向流动，使轧件形成延伸，而另一部分则向横向流动，使轧件展宽。轧件的延伸是由于金属向轧辊入口和出口两个方向流动的结果；在轧制过程中，轧件出口速度 v_h 大于轧辊在该处的线速度 v，即 $v_h > v$ 的现象称为前滑。而轧件进入轧辊的速度 v_H 小于轧辊在该处线速度 v 的水平分量 $v\cos\alpha$ 的现象称为后滑。由于轧件的出辊速度与轧辊的圆周线速度的不同，这给连轧过程中控制金属秒流量相等或轧制过程中张力的控制等造成困难，因此研究轧制过程中的前后滑的现象及其规律就显得非常重要。通常将轧件出口速度 v_h 与对应点的轧辊圆周速度的线速度之差与轧辊圆周速度的线速度之比值称为前滑值，即：

$$S_h = \frac{v_h - v}{v} \times 100\% \tag{3-1}$$

式中　S_h——前滑值；

　　　v_h——在轧辊出口处的轧件速度；

　　　v——轧辊的圆周线速度。

同样，后滑值是指轧件入口速度与轧辊在该点圆周线速度的水平分速度之差同轧辊圆周线速度水平分速度之比值，即：

$$S_H = \frac{v\cos\alpha - v_H}{v\cos\alpha} \times 100\% \tag{3-2}$$

式中　S_H——后滑值；

　　　v_H——在轧辊入口处的轧件速度。

前滑值可通过实验方法求出。将式（3-1）中的分子和分母分别各乘以轧制时间 t，则得：

$$S_h = \frac{v_h t - v t}{v t} = \frac{L_h - L}{L} \tag{3-3}$$

如果事先在轧辊表面上刻出距离为 L 的两个小坑，如图 3-1 所示。轧制后，轧件表面出现距离为 L_h 的两个凸起。测出相应的尺寸用式（3-3）则能计算出轧制时的前滑值。

由于实测出的轧件尺寸为冷尺寸，故还必须用下面

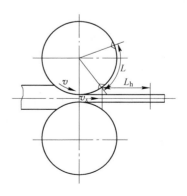

图 3-1　用刻痕法计算前滑

公式换算出热尺寸:

$$L_h = L'_h [1 + \alpha (t_1 - t_2)] \tag{3-4}$$

式中　L'_h——轧件冷却后测得的尺寸;

　　t_1, t_2——轧件轧制时的温度和测量时
　　　　的温度;

　　α——线膨胀系数 (见表3-1)。

　　由式(3-3)可看出,前滑可用长度表示,
所以在轧制原理中有人把前滑、后滑作为纵
变形来讨论。下面用延伸表示前滑、后滑及
有关工艺参数的关系。

表 3-1　碳钢的线膨胀系数

温度/℃	线膨胀系数 α/℃$^{-1}$
0~1200	$(15 \sim 20) \times 10^{-6}$
0~1000	$(13.3 \sim 17.5) \times 10^{-6}$
0~800	$(13.5 \sim 17.0) \times 10^{-6}$

　　按秒流量相等的条件,有

$$F_H v_H = F_h v_h \quad 或 \quad v_H = \frac{F_h}{F_H} v_h = \frac{v_h}{\mu} \tag{3-5}$$

　　将式(3-1)改写成:

$$v_h = v(1 + S_h) \tag{3-6}$$

　　将式(3-6)代入式(3-5),得:

$$v_H = \frac{v}{\mu}(1 + S_h) \tag{3-7}$$

　　由式(3-2)可知:

$$S_H = 1 - \frac{v_H}{v\cos\alpha} = 1 - \frac{\dfrac{v}{\mu}(1 + S_h)}{v\cos\alpha}$$

或

$$\mu = \frac{1 + S_h}{(1 - S_H)\cos\alpha} \tag{3-8}$$

　　由上面公式可知,前滑和后滑是延伸的组成部分。当延伸系数 μ 和轧辊圆周速度 v 已知时,轧件进出辊的实际速度 v_H 和 v_h,决定于前滑值 S_h,知道了前滑值便可求出后滑值;此外,还可看出,当 μ 和咬入角 α 一定时前滑值增加,后滑值就必然减少。

　　由于前滑值与后滑值之间存在上述关系,所以搞清楚前滑问题,对后滑也就清楚了,因此下面只讨论前滑问题。

3.2　前滑的计算

　　欲确定轧制过程中前滑值的大小,必须找出轧制过程中轧制参数与前滑的关系式。此式的推导是以变形区各横断面秒流量不变的条件为出发点。变形区内各横截面秒流量相等,则变形区出口断面金属的秒流量应等于中性面处金属的秒流量,由此得出:

$$v_h h = v_\gamma h_\gamma \quad 或 \quad v_h = v_\gamma \frac{h_\gamma}{h} \tag{3-9}$$

式中　v_h, v_γ——轧件出辊和中性面处的水平速度;

h，h_γ——轧件出辊和中性面处的高度。

因为 $v_\gamma = v\cos\gamma$，$h_\gamma = h + D(1 - \cos\gamma)$，由式(3-9)可得出：

$$\frac{v_\mathrm{h}}{v} = \frac{h_\gamma\cos\gamma}{h} = \frac{\left[h + D(1 - \cos\gamma)\right]\cos\gamma}{h}$$

由前滑的定义得到：

$$S_\mathrm{h} = \frac{v_\mathrm{h} - v}{v} = \frac{v_\mathrm{h}}{v} - 1$$

将前面的式子代入上式后得：

$$
\begin{aligned}
S_\mathrm{h} &= \frac{h\cos\gamma + D(1 - \cos\gamma)\cos\gamma}{h} - 1 \\
&= \frac{D(1 - \cos\gamma)\cos\gamma - h(1 - \cos\gamma)}{h} \\
&= \frac{(D\cos\gamma - h)(1 - \cos\gamma)}{h}
\end{aligned}
\tag{3-10}
$$

式(3-10)即为 E. 芬克（Fink）前滑公式。由公式可看出，影响前滑值的主要工艺参数为轧辊直径 D、轧件厚度 h 及中性角 γ。显然，在轧制过程中凡是影响 D、h 及 γ 的各种因素必将引起前滑值的变化。图 3-2 为前滑值 S_h 与轧辊直径 D、轧件厚度 h 和中性角 γ 的关系曲线。

由图 3-2 可知，前滑与中性角呈抛物线关系；前滑与辊径呈直线关系；前滑与轧件轧出厚度呈双曲线关系。

当中性角 γ 很小时，可取 $1-\cos\gamma = 2\sin^2\dfrac{\gamma}{2} \approx \dfrac{\gamma^2}{2}$，$\cos\gamma \approx 1$。

则式(3-10)可简化为：

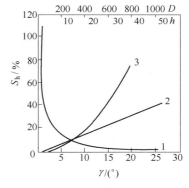

图 3-2 按芬克公式计算的曲线
1—$S_\mathrm{h} = f(h)$，$D = 300\mathrm{mm}$，$\gamma = 5°$；
2—$S_\mathrm{h} = f(D)$，$h = 20\mathrm{mm}$，$\gamma = 5°$；
3—$S_\mathrm{h} = f(\gamma)$，$h = 20\mathrm{mm}$，$D = 300\mathrm{mm}$

$$S_\mathrm{h} = \frac{\gamma^2}{2}\left(\frac{D}{h} - 1\right) \tag{3-11}$$

式(3-11)即为 S. 爱克伦德（Ekelund）前滑公式。因为 $\dfrac{D}{h} \gg 1$，故上式括号中的 1 可以忽略不计，则该式变为：

$$S_\mathrm{h} = \frac{R}{h}\gamma^2 \tag{3-12}$$

式(3-12)即为 D. 得里斯顿（Dresden）公式。此式所反映的函数关系与式(3-10)是一致的。这些都是在不考虑宽展时求前滑的近似公式。当存在宽展时，实际所得的前滑值将小于上述公式所算得的结果。考虑宽展时的前滑值可按 A. A. 柯洛廖夫公式计算，即：

$$S_h = \frac{R}{h}\gamma^2\left(1 - \frac{R\gamma}{B_h}\right)$$

在一般生产条件下，前滑值波动在 2%～10% 之间，但某些特殊情况也有超出此范围的。

3.3　中性角的确定

由式（3-10）～式（3-12）可知，为计算前滑值必须知道中性角 γ。如第 1 章所述，对简单的理想轧制过程，在假定接触面全滑动和遵守库仑干摩擦定律以及单位压力沿接触弧均匀分布和无宽展的情况下，按变形区内水平力平衡条件导出中性角 γ 的计算式（1-61）和式（1-62），即：

$$\gamma = \frac{\alpha}{2}\left(1 - \frac{\alpha}{2\beta}\right)$$

$$\gamma = \frac{\alpha}{2}\left(1 - \frac{\alpha}{2f}\right)$$

图 3-3 为根据上式作出的 γ 与 α 的关系曲线。由图 3-3 可见，当 $f=0.4$ 和 0.3 时中性角 γ 最大只有 4°～6°，而且当 $\alpha=\beta=f$ 时，$\gamma_{max} = \frac{\alpha}{4}$，有极大值。

但当 $\alpha = 2\beta$ 时（相当于稳定轧制阶段的极限咬入角），γ 角又再变为零。此时前滑区完全消失，轧制过程实际上已经不能再进行下去。

带前后张力轧制时和推导式（1-61）的假设条件和方法相同，仅把所加的前、后张力 Q_h 和 Q_H 列入平衡条件中，则得：

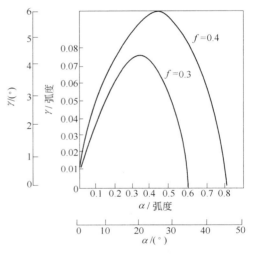

图 3-3　中性角 γ 与咬入角 α 的关系

$$\gamma = \frac{\alpha}{2}\left(1 - \frac{\alpha}{2f}\right) + \frac{1}{4f\bar{p}B_H R}(Q_h - Q_H) \qquad (3-13)$$

式中　$\bar{p}$——平均单位压力；

　　　B_H——轧前轧件宽度。

式（3-13）由 Ю. М. 费因别尔格导出。

现代轧制理论和实验表明，实际轧制过程中单位压力沿接触弧上分布是不均匀的，而且在接触面上也不一定全滑动。所以通常根据后滑区和前滑区单位压力在中性面处相等的条件来确定中性角 γ。下面就用这种方法对接触面全滑动和全粘着的情况来确定 γ 角。

3.3.1　整个接触面全滑动并遵守库仑干摩擦定律

3.3.1.1　А. И. 采利柯夫解

按后面第 5 章讲到的沿后滑区和前滑区确定单位压力分布的式（5-13）和式（5-14），并由单位压力 p 在中性面处相等的条件确定 γ 角，即 $h_x = h_\gamma$ 时，

$$\frac{K}{\delta}\left[(\delta-1)\left(\frac{H}{h_\gamma}\right)^\delta+1\right]=\frac{K}{\delta}\left[(\delta+1)\left(\frac{H}{h_\gamma}\right)^\delta-1\right]$$

在不考虑加工硬化时得出：

$$\frac{h_\gamma}{h}=\left[\frac{1+\sqrt{1+(\delta^2-1)\left(\dfrac{H}{h}\right)^\delta}}{\delta+1}\right]^{\frac{1}{\delta}} \tag{3-14}$$

为了计算方便，按式（3-14）作出不同变形程度 $\dfrac{h_\gamma}{h}$ 和 δ 间的函数曲线，如图 3-4 所示。

求出 $\dfrac{h_\gamma}{h}$ 后可按下式确定 γ 角。由 $h_\gamma=h+2R(1-\cos\gamma)$ 和 $1-\cos\gamma=\dfrac{\gamma^2}{2}$，得：

$$\frac{h_\gamma}{h}=1+\frac{\gamma^2 R}{h}$$

于是

$$\gamma=\sqrt{\frac{h}{R}\left(\frac{h_\gamma}{h}-1\right)} \tag{3-15}$$

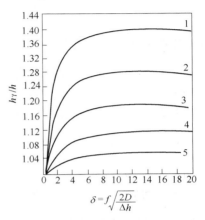

图 3-4　不同变形程度与 δ 的关系

压下率 ε 分别为：1—50%；2—40%；3—30%；4—20%；5—10%

3.3.1.2　D. R. 勃兰特（Bland）-福特（Ford）解

根据第 5 章中式（5-32）和式（5-33），在中性面处前、后滑区单位压力相等的条件，可求出中性角 γ，即 $a_{h_\theta}=a_\gamma$ 时，

$$\gamma=\sqrt{\frac{h}{R'}}\tan\left(\sqrt{\frac{h}{R'}}\,\frac{a_\gamma}{2}\right) \tag{3-16}$$

无张力时，

$$a_\gamma=\frac{a_H}{2}-\frac{1}{2f}\ln\frac{H}{h} \tag{3-17}$$

有张力时，

$$a_\gamma=\frac{a_H}{2}-\frac{1}{2f}\ln\left[\frac{H}{h}\left(\frac{1-\dfrac{q_h}{K_h}}{1-\dfrac{q_H}{K_H}}\right)\right] \tag{3-18}$$

$$a_H=2\sqrt{\frac{R'}{h}}\arctan\left(\sqrt{\frac{R'}{h}}\,a\right) \tag{3-19}$$

式中 R'——考虑轧辊弹性压扁的轧辊半径。

3.3.2   假定沿接触面全粘着的 R. B. 西姆斯（Sims）解

联解第 5 章中讲到的在中性面处前、后滑区单位压力分布式(5-27)和式(5-28)，整理后得到求中性角 γ 的式子，即 $h_\theta = h_\gamma$ 时，

$$\gamma = \sqrt{\frac{h}{R'}}\tan\left[\frac{1}{2}\arctan\sqrt{\frac{\varepsilon}{1-\varepsilon}} + \frac{\pi}{8}\ln(1-\varepsilon)\sqrt{\frac{h}{R'}}\right] \qquad (3\text{-}20)$$

3.4   影响前滑的因素

很多实验研究和生产实践表明，影响前滑的因素很多，但总的来说主要有以下几个因素：压下率、轧件厚度、摩擦系数、轧辊直径、轧件宽度、前后张力、孔型形状等，凡是影响这些因素的参数都将影响前滑值的变化。下面将分别讨论。

3.4.1   压下率对前滑的影响

如图 3-5 所示，前滑随压下率的增加而增加，其原因是由于高向压缩变形增加，纵向和横向变形增加，因而前滑值 S_h 增加。

3.4.2   轧件厚度对前滑的影响

如图 3-6 所示，轧件轧后厚度 h 减小时前滑增加。由式(3-12)可知，轧辊半径 R 和中性角 γ 不变时，轧件厚度 h 减小，则前滑值增大。

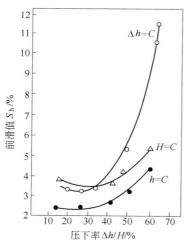

图 3-5   压下率与前滑的关系

（普碳钢轧制温度为 1000℃，$D = 400mm$）

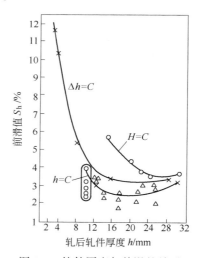

图 3-6   轧件厚度与前滑的关系

（铅试样 $\Delta h = 1.2mm$，$D = 158.5mm$）

3.4.3   轧件宽度对前滑的影响

如图 3-7 所示，轧件宽度小于 40mm 时，随轧件宽度增加前滑亦增加；轧件宽度大于 40mm 时，宽度再增加，其前滑值则为一定值。这是因为轧件宽度小时，增加宽度其相应

地横向阻力增加，所以宽展减小，相应地延伸增加，所以前滑也因之增加；当大于一定值时，达到平面变形条件，轧件宽度对宽展不起作用，故轧件宽度再增加，宽展为一定值，延伸也为定值，所以前滑值也不变了。

3.4.4 轧辊直径对前滑的影响

从芬克的前滑公式可以看出，前滑值随辊径增加而增加，这是因为在其他条件相同的条件下，当辊径增加时，咬入角 α 就要降低，而摩擦角 β 保持常数，所以稳定轧制阶段的剩余摩擦力相应地就增加，由此将导致金属塑性流动速度的增加，也就是前滑的增加。由图 3-8 所示曲线也说明了这个问题。但应当指出，当辊径 $D<400\text{mm}$ 时，前滑值随辊径的增加而增加较快，而当辊径 $D>400\text{mm}$ 时，前滑增加较慢，这是由于辊径增大时，伴随着轧辊线速度的增加，摩擦系数相应降低，所以剩余摩擦力的数值有所减少；另外，当辊径增大时，变形区长度增加，纵向阻力增大，延伸相应地也减少，这两个因素的共同作用，使前滑值增加得较为缓慢。

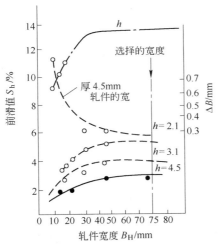

图 3-7 轧件宽度对前滑的影响

（铅试样 $\Delta h = 1.2\text{mm}$，$D = 158.5\text{mm}$）

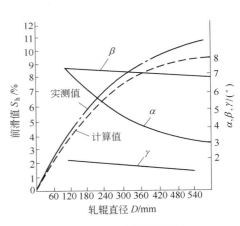

图 3-8 辊径对前滑的影响

3.4.5 摩擦系数对前滑的影响

实验证明，在压下量及其他工艺参数相同的条件下，摩擦系数 f 越大，其前滑值越大。这是由于摩擦系数增大引起剩余摩擦力增加，从而前滑增大。利用前滑公式同样可以证明摩擦系数对前滑的影响，由该公式可看出摩擦系数增加将导致中性角 γ 增加，因此前滑也增加，如图 3-9 所示。同时由实验证明，凡是影响摩擦系数的因素，如轧辊材质、表面状态、轧件的化学成分、轧制温度和轧制速度等，均能影响前滑的大小。如图 3-10 所示为轧制温度对前滑的影响。

3.4.6 张力对前滑的影响

如图 3-11 所示，在 $\phi200\text{mm}$ 轧机上，轧制铅试样，将试样轧成不同厚度，有张力存在

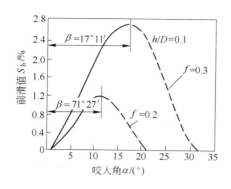

图 3-9 前滑与咬入角、摩擦系数的关系

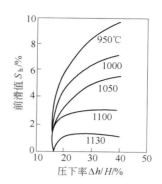

图 3-10 轧制温度、压下量对前滑的影响

时，前滑显著增加。从图3-12可看出，前张力增加时，使金属向前流动的阻力减少，从而增加前滑区，使前滑增加。反之，后张力增加时，则后滑区增加。从式(3-13)前后张力对中性角的影响中，也可以得出上述结论。

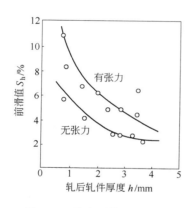

图 3-11 张力对前滑的影响

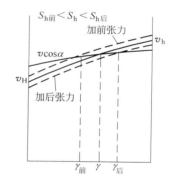

图 3-12 张力改变时速度曲线的变化

除上述对前滑的诸影响因素外，轧制时所采用的孔型形状对前滑也有影响，因为通常沿孔型周边各点轧辊的线速度不同，但由于金属的整体性和外端的作用，轧件横断面上各点又必须以同一速度出辊。这就必然引起孔型周边各点的前滑值不一样。但孔型轧制时如何确定轧件的出辊速度，目前尚未很好的解决。

在工程运算中为了粗略估计孔型轧制时轧件的出辊速度，目前很多人采用平均高度法，把孔型和来料化为矩形断面，然后按平辊轧矩形断面轧件的方法来确定轧辊的平均速度和平均前滑值。但这个方法是很不精确的，有待于进一步研究。

习   题

3-1 什么叫前滑和后滑，轧制时为什么会产生这种现象？

3-2 在某一台轧机上轧制时，轧辊线速度为2m/s，轧件伸长系数为1.5，前滑值为5%，求轧件的入辊速度和出辊速度？

3-3 在直径为 ϕ250mm 的二辊轧机上轧制铜板，轧前厚度 $H=3.0$mm，轧后厚度 $h=1.5$mm，不润滑轧制时摩擦系数 $f=0.1$，用蓖麻油润滑轧制时 $f=0.045$，试比较这两种轧制状态下中性角和前滑值的大小？

3-4 影响前滑的主要因素有哪些，怎样影响？

3-5 推导 E. 芬克（Fink）前滑公式，并分析它与实际前滑值的差异。

4 影响轧制过程力学参数的因素

轧制过力学参数通常是以轧制平均单位压力 $\bar{p}$ 表示。轧制过程力学参数受许多因素的影响，这些影响在生产条件下又常常表现为不同的形式，且各因素之间还相互影响，从而使轧制过程复杂化。

影响轧制过程力学参数的因素可以大致分为两类。属于第一类的是影响轧制金属本身性质的一些因素：金属的化学成分和组织状态以及热力学条件，即变形温度、变形速度和变形程度（或加工硬化）。属于第二类的是影响应力状态条件的因素：轧件尺寸、轧辊尺寸、润滑条件、外端及张力等。

考虑上述诸因素的影响，轧制平均单位压力 $\bar{p}$，可用下面的函数式表示：

$$\bar{p} = f(H,\ h,\ B,\ D,\ f,\ Q,\ t,\ \dot{\varepsilon},\ \varepsilon,\ \sigma_{s0})$$

或

$$\bar{p} = f_1(H,\ h,\ B,\ D,\ f,\ Q,\ \sigma_s)$$

式中　H，h，B，D——轧件的轧前高度、轧后高度以及宽度和轧辊直径，它们反映轧件和轧辊尺寸以及外端的影响；

f，Q——分别反映摩擦和张力（或推力）的影响；

t，$\dot{\varepsilon}$，ε——变形温度、变形速度和变形程度（或加工硬化），即热力学条件的影响；

σ_{s0}——在室温低速拉伸试验下测定的屈服极限（或初始屈服应力）；

σ_s——考虑热力学条件影响的单向应力状态下瞬时屈服极限即金属变形抗力，又称变形阻力或真实应力。

平均单位压力 $\bar{p}$ 也可以用下式表示：

$$\bar{p} = n_e n_f n_q n_t n_{\dot{\varepsilon}} n_{\varepsilon} \sigma_{s0}$$

或

$$\bar{p} = n_e n_f n_q \sigma_s$$

式中，n_e、n_f、n_q、n_t、$n_{\dot{\varepsilon}}$、n_{ε} 分别为考虑外端、外摩擦、外力、变形温度、变形速度及加工硬化各个因素的影响系数。

根据金属发生塑性变形时的屈服条件，平均单位压力 $\bar{p}$ 也可以写成：

$$\bar{p} = K + q$$

式中　K——平面变形抗力，表示金属本身机械性质的变形抗力，即指内在因素（金属本身性质影响因素），$K = 1.15\sigma_s$；

q——由纵向摩擦力和其他外力作用所引起单位压力的增加部分，即指外部条件的影响（应力状态影响因素）。

应该指出，单向应力状态下 $\bar{p} = \sigma_s$。

由上看出，各种计算轧制平均单位压力的公式和方法，都是力图正确反映和计算各个因素对轧制平均单位压力大小的影响。

20 世纪 70 年代以后，由于控制轧制技术的发展，铌、钒、钛元素的应用，在多道次轧制中，前道次加工硬化，且道次间变形停止的时间内不能完全消失所保留下来的加工硬化，影响后续道次的变形抗力，这种影响可称为残余应变率的影响。其影响的大小取决于材料的化学成分、组织状态、变形温度、变形量及道次间隔时间。因此，在含有铌、钒、钛元素的控制轧制中还应考虑加工历史对变形抗力的影响。

4.1　影响金属本身性质的因素

属于这一类的影响因素有金属的化学成分、组织状态和热力学条件，即变形温度、变形速度和加工硬化。

4.1.1　金属化学成分和组织状态的影响

金属和合金的变形抗力不仅取决于金属的种类，而且取决于它的化学成分及组织状态。一般纯金属的变形抗力比合金的变形抗力小；固溶体的变形抗力又比两相合金的变形抗力小。

化学成分的影响已为人所熟知，含碳量高的钢要比含碳量低的钢变形抗力大；合金钢的变形抗力又大于普通碳钢的变形抗力。一般，如钢中增加 0.1% 的碳时，可使钢的强度极限提高 60~80MPa。但当变形温度大于 1000℃时，变形抗力不随含碳量的增加而增大，如图 4-1 所示。当增加 0.1% 的锰时，可提高钢的强度极限 35MPa。

深入一步，同一化学成分的金属或合金，由于其组织状态的不同，其变形抗力也不同。金属一般是多晶体，其中细小晶粒组织的，有较大的变形抗力；组织不均匀，且有加工硬化及残余应力的比组织均匀且呈退火软化状态的，具有更大的变形抗力。晶粒大小对变形抗力影响的主要原因是晶粒界面附近晶格发生歪扭，位错密度高于晶内，室温下晶界处变形抗力高于晶内，因而晶粒界面处产生了难变形区，如图 4-2 所示的阴影部分。因此，当晶粒的界面面积与体积之比增加时，即晶粒越小，晶界对变形抗力的影响增加，即变形抗力越大。所以，细长晶粒的变形抗力要比球形晶粒的变形抗力大。

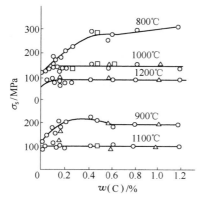

图 4-1　变形抗力与含碳量的关系

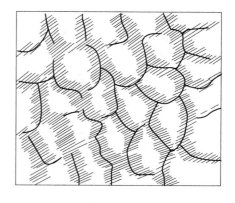

图 4-2　多晶体晶粒内部的难变形区

晶粒的大小与变形抗力的关系由 Hall-Petch 公式给出：

$$\sigma_s = \sigma_0 + Kd^{-1/2} \tag{4-1}$$

式中　σ_s——金属的屈服强度；

　　　σ_0——材料的有关常数；

　　　K——比例常数；

　　　d——晶粒的直径。

由以上分析可以看出，金属的化学成分、组织状态、合金元素存在形态（溶解或析出）及其分布情况、微量杂质元素等对变形抗力的影响是极其复杂的，难以用理论方法计算金属化学成分和组织对变形抗力的影响，目前的研究尚限于实验研究阶段。

4.1.2　热力学条件——变形温度的影响

温度是影响变形抗力最主要的一个因素。变形温度对变形抗力的影响，对于各种不同金属，有一个共同特点，即随着变形温度的升高，金属变形抗力降低，如图 4-3 所示。随温度升高使变形抗力降低的原因有：

（1）金属在高温下发生回复和再结晶的过程，使由塑性变形产生的加工硬化得以消除，因而变形抗力降低。在一定的变形速度条件下，温度越高，软化过程的效应越大，金属的变形抗力也越低。

（2）随着温度的升高，原子热运动的能量增加，新的滑移系统不断产生并开始起作用，同时温度升高，增加了非晶扩散机理及晶间黏性流动等，为最有效的塑性变形机理同时作用创造了条件，以致使滑移阻力减小，变形抗力降低。

由图 4-3 可以看出，亚共析钢强度极限与变形温度的关系表现为：当变形温度在相变温度以上时，变形抗力随变形温度的降低而增大；当变形温度大于 900℃时，变形抗力几乎与含碳量变化无关；在临界温度 700～900℃（A_{c_1}～A_{c_3}）范围内，由于发生相变，其变形抗力不随变形温度的降低而增大，而是有所下降。

因此，分析变形温度对变形抗力的影响时，还应考虑温度发生变化，金属会发生相变或同素异形体变化。如图 4-4 所示，铁在低温时是 α 铁，而在高温时是 γ 铁，由于 γ 铁比

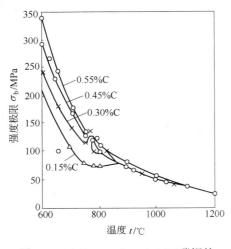

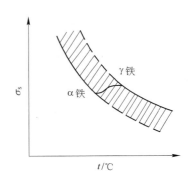

图 4-3　$w(C) = 0.15\% \sim 0.55\%$ 碳钢的　　　图 4-4　α 铁及 γ 铁相变时的变形抗力

　　　　σ_b 和温度的关系

α 铁具有更高的变形抗力，相变的结果在温度连续上升时，铁的变形抗力不仅不会下降反而有所上升。

4.1.3　热力学条件——变形速度的影响

随着电子计算机的发展，轧制生产的速度特别是连轧机的轧制速度逐步提高。目前高速无扭转 45°轧机和 Y 型轧机，在线材生产中广泛应用，其轧制速度由原来的 40~50m/s 提高到 120m/s 以上。

经过几十年的研究表明，现代轧钢生产所采用的变形速度比早期大 10 倍以上，大量实验证明，在较高的变形速度下的变形抗力比低变形速度时的变形抗力要大 5~10 倍，如图 4-5 所示。图中变形抗力 $\sigma = K_\varepsilon \sigma_u$，$K_\varepsilon$ 为变形程度影响系数，σ_u 为变形程度 $\varepsilon = 30\%$ 时的变形阻力。

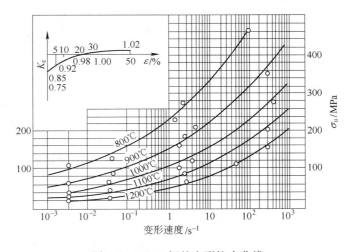

图 4-5　GCr15 钢的变形抗力曲线

所谓变形速度就是指单位时间内相对变形量，即 $\dot{\varepsilon} = \dfrac{\mathrm{d}\varepsilon}{\mathrm{d}t}$。由塑性变形原理可知，变形速度又可以用下式表示：

$$\dot{\varepsilon} = \frac{v_\text{工}}{h_x} \quad (\text{s}^{-1}) \tag{4-2}$$

式中　$v_\text{工}$——工具沿变形方向的瞬时移动速度；

　　　h_x——坯料的瞬时厚度。

轧制时，变形速度沿接触弧长是变化的。如何计算在轧制条件下的变形速度，存在不同的公式。

S. 爱克伦德（Ekelund）提出的平均变形速度，系指接触弧中点的轧辊圆周速度的垂直分量和轧件平均高度之比，即：

$$\bar{\dot{\varepsilon}} = \frac{2v\sin\dfrac{\alpha}{2}}{\dfrac{H+h}{2}}$$

当 α 较小时，认为 $\sin\dfrac{\alpha}{2}\approx\dfrac{\alpha}{2}$，而 $\alpha=\sqrt{\dfrac{\Delta h}{R}}$，则：

$$\bar{\dot\varepsilon}=\frac{2v\sqrt{\dfrac{\Delta h}{R}}}{H+h}\quad(\text{s}^{-1})\tag{4-3}$$

式中　v——轧辊圆周线速度，mm/s；

　　　Δh——压下量，mm；

　　　R——轧辊工作半径，mm；

　　H，h——轧件的轧前高度、轧后高度，mm。

下面给出较为精确而实用的近似计算公式。平均变形速度又可按接触弧区域的变形速度 $\dot\varepsilon_x$ 的平均值计算（见图 4-6）。其计算公式为：

$$\bar{\dot\varepsilon}_x=\frac{1}{l}\int_0^l\dot\varepsilon_x\mathrm{d}x\tag{4-4}$$

$\dot\varepsilon_x$ 为轧制变形区中离轧辊连心线为 x 的任意截面上的变形速度。根据式（4-2）可以写成：

$$\dot\varepsilon_x=\frac{2v_y}{h_x}\tag{4-5}$$

式中　h_x——相应 x 处的轧件高度。

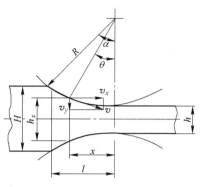

图 4-6　平均变形速度的确定

金属沿垂直方向的移动速度 v_y，如忽略宽展不计，可由秒体积不变条件求出：

$$v_y=v_x\tan\theta=\frac{v_\mathrm{h}h}{h_x}\tan\theta$$

经过推导可得：

$$\bar{\dot\varepsilon}_x=\frac{v_\mathrm{h}h}{l}\int_h^H\frac{\mathrm{d}h_x}{h_x^2}=\frac{v_\mathrm{h}h}{l}\left(\frac{1}{h}-\frac{1}{H}\right)\tag{4-6}$$

或　　　　$$\bar{\dot\varepsilon}_x=\frac{v_\mathrm{h}l}{RH}=\frac{v_\mathrm{h}}{l}\frac{\Delta h}{H}\tag{4-7}$$

式中　v_h——轧件出口速度；

　　　l——接触弧水平投影；

　　　R——轧辊工作半径；

　　　θ——离轧辊连心线 x 处断面所对圆心角；

　　　v_x——轧件的水平速度。

由图 4-7 可见，变形速度对变形抗力的影响，与温度密切相关。对不同的加工温度范围，其影响程度不同。热变形时变形速度增加，变形抗力增加显著；而冷变形时变形速度增加，变形抗力增加不大。这是因为一方面在某一变形程度时，由于变形速度增加，使软化过程（回复和再结晶）不能充分地进行，加工硬化过程不能完全消除，结果使变形抗力升高。另一方面，由于塑性变形的热效应

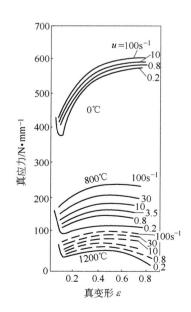

图 4-7　$w(\mathrm{C})=0.15\%$ 碳钢
退火材料的真应力-真变形曲线
（按压缩试验）

引起变形温度升高，又促使软化过程的进行，因而变形抗力下降。热加工时温度较高，变形抗力小，热效应也小，由此热量引起的温度升高同该物体本身的温度相比也是较少的，所以由塑性变形的热效应使变形抗力下降的影响比较小；而由变形速度引起软化过程不能充分导致变形抗力升高成为主要因素。因此，在热加工温度范围内，变形速度增加使变形抗力增加比较明显。相反，冷变形时，由于变形温度低，变形抗力大，其变形速度提高引起的塑性变形热效应使材料温度增加导致变形抗力的下降同变形速度提高引起的加工硬化作用大致相当。所以冷加工变形速度增加时，变形抗力增加不大。

4.1.4 热力学条件——变形程度（加工硬化）的影响

变形程度是影响变形抗力的一个重要因素。冷状态时，由于金属的加工强化，随变形程度的增加，变形抗力显著提高。金属的加工硬化通常认为是由于在塑性变形过程中，空间晶格产生弹性畸变所引起的。金属空间晶格的畸变会阻碍滑移的进行，畸变越严重使塑性变形越难进行，金属的变形抗力就越大，塑性就越低。同时，随着变形程度的增加，晶格的畸变增大，滑移带产生严重的弯曲，在滑移带中晶体将碎化为微晶块并同时产生微观裂纹，因此，进一步使金属变形抗力增大，塑性降低。

变形抗力随变形程度增大而增加的速度，常用强化强度来度量。强化强度可用强化曲线（应力—应变曲线）在相应点上的切线的斜率表示。在同样的变形程度下，对于不同的金属，强化强度不同。一般纯金属和高塑性金属的强化强度小于合金和低塑性金属的强化强度。如铜、铅、铝属于高塑性金属；中碳钢、低合金钢是具有中等塑性的金属；而高合金钢、不锈钢、耐热合金等则属于低塑性金属。

由图4-8可以看出，变形抗力与变形程度具有如下关系：变形程度在30%~50%以下，随变形程度的增加，变形抗力增加比较显著，即强化强度较大；当变形程度较高时，随变形程度增加，变形过程中热效应增强，变形抗力增加缓慢，即强化强度减小，有时，由于热效应作用，变形抗力反而有下降趋势。

实验证明，随变形程度的增大，屈服极限比强度极限增大得快。因此，随变形程度的

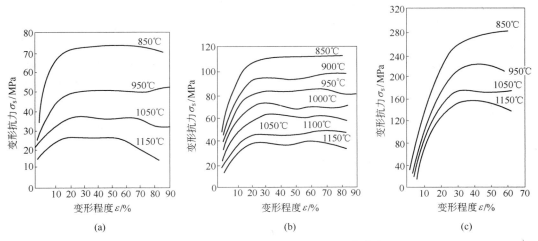

图 4-8 各种不同温度下的 B2 钢的强化曲线

（a）变形速度 $\dot{\varepsilon} = 3 \times 10^{-4} \mathrm{s}^{-1}$；（b）变形速度 $\dot{\varepsilon} = 3 \times 10^{-2} \mathrm{s}^{-1}$；（c）变形速度 $\dot{\varepsilon} = 100 \mathrm{s}^{-1}$

增大，屈服极限与强度极限的差值不断减小。

实验还表明，金属不仅在冷状态下变形过程产生强化，在热状态下亦有强化产生。在热状态下随变形温度的提高，金属的强化强度逐渐减小（见图 4-8），这是由于随温度提高，软化速度增大的缘故。

上面讨论了金属本质影响力学性质的一些因素，综上所述，可归纳为以下几点：

（1）钢中化学成分对变形抗力的影响较为复杂，单一元素对变形抗力影响的研究成果不多，归纳起来有：镍、碳、铌、锰、铬、钒、钴等增加，使变形抗力增加；钛、铝、钨、钼等含量不同，对变形抗力有双重性作用，即含量在某一范围内这些元素起正影响作用，超过某一含量后，即起负影响作用。

（2）在热加工的温度范围内，无论在低或高的变形速度下，塑性变形的金属都有强化存在，而强化的增加随变形程度的增加而减小。

（3）碳钢和合金钢在所研究的变形程度、变形速度范围内，变形抗力都随着变形温度的增高而降低（除两相区外）。

（4）强化有极限，即在变形程度达到一定值以后，一般为 $\varepsilon = 30\% \sim 50\%$ 时，变形抗力达到最大值，而达到最大值以后，变形抗力随变形程度的继续增加而略有降低或保持不变。

（5）强化极限即变形抗力最大值随变形温度的降低和变形速度的提高，发生在较大的变形程度时。但当变形速度达到较大值时，即变形程度达到 60% 以上，反而不会发生强化极限。

（6）在高温和各种变形程度范围内，变形抗力随着变形速度的增加而增大；在冷加工时变形速度对变形抗力的影响很小。冷加工时的变形抗力主要取决于加工硬化；而热加工温度范围内，影响变形抗力的主要因素是热力学条件（变形温度、变形速度和变形程度）。

4.1.5　确定变形抗力的有关曲线及公式

上面较详细地分析了影响变形抗力的各个因素，确定变形抗力的关键是如何选取 σ_s 值，在应用 σ_s 值时必须注意压缩变形抗力比拉伸变形抗力大。实验资料表明，钢的压缩屈服极限比其拉伸屈服极限约大 10% 左右。故选取 σ_s 时最好用同轧制变形接近的压缩屈服极限。

测定金属变形抗力的基本实验方法有单向拉伸和压缩、平面压缩及扭转实验，所用实验设备是落锤、凸轮式形变试验机以及模拟各种压力加工过程的热扭转模拟器和附有电液伺服装置的高速形变试验机等。

下面首先介绍近年来我国科学工作者结合国产某些钢和合金在高温高速下实测的塑性变形抗力曲线。

图 4-9 和图 4-10 为碳素结构钢的变形抗力曲线。图上曲线为变形程度 $\gamma = e_1 = 0.4$ 时的变形抗力；变形程度对变形抗力的影响，用系数 K_γ（或 K_{e_1}）表示。变形抗力计算的表达式为：

$$\sigma_s = K_\gamma \sigma_{0.4} \tag{4-8}$$

式中，K_γ（或 K_{e_1}）为变形程度对变形抗力的影响系数，当 $\gamma = e_1 = \ln \dfrac{H}{h} < 0.4$ 时，$K_\gamma < 1$；当

$\gamma > 0.4$ 时，$K_\gamma > 1$；当 $\gamma = 0.4$ 时，$K_\gamma = 1$；$\sigma_{0.4}$ 为 $\gamma = 0.4$ 时的变形抗力，MPa。

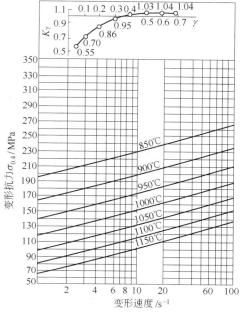

图 4-9　Q215 钢变形抗力曲线

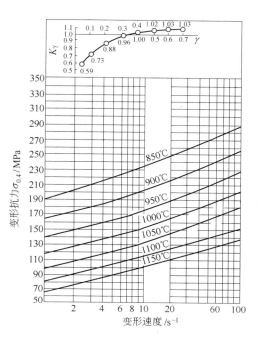

图 4-10　Q235 钢变形抗力曲线

图 4-11 和图 4-12 为优质碳素结构钢的变形抗力曲线。

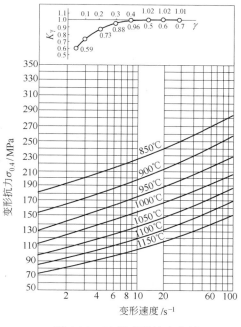

图 4-11　20 钢变形抗力曲线

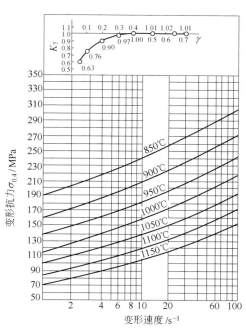

图 4-12　45 钢变形抗力曲线

图 4-13 和图 4-14 为 16Mn 和 20MnSi 低合金高强度钢的变形抗力曲线。

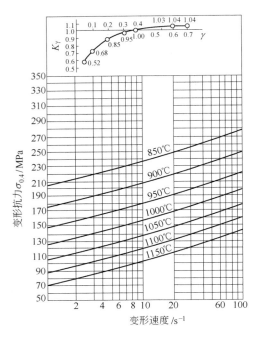

图 4-13　16Mn 钢变形抗力曲线　　　　图 4-14　20MnSi 钢变形抗力曲线

图 4-15 为合金结构钢 60SiMnA 钢的变形抗力曲线。

图 4-16 为 38CrSiA 钢的变形抗力曲线。

图 4-17 为合金工具钢 9SiCr 钢的变形抗力曲线。

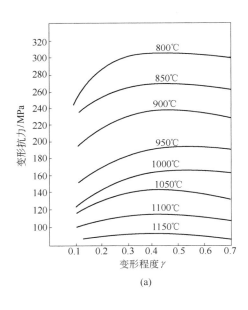

(a)

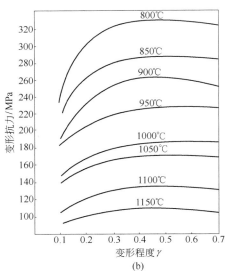

(b)

图 4-15　60SiMnA 钢变形抗力曲线

（a）$\dot{\varepsilon} = 7.5s^{-1}$；（b）$\dot{\varepsilon} = 22.7s^{-1}$

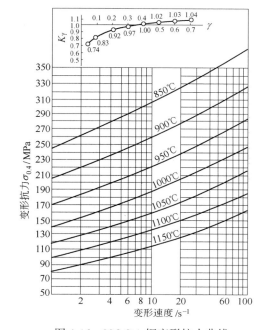

图 4-16　38CrSiA 钢变形抗力曲线

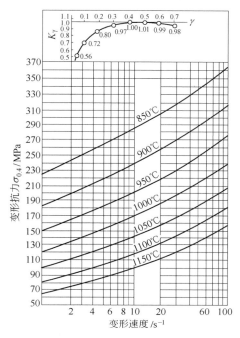

图 4-17　9SiCr 钢变形抗力曲线

图 4-18 为高速工具钢 W6Mo5Cr4V2 钢的变形抗力曲线。

图 4-19 为 60Si2MnA 钢的变形抗力曲线。

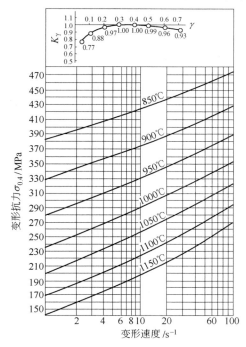

图 4-18　W6Mo5Cr4V2 钢变形抗力曲线

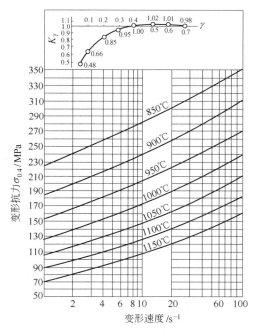

图 4-19　60Si2MnA 钢变形抗力曲线

图 4-20 为耐热合金的变形抗力曲线。

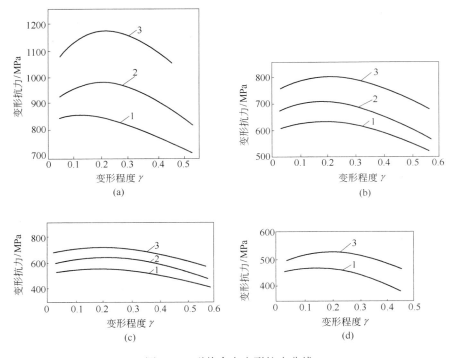

图 4-20　耐热合金变形抗力曲线

（a）$t = 1050℃$；（b）$t = 1100℃$；（c）$t = 1150℃$；（d）$t = 1200℃$

$1—\dot{\varepsilon} = 10s^{-1}$；$2—\dot{\varepsilon} = 30s^{-1}$；$3—\dot{\varepsilon} = 60s^{-1}$

图 4-21 为铅的变形抗力曲线。

下面再介绍国外某些钢种的变形抗力实验曲线。A. A. 金尼克（Динник）用落锤试验测定的不锈钢 1Cr18Ni9Ti 的变形抗力曲线如图 4-22 所示。图中的实线是按压下率 $\varepsilon = 30\%$ 的条件做出的。其他变形程度可按图 4-22 中左上角所列出的修正系数 C 进行修正。

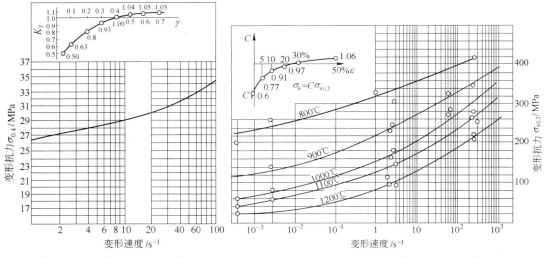

图 4-21　铅的变形抗力曲线　　　　　图 4-22　1Cr18Ni9Ti 钢变形抗力曲线

变形抗力为：

$$\sigma_s = C\sigma_{s0.3}　　　　　　　(4-9)$$

式中　$\sigma_{s0.3}$——压下率 $\varepsilon = 30\%$ 时的变形抗力；

　　　　C——与压下率有关的修正系数。

　　为了计算冷轧和其他冷加工时的变形抗力，下面介绍一些钢种的加工硬化曲线。英国钢铁协会（BISRA）实测一些钢种的平面变形抗力与压下率的关系曲线如图 4-23 所示。

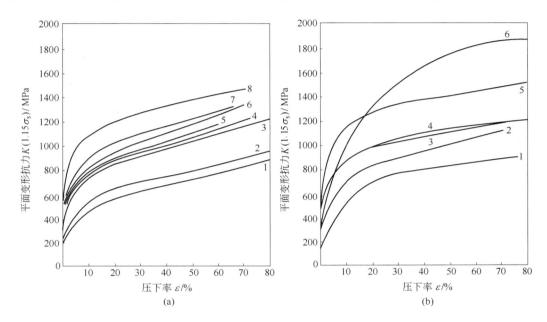

图 4-23　加工硬化曲线

（a）普碳钢：1—0.08%C；2—0.17%C；3—0.36%C；4—0.51%C；5—0.66%C；6—0.81%C；7—1.03%C；8—1.29%C；
（b）合金钢：1—镍；2—铁素体不锈钢；3—1.8%Si 硅钢；4—2.7%Si 硅钢；5—80%Ni，20%Cr；6—奥氏体不锈钢

　　上面有关冷加工变形抗力曲线中所用变形程度 ε 是从入口到出口发生变化的，因而 σ_s 也是变化的，所以在查找曲线时，应采用平均变形程度 $\bar{\varepsilon}$。

　　如冷轧硅钢片，第一道轧件的原始厚度 $H = 2.5\mathrm{mm}$，轧至 $h = 1.1\mathrm{mm}$，则压下率 $\varepsilon = 55\%$。变形区入口处 $\varepsilon_H = 0$，$\sigma_s = 460\mathrm{MPa}$，而在出口处 $\varepsilon_h = 55\%$，$\sigma_s = 880\mathrm{MPa}$，如图 4-24 所示。计算该道次的平均单位压力 $\bar{p}$，如用入口处的 σ_s 值，则 $\bar{p}$ 偏低；如用出口处的 σ_s 值，则平均单位压力 $\bar{p}$ 的计算结果偏高。此时宜用平均变形程度 $\bar{\varepsilon}$ 查找 σ_s 来反映该轧制道次的平均变形抗力。

　　按图 4-25 所示求积累压下率的平均值 $\bar{\varepsilon}$，其计算公式为：

$$\bar{\varepsilon} = \varepsilon_H + 0.6(\varepsilon_h - \varepsilon_H)　　　　　　(4-10)$$

或　　　　　$$\bar{\varepsilon} = 0.4\varepsilon_H + 0.6\varepsilon_h　　　　　　(4-11)$$

式中　$\bar{\varepsilon}$——积累压下率平均值；

　　　　ε_H——轧前冷加工变形程度；

　　　　ε_h——轧后冷加工变形程度。

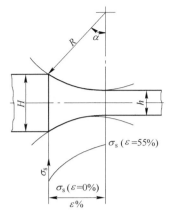
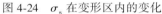

图 4-24　σ_s 在变形区内的变化

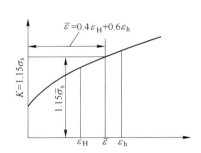

图 4-25　求 $\bar{\varepsilon}$ 的图示

$$\varepsilon_H = \frac{H_0 - H}{H_0} \tag{4-12}$$

$$\varepsilon_h = \frac{H_0 - h}{H_0} \tag{4-13}$$

式中　H_0——退火后原始坯料高度；

H, h——该道次轧制前后轧件高度。

若 $\varepsilon = \dfrac{H - h}{H}$ 为该道次的压下率，则由式(4-12)和式(4-13)得：

$$\varepsilon_h = \varepsilon_H + \varepsilon - \varepsilon_H \varepsilon \tag{4-14}$$

将式(4-14)代入式(4-11)中，则有：

$$\bar{\varepsilon} = \varepsilon_H + 0.6\varepsilon(1 - \varepsilon_H) \tag{4-15}$$

由式(4-15)计算出 $\bar{\varepsilon}$ 再按图求得 σ_s 值，即为该轧制道次的平均变形抗力。

【例 4-1】　将已经过冷加工变形程度 $\varepsilon_H = 40\%$，厚度 $H = 1.2\,\text{mm}$，宽度 $B = 700\,\text{mm}$ 的低碳钢板，经过一道次轧成厚度 $h = 1.0\,\text{mm}$ 的薄板。求该道次后累积压下率的平均值。

解： 先求得该道次的压下量：

$$\Delta h = H - h = 1.2 - 1.0 = 0.2(\text{mm})$$

再求得该道次的相对压下量：

$$\varepsilon = \frac{H - h}{H} = \frac{0.2}{1.2} = 0.167 = 16.7\%$$

则该道次后累积压下率的平均值为：

$$\bar{\varepsilon} = \varepsilon_H + 0.6\varepsilon(1 - \varepsilon_H) = 0.4 + 0.6 \times 0.167 \times (1 - 0.4) = 0.46$$

4.2　应力状态的影响

在研究应力状态条件对力学参数的影响时，着重讨论下列因素的影响：

（1）外摩擦的影响；

（2）工具形状及尺寸的影响；

（3）外力的影响；

（4）轧件几何尺寸的影响。

4.2.1 外摩擦的影响

外摩擦对单位压力的影响，大致可以归纳为如下两点：

（1）摩擦系数 f 越大，则所形成的三向压应力越强，因而使金属产生变形所需的单位压力越大。为了了解摩擦系数对单位压力的影响，曾对不同摩擦系数下的单位压力进行了测定，从而得到单位压力 p 与摩擦系数 f 之间的关系。由图 4-26 可以看出，单位压力随摩擦系数的增大而增大。当 $f=0$ 时，水平方向的应力 $q=0$，表明无外摩擦影响的单位压力等于金属的自然强度所决定的变形抗力 K，即：

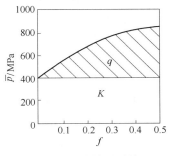

图 4-26 摩擦对平均
单位压力的影响

$$p = K = 1.15\sigma_s \tag{4-16}$$

若用 K 除 $p = K + q$ 式，得：

$$n'_\sigma = \frac{p}{K} = 1 + \frac{q}{K} \tag{4-17}$$

式中，n'_σ 表示外摩擦对平均单位压力的影响系数，又表示三向应力状态下的单位压力与单位应力状态下变形抗力之比。在锻造和轧制条件下，$n'_\sigma = 1.5 \sim 1.6$。因此，在塑性变形时，必须采取一切措施来减少外摩擦系数。如冷轧时加油润滑，在压力加工中所有一切减小摩擦系数的因素，都起着降低单位压力的作用。

（2）变形金属与工具的相对接触面积越大，三向应力状态越强，因而单位压力越大。

外摩擦对单位压力的影响不仅取决于摩擦系数的大小，而且取决于金属和工具的相对接触面积，即接触面积与变形金属体积之比，即 $F/V = 1/H$，所以金属在三向压应力状态下变形时（如锻造和轧制），变形金属的厚度 H 就体现相对接触面积的关系，厚度 H 越小，摩擦力表现得越显著，因而三向压应力状态影响越深。由图 4-27 可看出，变形物体厚度 H 越小，难变形区（交叉线表示的部分）深入程度就越大（与整个厚度之比）。由图 4-28 也可以看出，随着变形金属厚度 H 的减小，F/V 是按双曲线关系增加的，也就是相当

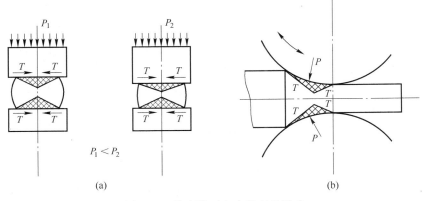

图 4-27 外摩擦对应力状态的影响

（a）锻造；（b）轧制

于接触面摩擦力影响的相对增加，因而使变形抗力增加。当 $H=0$ 时，$F/V=1/H=\infty$ ，即水平方向应力 q 增至无穷大，因而使 p 也变成无穷大。当 $H=\infty$ 时，$F/V=1/H=0$ ，即接触面积很小，使变形金属接近于单向应力状态。

在实际生产中，常用降低 $F/V=1/H$ 的因素以减小外摩擦对单位压力的影响。如采用叠轧法轧制薄板和小直径轧辊轧制钢板就是这样的。上述分析，清楚地告诉我们轧制钢板时，轧件越薄越难轧且轧制压力也越大。

4.2.2　工具形状和尺寸的影响

加工工具形状可以归纳为三种简单形式：第一种是凸形工具，第二种是板形工具，第三种是凹形工具。如图 4-29 所示，设想工具壁是平直的且与水平轴线交角以 ψ 表示，则凸形工具时 $\psi>0$ ，板形工具时 $\psi=0$ ，凹形工具时 $\psi<0$ 。

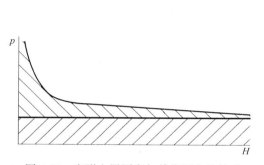

图 4-28　变形金属厚度与单位压力的关系

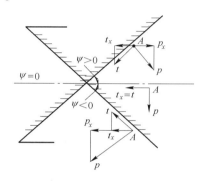

图 4-29　三种工具形状

下面分析各种工具形状对被加工物体的作用：

（1）当 $\psi>0$ 时，水平分力 p_x 及 t_x 作用方向相反，p_x 作用在金属流动方向，t_x 作用在阻碍金属流动方向。

（2）当 $\psi=0$ 时，p 作用在垂直方向，即 $p_x=0$ ，t_x 保持原方向与金属流动方向相反。

（3）当 $\psi<0$ 时，p_x 和 t_x 都是作用在阻碍金属流动的方向。

因此，随 ψ 角减小的程度，从正值变化到零再到负值，发生了由量到质的变化。当为平板工具时，只有摩擦力 $t=t_x$ 阻碍金属流动，它是凸形工具和凹形工具转变的临界点。

凸形工具和凹形工具的作用有本质的差别，这点有很大的实际意义。当加工工具为凸形工具时，由于 p_x 的作用减小了摩擦力对金属流动的阻碍，因而减小了三向应力状态的影响，结果使单位压力减小。

$$p_x = p\sin\psi \qquad t_x = pf\cos\psi$$

当 $t_x=p_x$ 时，则：

$$p\sin\psi = pf\cos\psi$$

故

$$f = \tan\psi$$

即

$$\beta = \psi \qquad\qquad (4\text{-}18)$$

表明凸形工具当 ψ 角等于摩擦角时，变形金属的应力状态相当于单向应力状态，其单位压力 $p=K$ 。

当 $\psi>\beta$ 时，则 $p_x>t_x$ ，在此情况下变形金属的应力状态具有拉应力作用，所以单位

压力为 $p = K - q$。当 ψ 的变化由 $\psi = \beta$ 逐渐减小到 $\psi = 0$ 时，则单位压力逐渐增加。此时，$p = K + q$，到 ψ 继续减小到负值时，金属所承受的三向应力状态最为显著。上述关系如图 4-30 所示。

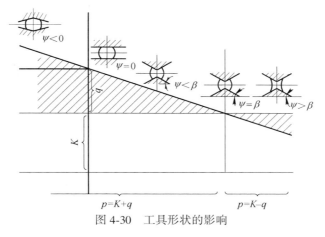

图 4-30 工具形状的影响

经过工具形状影响的分析，对于具有圆弧形状的轧辊轧制金属时对单位压力的影响就比较容易理解了。由于轧辊是圆柱形，其横向相当于平板工具，而纵向则相当于凸形工具。随着咬入角 α 的增加，工具的作用越大，轧制时正压力的水平分力增加，此分力作用在轧件运动的反方向，从而影响变形金属的应力状态，使轧制压力降低。图 4-31 所示实测结果表明：当 α 不很大时，随 α 角增加压下量也增加，所以单位压力增加。但当 α 角再继续增加，虽然压下量也随之增加，但由于工具形状的影响更为显著，甚至在轧件入口处产生拉应力，所以单位压力反而降低。一般冷轧薄板时，α 角较小，轧辊形状对 p 的影响不显著，而对型钢生产来说，除了 α 角影响外，尚有孔型形状引起的不均匀变形及变形的不同时性等所造成的应力状态更为复杂，对单位压力的影响也更为复杂。

下面进一步说明轧辊直径对轧制压力的影响。例如当轧制带钢时，轧前厚度为 19.6mm，压下率为 30%，辊径分别为 89mm 和 190mm，大辊比小辊接触面积大 44%，而轧制压力却高达 80%。图 4-32 给出了在不同辊径下以相同的压下量轧制时的轧制压力曲

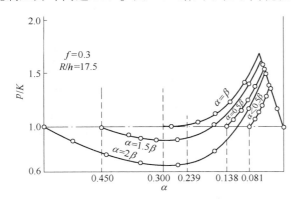

图 4-31 单位压力分布曲线形状随 α 的变化

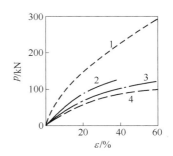

图 4-32 辊径对轧制压力的影响
1—$D = 184.8$mm；2—$D = 92.4$mm；
3—$D = 61.9$mm；4—$D = 45.8$mm

线。轧件厚度为 2mm，宽为 30mm，摩擦系数为 0.1，由图可以看出轧辊直径对轧制压力的影响较大。

这一问题的解释还可用平板压缩圆柱形试样加以说明。用高为 127mm，其直径分别为 12.7mm、19.0mm、25.4mm、31.7mm 和 38.1mm 五个圆柱形试样做试验，压缩结果如图 4-33 所示。从图中可以看出，随着试样直径增加，表面摩擦阻力增加，难变形区增加，因而变形困难，使单位压力增加。实验虽然用于平板压缩，但在质上显示了尺寸因素的影响。除接触面积影响外，辊径越大咬入角越小，比之小直径轧辊轧制的咬入角 α 较大的情况，压应力状态更强，轧制压力更大。

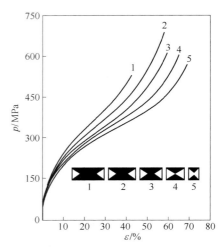

图 4-33　接触面积增加
对单位压力的影响

4.2.3　外力的影响

轧制轧件时，在入口侧和出口侧施加张力，可以降低单位压力，这是由于：

（1）改变了变形区的应力状态；

（2）可以减小轧辊的弹性压扁。

为了弄清张力对单位压力的影响，现举实验数据加以说明，在 $D = 250$mm 轧机上，用 10 号钢进行轧制实验，测定了张力对单位压力分布及数值的影响，实验结果如图 4-34 所示（实验数据见表 4-1）。

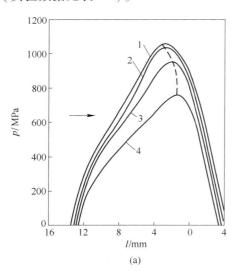

(a)

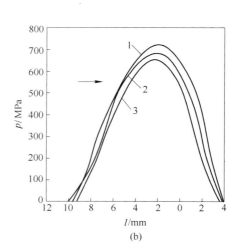

(b)

图 4-34　张力对单位压力分布曲线特性的影响

实验结果表明：

（1）轧制压力随前、后张力的增加而降低。

表 4-1　张力对单位压力影响的实验数据

曲　线		1	2	3	4	曲　线		1	2	3
a	q_h	0	0	0	0	b	q_h	13.9	17.0	19.6
	q_H	0	7.7	13.6	22.7		q_H	2.55	2.55	2.55
	ε	0.5	0.55	0.57	0.59		ε	0.19	0.20	0.22
	l	11.2	11.7	12.0	12.2		l	6.77	6.95	7.26
	$H=2\text{mm}$，$B_H=30\text{mm}$						$H=1.95\text{mm}$，$B_H=30\text{mm}$			

注：q_H—前张力；q_h—后张力。

（2）在不进行辊缝调整的情况下，加以张力后，由于压力降低，使轧机弹性变形减小而加大了压下量，从而减小了最终轧制厚度。如在加上 227MPa 的后张力后，变形量由不加张力时的 50% 增加至 59%。

（3）后张力的影响比前张力的影响大，因为后滑区比前滑区大。

（4）可以近似地认为：后张力主要是对后滑区单位压力有影响，前张力主要是对前滑区单位压力有影响。因此，后张力使单位压力最大值的位置向轧件出口处移动，而前张力则相反。

现代冷轧机上都采用张力轧制，不仅可以减小轧制压力，降低能耗，而且保证钢板平直度和更小的轧制厚度。因此，没有张力的冷轧生产是十分困难的。

4.2.4　轧件尺寸的影响

研究轧件尺寸的影响时，经常也包含着其他因素的影响。例如，研究压下量的影响时，经常导致咬入角的改变，使工具形状的因素也起作用。为了对轧件尺寸影响有一个实质性的了解，仍以平板压缩为例来说明。在同样工具条件下，压缩直径均为 9mm，高度分别为 38mm、19mm、11.2mm、6.35mm 的圆柱体，工具表面摩擦条件相似，接触面积相同，但在同样变形程度下却得出不同的结果，如图 4-35 所示。

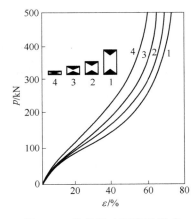

图 4-35　轧件尺寸因素的影响

由图 4-35 可以看出，压下率相同时，试件越薄变形所需单位压力越大。对 38mm 的高试件，压下率为 40% 时，压力为 160kN；而对 6.35mm 的薄件，在压下率相同时，压力则为 230kN。两者的相对压下量相同，而绝对压下量薄件的小，由此也可以充分说明轧件尺寸因素对轧制压力的影响：轧件越薄，变形深透程度越大，变形体接触面积虽然相同，但变形体积减小，三向压应力状态加强，所以单位压力增加。

4.3　三种典型轧制情况

由实验表明，在相同的温度、速度条件下的同一金属，决定其轧制过程本质的主要因素是轧件和轧辊的尺寸。

在轧辊直径、压下量和咬入角均为常值的条件下，用 H/D 和 ε 参数可以估计外区及轧件尺寸因素的影响。由 ε 值大小可将轧制划分为三种典型情况，每一典型情况下的力学、变形及运动学特征迥然不同。

实验时为了测量变形区内金属各点对轧辊的单位压力、单位摩擦力，采用上轧辊安装综合测力装置（见图 4-36）进行综合测量。在下轧辊表面上的一系列等距离螺旋线上刻孔，即印痕法测定金属的滑动路程，以表示金属质点沿轧辊表面的相对流动及变形情况。印痕法的原理是在轧辊表面上刻小孔，当金属表面质点与轧辊表面质点有相对滑动时，则压入圆孔的金属因切力而错位，从而在金属表面上留下擦迹。可以想象，在轧辊表面上的一系列等距螺旋线上按一定距离刻孔，将给出金属在变形区内滑动路程的清晰图像（见图 4-37）。

实验时的试件尺寸见表 4-2，综合测力装置如图 4-36 所示。在轧辊 1 上钻以直径为 d_0 的小孔，其内配置直径为 d 的针式测力仪 2，二者之间有微小的空隙（$\Delta = d_0 - d$），针式测力仪的另一端由膜式支点 3 固定，这样装置可容许测力仪 2 在切力影响下做微小摆动，在其上装置有四个螺钉 5 固定的十字形转换器 4 以测试摩擦力。为了测定单位压力，在测力仪 2 的端部安装滚珠 6、芯棒 7 和圆筒转换器 8；单位压力由测力仪经滚珠、芯棒及圆筒转换器传递。因为支点 3 为薄膜式，可容许测力仪稍作上下移动。在转换器 4、8 上贴有应变电阻片 9，可将力学参量转换成电参量并作出记录。该装置可在同一单元面积上同时测出所有轧制单位压力 p 和单位摩擦力 t_x 和 t_y 之值，且易于整理数据，是一种较好的综合测力装置。

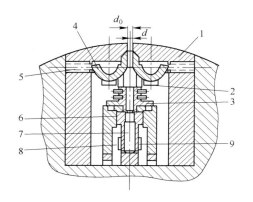

图 4-36　综合测力装置

1—轧辊；2—针式测力仪；3—膜式支点；4，8—转换器；
5—螺钉；6—滚珠；7—芯棒；9—应变电阻片

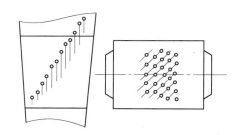

图 4-37　印痕法测金属滑动路程

表 4-2　试件尺寸表

金　属	轧件尺寸/mm			轧制条件		
	H	B_H	L_H	$\varepsilon/\%$	常值	变值
铅	20	20	200	5	D	ε
	7	20	200	14.5	α	—
	3	20	200	34	Δh	—
	2.5	20	200	40	—	—
	2	20	200	50	—	—

实验结果如下：

（1）力学特征。首先看第一种典型轧制情况，即大压下量轧制薄轧件的过程，$\varepsilon = 34\% \sim 50\%$。实验得到如图 4-38 所示结果，单位压力沿接触弧分布呈明显峰值的曲线。压下率越大，单位压力越高，峰值越尖，且尖峰向轧件出口方向移动。

前曾假设：单位压力、单位摩擦力沿接触弧的分布是均匀不变的常值，而且摩擦遵从干摩擦定律。但实验得知，假设与实际差别很大，不仅单位压力 p 及摩擦力 t 沿接触弧分布不均匀，而且，摩擦系数沿接触弧的分布，也不是常值，而呈曲线状态，如图 4-39 所示。

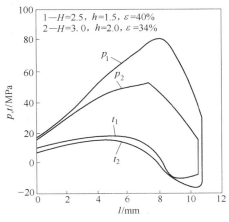

图 4-38　第一种典型轧制时单位压力 p
及单位摩擦力 t 沿接触弧分布曲线

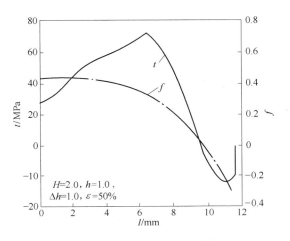

图 4-39　摩擦力及摩擦系数
沿接触弧分布曲线

其次看第三种典型轧制情况，即小压下量轧制厚轧件的过程，$\varepsilon < 10\%$，相当于初轧开始道次或板坯立轧道次。实验得到如图 4-40 所示结果，单位压力分布在变形区入口处也具有明显的峰值，且向着出口方向急剧降低。

最后看第二种典型轧制情况，即轧制中等厚度轧件的过程，ε 约为 15%。实验得到如图 4-41 所示结果，单位压力分布曲线没有明显的峰值，且数值较小。

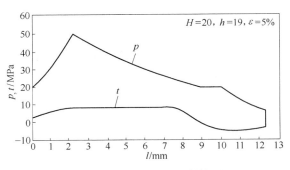

图 4-40　第三种典型轧制情况
p、t 沿接触弧分布曲线

（2）运动学及变形特征。由印痕法测出的是金属质点沿接触弧的实际滑动路程，现在取理想条件下（均匀变形、忽略宽展且沿接触弧全程发生滑动）金属质点的滑动路程方程式作为轧制运动参数的比较准则。

理想滑动方程式推导如下（见图 4-42），当轧辊转动角度 $\mathrm{d}\theta$，则轧辊表面质点的移动路程为：

$$\mathrm{d}s = R\mathrm{d}\theta \tag{4-19}$$

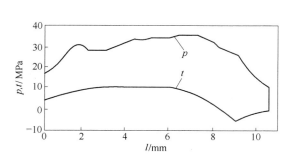

图 4-41　第二种典型轧制情况 p、t 分布曲线

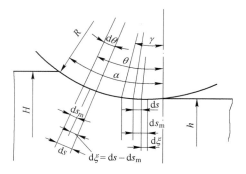

图 4-42　金属与工具之间相对滑动路程

另一方面，在假定无宽展和沿轧件横断面质点运动均匀的情况下与轧辊相应点接触的金属表面质点的移动轨迹，可按下面的方法确定。

根据体积不变定律，金属表面质点的移动轨迹为：

$$ds_m = Rd\theta(h_\gamma \cos\gamma / h_\theta \cos\theta)$$

则二者的差值（$ds - ds_m$）反映了金属质点在瞬间相对轧辊表面的滑动。其计算公式为：

$$d\xi = ds - ds_m = Rd\theta\left(1 - \frac{h_\gamma \cos\gamma}{h_\theta \cos\theta}\right) \tag{4-20}$$

式中　ds——轧辊表面瞬时移动路程；

ds_m——与轧辊相应接触点处的金属质点瞬时移动路程；

θ——接触弧内任一角度；

γ——中性角；

h_θ，h_γ——相应 θ 及 γ 角处的轧件高度；

R——轧辊半径；

$d\xi$——金属质点在瞬间相对轧辊表面的滑动。

对式（4-20）积分，则金属对轧辊的滑动路程：

$$\xi = \int_\theta^\alpha d\xi \tag{4-21}$$

参考 $\Delta h = D(1 - \cos\theta)$ 的关系，得：

$$h_\theta = h + 2R(1 - \cos\theta) \tag{4-22}$$

将式（4-20）和式（4-22）代入式（4-21），积分整理后得：

$$\xi = R(\alpha - \theta) + \frac{Rh_\gamma \cos\gamma}{h + 2R}\left\{\left[\ln\tan\left(\frac{\theta}{2} + \frac{\pi}{4}\right) - \ln\tan\left(\frac{\alpha}{2} + \frac{\pi}{4}\right)\right] + \right.$$

$$\left. \frac{4R}{\sqrt{h(h + 4R)}}\left[\arctan\frac{\sqrt{h + 4R}}{h}\tan\frac{\theta}{2} - \arctan\frac{\sqrt{h + 4R}}{h}\tan\frac{\alpha}{2}\right]\right\} \tag{4-23}$$

此方程式即无宽展和金属质点沿轧件横断面运动均匀情况下金属质点的滑动路程。

现在看第一种典型轧制情况的运动学及变形特征。

实测的与理论计算的金属滑动路程，其曲线具有相同的性质（见图4-43），这表明沿轧件横断面的质点移动速度相等的假设，且相对于轧辊有滑动，在第一种典型轧制（薄件轧制）情况下，与实际情况基本吻合，但实测曲线比理论曲线稍低。这是由于在实际轧制条件下，宽展、变形及速度不均匀等影响的缘故。

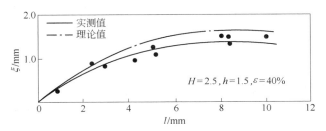

图 4-43　第一种典型轧制（薄轧件轧制）情况时
金属相对轧辊的滑动路程曲线

金属表面质点移动的实测轨迹如图 4-44 所示。由图 4-44（a）可知，轧件仅在中性线上没有纵向滑动，在轧件运动的轧制轴线上没有横向滑动。在前后延伸区 I_h 及 I_H 的各点金属纵向滑动大于横向滑动，而在宽展区 Ⅱ 则横向滑动大于纵向滑动。在轧制薄件情况下，金属变形大部分趋向延伸，宽展较小，变形已深透轧件整个高度，使金属横断面呈单鼓形[见图 4-45（a）]，这与实际观察到的现象是一致的。

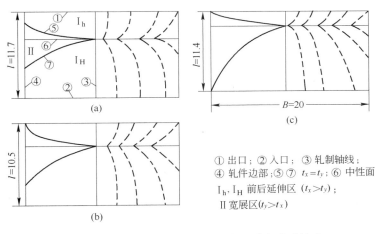

① 出口；② 入口；③ 轧制轴线；
④ 轧件边部；⑤ ⑦ $t_x = t_y$；⑥ 中性面
I_h, I_H 前后延伸区 $(t_x > t_y)$；
Ⅱ 宽展区 $(t_y > t_x)$

图 4-44　三种典型轧制情况金属表面质点移动轨迹
（a）第一种情况；（b）第二种情况；（c）第三种情况

对于第三种典型轧制情况，金属滑动路程曲线与在沿轧件横断面的质点移动速度相等的平面假设条件计算的理论曲线出现了质的差异。如图 4-46 所示，在变形区中部出现水平段，这表明金属表面质点与轧辊表面质点之间产生粘着而无相对滑动。这类轧制过程的特点是：变形不深透，轧件高度的中间部分不承受塑性变形，只有邻近表面的金属才变形，致使变形不均匀性显著，产生了强迫宽展，宽展区显著扩大了[见图 4-44（c）]，轧

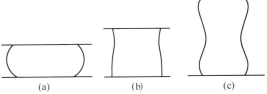

图 4-45　轧件横断面的变化情况
（a）第一种轧制情况；（b）第二种轧制情况；
（c）第三种轧制情况

件断面呈双鼓形［见图 4-45(c)］。

至于第二种典型轧制情况的运动学特征，与第一种情况没有质的不同，表明沿接触弧长度同样具有滑动（见图 4-47），但其实测曲线比理论曲线更低，说明除有一定不均匀变形外，它的宽展区也比第一种情况的大［见图 4-44(b)］。这类轧制过程的特点是：压缩变形恰好深透到轧件的整个高度，变形也比较均匀［见图 4-45(b)］。

通过对实验结果进行分析，可以理解轧件尺寸对轧制过程的影响基本上是通过外摩擦和外区的综合作用。而外摩擦和外区的作用是一个相互竞争的过程，当某一方面起主要作用时，即此方面为主要影响因素，它规定和制约着轧制过程的力学、运动学和变形特征。

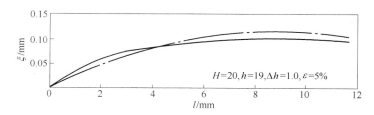

图 4-46　第三种典型轧制（厚轧件轧制）情况时金属相对轧辊的滑动路程曲线

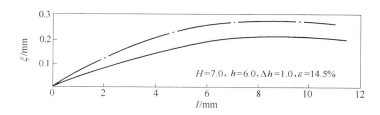

图 4-47　第二种典型轧制（中等轧件轧制）情况时金属相对轧辊的滑动路程曲线

变形特征受这两种因素的制约，在第一种轧制情况下（轧薄件时），外摩擦起着主要作用，由于摩擦阻力的影响，轧件出现单鼓形；而在第三种轧制情况下（轧厚件时），由于变形不深透，轧件中间部分起着外区的作用，使金属变形困难，以致产生强迫宽展，轧件出现双鼓形。对于第二种轧制情况，上述两种因素都有影响，但均不太严重，故变形比较均匀。

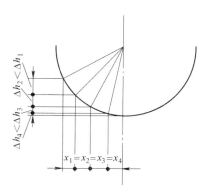

图 4-48　变形区内压下量的分布

力学特征也是受这两种因素制约的，第一种轧制情况下（轧薄件时），摩擦起的作用大，由摩擦引起的三向压应力状态加强，因而单位压力很大，且出现峰值在摩擦力变向处，即三向压应力最强的地方。第三种轧制情况下（轧厚件时），由于变形不深透及外区的影响，使受压金属的变形被限制，因而引起三向压应力和单位压力的增加。若局部的压下量越大，则压力增加的程度也会越大。如图 4-48 所示，在 x_1 和 x_4 两个相等线段内，入口处的压下量 Δh_1 比 Δh_4 大得多。这充分表明单位压力的峰值靠近变形区入口处。第二种轧制情况下，外区和摩擦两因素都有影响，但均不严重，故此时单位压力无明显的峰值，且其值比第一和第三两种情况下的值为小。

　　轧薄件时，轧辊沿金属表面有滑动，而轧厚件时，轧辊与金属表面之间产生粘着，没有滑动，这就是运动学特征。

　　总之，用 H/D 和 ε 说明由轧件尺寸影响的三种典型轧制情况具有明显的规律性。这种规律性清楚地表示在图 4-49 中。

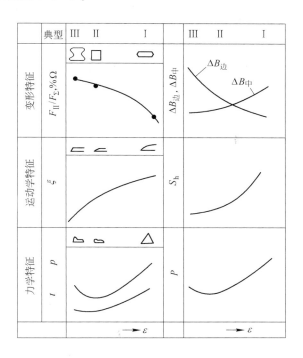

图 4-49　三种典型轧制情况的力学、运动学和变形特征

　　根据上述可以得出如下结论：

　　（1）在第 1 章里对理想轧制过程所做的假设（力学特征——单位压力及摩擦力沿接触弧均匀分布；运动学特征——轧件在变形区内每一横断面质点运动均匀而且与轧辊有相对滑动；变形特征——轧件沿高度及宽度变形均匀）与实际情况有着很大的差异。当然，第 1 章的假设又是必要的，因为它使我们容易地建立起轧制过程的概念。

　　（2）由 H/D 和 ε 的轧件尺寸因素，使轧制过程分为三种典型情况，并各具有明显的力学、运动学和变形特征。但是其他因素也具有重要的影响，同时，正因为这些因素的差异性，出现了各种轧制工艺的特殊性。例如，热轧薄板与冷轧薄板，从轧件尺寸因素看，它们同属于第一种典型轧制情况，具有相同的力学、运动学和变形特征，这是共性。但是，热轧要考虑变形温度、变形速度和变形程度的影响，而冷轧中考虑的却是加工硬化的影响。热轧的摩擦系数取决于钢种和温度的影响，而冷轧中主要决定于润滑剂的选择。显然，这是热轧与冷轧的特殊性。

习　题

4-1　影响轧制力学参数的主要因素有哪两方面，为什么要这样划分？

4-2　利用塑性方程式，说明 f、D、h、B、Δh 及张力 q 对 $\bar{p}$ 的影响。

4-3　为什么要计算平均变形速度和平均变形程度？

4-4　轧制 $w(C) = 0.17\%$ 的钢，若退火后坯料厚度 $H_0 = 5mm$，经三道轧成 2mm，已知各道次轧后厚度为 3.2mm、2.5mm、2mm，试确定各道次轧件的变形抗力。

4-5　说明变形速度对冷、热变形时变形抗力的影响，为何不同？

4-6　分析金属材料的成分与组织状态对金属变形抗力的影响。

4-7　分析工具形状对单位压力的影响，并联系轧辊形状分析轧件应力状态的变化。

4-8　分析热力学条件对金属变形抗力的影响。

4-9　试比较三种典型轧制情况的力学特征、运动学特征和变形特征。

4-10　试归纳总结生产中减少平均单位压力的方法。

5 轧制单位压力

轧制压力的确定在轧制理论研究和轧钢生产中都具有重要意义，因为制定合理的轧制工艺规程，实现轧制过程的自动控制，以及进行轧钢设备的强度和刚度计算，轧制压力都是必不可少的基本参数。

5.1　轧制压力的概念

通常所谓轧制压力是指用测压仪在压下螺丝下实测的总压力，即塑性变形时轧件作用在轧辊上的总压力的垂直分量。

在简单轧制情况下，确定轧件对轧辊的合力时，首先应考虑变形区内轧件与轧辊间力的作用情况。现忽略轧件沿宽度方向上接触应力的变化，并假定变形区内某一微分体积上轧件受到来自轧辊的单位压力 p 和单位摩擦力 t，见图 5-1。

轧制压力 P 可用下式求得：

$$P = \overline{B}\left(\int_0^l p\cos\theta\, \frac{\mathrm{d}x}{\cos\theta} + \int_{l_\gamma}^l t\sin\theta\, \frac{\mathrm{d}x}{\cos\theta} - \int_0^{l_\gamma} t\sin\theta\, \frac{\mathrm{d}x}{\cos\theta} \right)$$

$$(5\text{-}1)$$

式中　θ——变形区内任一角度；

　　　$\overline{B}$——轧件的平均宽度。

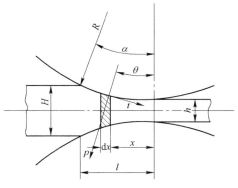

图 5-1　后滑区内作用于轧件微分体上的力

显然，$\dfrac{\mathrm{d}x}{\cos\theta}$ 为轧件与轧辊在变形区内某一微分体的接触弧长，式中第一项为单位压力 p 垂直分量之和，第二项和第三项分别为后滑区和前滑区单位摩擦力 t 垂直分量之和，因为前、后滑区摩擦力方向不同，所以第二项和第三项符号相反，由于式(5-1)中第二项、第三项和第一项相比其值很小，工程上完全可以忽略。于是得到：

$$P = \overline{B} \int_0^l p\cos\theta\, \frac{\mathrm{d}x}{\cos\theta} = \overline{B} \int_0^l p\,\mathrm{d}x \qquad\qquad (5\text{-}2)$$

即轧制压力为微分体上单位压力与微分体接触表面水平投影面积乘积的总和。

确定平均单位压力的方法，归纳起来有以下三种：

（1）理论计算法。它是建立在理论分析基础上，用计算公式确定单位压力。通常需要首先确定变形区内单位压力分布的形式和大小，然后再计算平均单位压力。

（2）实测法。它是在轧钢机上放置专门设计的压力传感器，将压力信号转换为电信号，然后通过放大器或直接送往测量仪表并记录下来，获得实测的轧制压力资料。用实测的轧制总压力除以接触面积，便求出平均单位压力。

（3）经验公式和图表法。它是根据大量的实测统计资料，进行一定的数学处理，抓住一些主要因素，建立经验公式和图表。

目前，上述三种方法在确定平均单位压力时都得到广泛应用，它们各有优缺点。理论计算方法是一种较好的方法，但理论计算公式目前尚有一定的局限性，它还没有建立起包括各种轧制方式、条件和钢种的高精度计算公式，以致应用时常感到困难，同时计算也比较繁琐。实测法如果在相同的实验条件下应用，可能会得到比较满意的结果，但它又受实验条件的限制。总之，目前计算平均单位压力的公式很多，参数选择各异，而各公式都有一定的适用范围。因此，在计算平均单位压力时，应根据不同情况选用上述不同方式计算。下面主要介绍应用较为广泛的理论计算法。

5.2　T. 卡尔曼（Karman）单位压力微分方程及 A. И. 采利柯夫解和 M. D. 斯通（Stone）解

5.2.1　T. 卡尔曼单位压力微分方程

卡尔曼单位压力微分方程是以数学、力学理论为出发点，在一定的假设条件下，在变形区内任意取一微分体，分析作用在此微分体上的各种作用力，根据力平衡条件，将各力通过微分平衡方程式联系起来，同时运用屈服条件或塑性方程、接触弧方程、摩擦规律和边界条件来建立单位压力微分方程并求解。卡尔曼在建立单位压力微分方程时假设：轧件金属性质均匀，可看作是均匀的连续介质，轧制时变形均匀且无宽展；轧件在变形区内各横截面沿高度方向的水平速度相等；轧制时轧件的纵向、横向和高向与主应力方向一致；轧辊和机架为刚性体；接触弧上摩擦系数为常数，即 $f = C$。

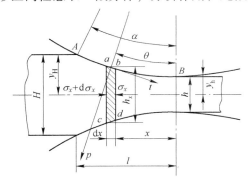

图 5-2　变形区内任意微分体上受力情况

如图 5-2 所示，在后滑区内截取一单元体 $abcd$，其厚度为 $\mathrm{d}x$，其高度由 $2y$ 变化到 $2(y+\mathrm{d}y)$，轧件宽度为 B，弧长近似视为弦长，即 $\overset{\frown}{ab} = \overline{ab} = \dfrac{\mathrm{d}x}{\cos\theta}$。

作用在 ab 弧长的力有径向单位压力 p 和切向单位摩擦力 t，在后滑区，接触面上金属质点向轧辊转动相反的方向滑动，它们在接触弧 ab 上的合力的水平投影为 $2B\left(p\dfrac{\mathrm{d}x}{\cos\theta}\sin\theta - t\dfrac{\mathrm{d}x}{\cos\theta}\cos\theta\right)$，$\theta$ 为 ab 弧切线与水平面所成的夹角，亦即相对应的圆心角。

根据纵向应力分布均匀的假设，作用在单元体两侧的应力各为 σ_x 及 $\sigma_x+\mathrm{d}\sigma_x$，而其合力则为：

$$2B\sigma_x y - 2B(\sigma_x + \mathrm{d}\sigma_x)(y + \mathrm{d}y)$$

根据力的平衡条件，所有作用在水平轴 x 上力的投影代数和应等于零，亦即 $\Sigma x =$

0，则：

$$2\sigma_x yB - 2(\sigma_x + \mathrm{d}\sigma_x)(y + \mathrm{d}y)B + 2p\tan\theta \mathrm{d}xB - 2t\mathrm{d}xB = 0$$

假设没有宽展，并取 $\tan\theta = \dfrac{\mathrm{d}y}{\mathrm{d}x}$，忽略高阶项，对上式进行简化，可以得到：

$$\frac{\mathrm{d}\sigma_x}{\mathrm{d}x} - \frac{p - \sigma_x}{y}\frac{\mathrm{d}y}{\mathrm{d}x} + \frac{t}{y} = 0 \tag{5-3}$$

同理，前滑区中金属的质点沿接触表面向着轧制方向滑动，摩擦力相反，故可用如上相同方式，得出下式：

$$\frac{\mathrm{d}\sigma_x}{\mathrm{d}x} - \frac{p - \sigma_x}{y}\frac{\mathrm{d}y}{\mathrm{d}x} - \frac{t}{y} = 0 \tag{5-4}$$

为了对方程式(5-3)和式(5-4)求解，必须找出单位压力 p 与应力 σ_x 的关系。根据假设，单元体上水平压应力 σ_x 和垂直压应力 σ_y 均为主应力，设 $\sigma_3 = -\sigma_y$，则有：

$$\sigma_3 = -\left(p\frac{\mathrm{d}x}{\cos\theta}B\cos\theta \pm t\frac{\mathrm{d}x}{\cos\theta}B\sin\theta\right)\frac{1}{B\mathrm{d}x}$$

由于上式第二项比第一项小得很多，可忽略，则：

$$\sigma_3 = -p$$

设 $\sigma_1 = -\sigma_x$，代入屈服条件 $\sigma_1 - \sigma_3 = K$，得：

$$-\sigma_x - (-p) = K$$

即

$$p - \sigma_x = K$$

上式可写成 $\sigma_x = p - K$，对其微分得 $\mathrm{d}\sigma_x = \mathrm{d}p$，代入方程式(5-3)和式(5-4)，可得：

$$\frac{\mathrm{d}p}{\mathrm{d}x} - \frac{K}{y}\frac{\mathrm{d}y}{\mathrm{d}x} \pm \frac{t}{y} = 0 \tag{5-5}$$

式(5-5)即为 T. 卡尔曼单位压力微分方程。"+"适用于后滑区，"−"适用于前滑区。

要对方程式(5-5)求解，必须知道单位摩擦力 t 沿接触弧的变化规律（物理条件），接触弧方程（几何条件），以及边界上的单位压力（边界条件）。所取条件不同，就有很多不同解法。

(1) 边界条件。由 $p - \sigma_x = K$ 可知，若认为进、出口处 K 值不变，且进、出口处水平应力 $\sigma_x = 0$，则在轧件出口处，即 $x = 0$ 时，

$$p_h = K$$

在轧件入口处，即 $x = l$ 时，

$$p_H = K$$

如果变形抗力从轧件入口至出口是变化的，则在轧件入口及出口处的单位压力分别取该处的变形抗力值，即：

当 $x = 0$ 时， $\qquad\qquad\qquad p_h = K_h$

当 $x = l$ 时， $\qquad\qquad\qquad p_H = K_H$

考虑张力的影响，如以 q_h、q_H 分别代表前后张应力，并认为变形抗力沿接触弧为常数，则：

当 $x=0$ 时，$\hspace{6em} p_h = K - q_h$

当 $x=l$ 时，$\hspace{6em} p_H = K - q_H$

如果既考虑张力影响，又考虑变形抗力在轧件入口和出口处的差异，那么边界条件可写成：

当 $x=0$ 时，$\hspace{6em} p_h = K_h - q_h$

当 $x=l$ 时，$\hspace{6em} p_H = K_H - q_H$

（2）接触弧方程。如果把精确的圆弧坐标代入方程，积分时会变得很复杂，甚至不能求解，而且也难以应用。所以，在求解时，都设法加以简化，常有以下几种假设：把圆弧看成平板压缩；把圆弧看成直线，即以弦代弧；用抛物线代替圆弧；仍采用圆弧方程，但改用极坐标。

（3）单位摩擦力变化规律。因为摩擦问题非常复杂，对此所作的假设或理论也就非常多，若假设遵循干摩擦定律，即：

$$t = fp$$

若假设单位摩擦力不变，且

$$t = 常数 = fK$$

假设轧件与轧辊之间发生液体摩擦，并且按液体摩擦定律，把单位摩擦力表示为：

$$t = \eta \frac{\mathrm{d}v_x}{\mathrm{d}y}$$

式中　η ——液体黏性系数；

$\dfrac{\mathrm{d}v_x}{\mathrm{d}y}$ ——在垂直于滑动平面方向上的速度梯度。

根据实测结果，变形区内摩擦系数并非恒定不变，因此可把摩擦系数视为单位压力的函数，即：

$$f = f(p)$$

此外，还有把变形区分成若干区域，而每个区域采用不同的摩擦规律等。

显然，不同的边界条件，不同的接触弧方程，不同的摩擦规律代入微分方程，将会得出不同的解。下面介绍两种。

5.2.2　A. И. 采利柯夫解

A. И. 采利柯夫在解微分方程（5-5）时，摩擦力分布规律采用干摩擦定律（物理条件）；接触弧方程采用以弦代弧（几何条件）（见图5-3）；对于边界条件，设 K 为常值，并考虑前后张力的影响。

以 $t=fp$ 代入式(5-5)，则：

$$\frac{\mathrm{d}p}{\mathrm{d}x} - \frac{K}{y}\frac{\mathrm{d}y}{\mathrm{d}x} \pm \frac{fp}{y} = 0 \tag{5-6}$$

此线性微分方程的一般解为：

$$p = \mathrm{e}^{\mp \int \frac{f}{y}\mathrm{d}x}\left(c + \int \frac{K}{y}\mathrm{e}^{\pm \int \frac{f}{y}\mathrm{d}x}\mathrm{d}y \right) \tag{5-7}$$

如果以弦代弧，设通过轧件入口、出口处弦 AB 的方程为：

$$y = ax + b$$

在出口处，$x = 0$ 时，$y = \dfrac{h}{2}$，求出截距

$b = \dfrac{h}{2}$；在入口处，$x = l$ 时，$y = \dfrac{H}{2}$，求出方程

斜率 $a = \dfrac{\Delta h}{2l}$。这样，接触弧所对应弦的方

程为：

$$y = \frac{\Delta h}{2l}x + \frac{h}{2}$$

微分后得到：

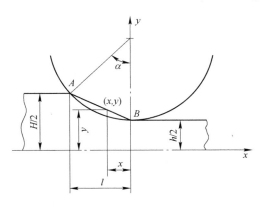

图 5-3 以弦代弧

$$\mathrm{d}x = \frac{2l}{\Delta h}\mathrm{d}y$$

将此 $\mathrm{d}x$ 值代入式(5-7)，得：

$$p = \mathrm{e}^{\mp\int\frac{\delta}{y}\mathrm{d}y}\left(c + \int\frac{K}{y}\mathrm{e}^{\pm\int\frac{\delta}{y}\mathrm{d}y}\mathrm{d}y\right) \tag{5-8}$$

式中，$\delta = \dfrac{2lf}{\Delta h} = f\sqrt{\dfrac{2D}{\Delta h}}$。

将式(5-8)积分后，针对后滑区得到：

$$p = C_{\mathrm{H}}y^{-\delta} + \frac{K}{\delta} \tag{5-9}$$

针对前滑区得到：

$$p = C_{\mathrm{h}}y^{\delta} - \frac{K}{\delta} \tag{5-10}$$

为确定积分常数 C_{H}、C_{h}，若考虑有前、后张力影响时的边界条件，当 $x = l$、$y = \dfrac{H}{2}$ 时，

$$p = K - q_{\mathrm{H}} = K\left(1 - \frac{q_{\mathrm{H}}}{K}\right) = \xi_{\mathrm{H}}K$$

当 $x = 0$、$y = \dfrac{h}{2}$ 时，

$$p = K - q_{\mathrm{h}} = K\left(1 - \frac{q_{\mathrm{h}}}{K}\right) = \xi_{\mathrm{h}}K$$

式中　q_{h}，q_{H}——前、后张应力。

从而得出积分常数：

$$C_{\mathrm{H}} = K\left(\xi_{\mathrm{H}} - \frac{1}{\delta}\right)\left(\frac{H}{2}\right)^{\delta}$$

$$C_{\mathrm{h}} = K\left(\xi_{\mathrm{h}} + \frac{1}{\delta}\right)\left(\frac{h}{2}\right)^{-\delta}$$

将此 C_{H}、C_{h} 之值代入式(5-9)和式(5-10)，并以 $\dfrac{h_x}{2}$ 代替 y，得到：

后滑区　　　　　　　$$p_{\mathrm{H}} = \frac{K}{\delta}\left[(\xi_{\mathrm{H}}\delta - 1)\left(\frac{H}{h_x}\right)^{\delta} + 1\right] \tag{5-11}$$

前滑区
$$p_h = \frac{K}{\delta}\left[(\xi_h\delta + 1)\left(\frac{h_x}{h}\right)^\delta - 1\right]$$
(5-12)

当无前、后张力时，$q_h = q_H = 0$，$\xi_h = \xi_H = 1$，则：

后滑区
$$p_H = \frac{K}{\delta}\left[(\delta - 1)\left(\frac{H}{h_x}\right)^\delta + 1\right]$$
(5-13)

前滑区
$$p_h = \frac{K}{\delta}\left[(\delta + 1)\left(\frac{h_x}{h}\right)^\delta - 1\right]$$
(5-14)

分析以上描述单位压力沿接触弧分布规律的方程时，可以看出，影响单位压力的主要因素有外摩擦系数、轧辊直径、压下量、轧件高度和前、后张力等。

根据式(5-11)~式(5-14)可得图5-4所示接触弧上单位压力分布图。由图上可看出，在接触弧上单位压力的分布是不均匀的，由轧件入口开始向中性面逐渐增加并达到最大值，然后逐渐降低至出口。

而切向摩擦力在中性面上改变方向，其分布规律如图5-4所示。

单位压力与诸影响因素间的关系，从图5-5~图5-8中的曲线清楚可见，分析这些定性曲线可得以下结论。

图5-5所示为接触摩擦对单位压力的影响，摩擦系数越大，从入口、出口向中性面的单位压力增加越快，显然，轧件对轧辊的总压力因此增加。

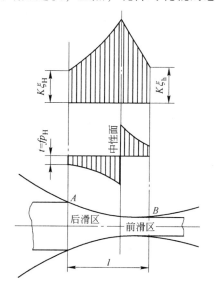

图5-4　在干摩擦条件下（$t_x = fp_x$）接触弧上单位压力分布图

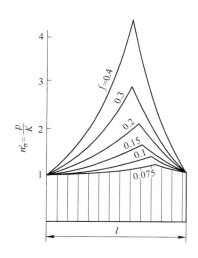

图5-5　摩擦对单位压力分布的影响
$$\left(\frac{\Delta h}{H} = 30\%；\alpha = 5°40'；\frac{h}{D} = 1.16\%\right)$$

图5-6所示为相对压下量对单位压力的影响，在其他条件一定的情况下，随相对压下量增加，接触弧长度增加，单位压力亦相应增加，轧件对轧辊的总压力增加，不仅是由于接触面积增加，而且由于单位压力本身亦增加。

图5-7所示为辊径对单位压力的影响，随轧辊直径增加，接触弧长度增加，单位压力相应增加。

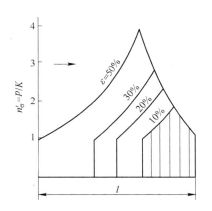

图 5-6　压下量对单位压力分布的影响

$$\left(\frac{h}{D}=0.5\% ; f=0.2\right)$$

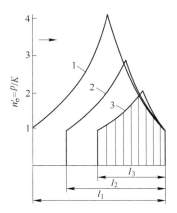

图 5-7　辊径与厚度比值对单位压力
　　　分布的影响

$$\left(\frac{\Delta h}{H}=30\% ; f=0.3\right)$$

1—$D=700\mathrm{mm}$，$D/h=350$；2—$D=400\mathrm{mm}$，

$D/h=200$；3—$D=200\mathrm{mm}$，$D/h=100$

图 5-8 所示为张力对单位压力的影响，采用张力轧制使单位压力显著降低，张力越大，单位压力越小，且不论前张力或后张力均使单位压力降低，其中后张力的影响更大。

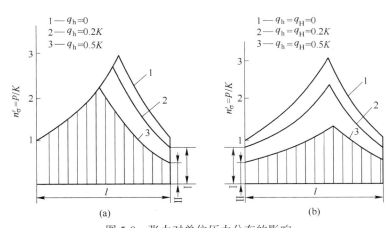

图 5-8　张力对单位压力分布的影响

（a）前张力 q_{h} 的影响；（b）前张力 q_{h} 和后张力 q_{H} 共同影响

I —0.8K；II —0.5K

5.2.3　M. D. 斯通公式

M. D. 斯通认为，冷轧时 $\dfrac{D}{h}$ 足够大，而且轧制时还要发生轧辊弹性压扁，因此，可近似看作轧件厚度为 h 的平板压缩（几何条件），如图 5-9 所示，并假定接触面上全滑动，单位摩擦力 $t=fp$（物理条件）。

由于把接触弧看作平板压缩，则 $\dfrac{\mathrm{d}y}{\mathrm{d}x}=0$。于是 T. 卡尔曼单位压力微分方程变成：

$$\frac{\mathrm{d}p}{\mathrm{d}x} \pm \frac{fp}{y} = 0 \qquad (5\text{-}15)$$

式中，$y = \dfrac{\overline{h}}{2}$，$\overline{h} = \dfrac{H + h}{2}$。代入式(5-15)得：

$$\frac{\mathrm{d}p}{p} = \mp \frac{2f}{\overline{h}}\mathrm{d}x \qquad (5\text{-}16)$$

将式(5-16)积分得到：

$$p = Ce^{\mp \frac{2f}{\overline{h}}x} \qquad (5\text{-}17)$$

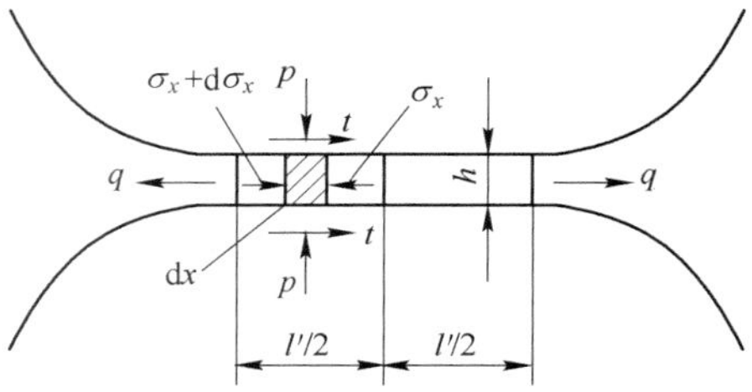

图 5-9　变形区应力图示

利用边界条件，在后滑区入口处，$x = \dfrac{l'}{2}$ 时，

$$p = K - \overline{q}$$

在前滑区出口处，$x = -\dfrac{l'}{2}$ 时，

$$p = K - \overline{q}$$

式中　$\overline{q}$——前、后张力的平均值；

　　　l'——考虑轧辊弹性压扁后的接触弧投影长。

代入式(5-17)求出积分常数为：

$$C = (K - \overline{q})e^{\frac{fl'}{\overline{h}}} \qquad (5\text{-}18)$$

于是得到斯通的单位压力公式为：

在后滑区 $\qquad\qquad p_{\mathrm{H}} = (K - \overline{q})e^{\frac{2f}{\overline{h}}\left(\frac{l'}{2}-x\right)} \qquad (5\text{-}19)$

在前滑区 $\qquad\qquad p_{\mathrm{h}} = (K - \overline{q})e^{\frac{2f}{\overline{h}}\left(\frac{l'}{2}+x\right)} \qquad (5\text{-}20)$

5.3　E. 奥洛万（Orowan）单位压力微分方程及 B. 西姆斯（Sims）和 D. R. 勃兰特-福特（Bland-Ford）公式

5.3.1　E. 奥洛万单位压力微分方程

E. 奥洛万在推导单位压力微分方程时采用了卡尔曼的某些假设，主要是假设轧件在轧制时无宽展，即轧件只产生平面变形。奥洛万理论与卡尔曼理论的最重要区别是：不承认接触弧上各点的摩擦系数恒定，即不认为整个变形区都产生滑移，而认为轧件与轧辊间是否产生滑移，决定于摩擦力的大小。当摩擦力小于轧件材料的剪切屈服极限 τ_{s} 时(即 $t < \tau_{\mathrm{s}}$)，产生滑移，而当摩擦力 $t \geq \tau_{\mathrm{s}}$ 时，则不产生滑移而出现粘着现象。

由于粘着现象的存在，轧件在高度方向变形是不均匀的，因而沿轧件高度方向的水平应力分布也是不均匀的。轧制时轧件的纵向、横向和高向不再是主应力方向。

根据上述条件，奥洛万提出用剪应力 τ 来代替摩擦应力，考虑到水平应力沿轧件断面高向分布不均匀，因此用水平应力的合力 Q 来代替，如图 5-10 所示。

在变形区内取单元体（圆弧小条），水平应力沿轧件高度分布不均匀，而且存在剪应力 τ，其值为：

$$\tau = \tau_{r\theta} = \frac{t}{\theta}\theta' = \frac{fp}{\theta}\theta'$$

设 $\sigma_\theta = p$，而 σ_r 沿轧件高度变化，σ_θ、σ_r 都不是主应力。

根据塑性变形条件 $(\sigma_\theta - \sigma_r)^2 + 4\tau^2 = K^2$；$K = 1.15\sigma_s$，得：

$$\sigma_r = p - K\sqrt{1 - \left(\frac{2fp}{K}\right)^2\left(\frac{\theta'}{\theta}\right)^2} \qquad (5\text{-}21)$$

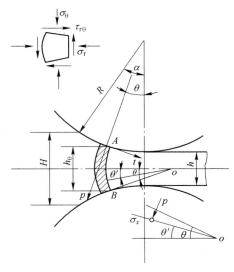

图 5-10　奥洛万的变形区内受力情况

作用在 AB 弧上的水平力由 σ_r 和 τ 的水平分量所组成，如以 Q 表示，则：

$$Q = Q_\sigma + Q_\tau$$

如忽略水平分量 Q_τ，则 $Q = Q_\sigma$。

由图 5-10 可知，AB 弧上某微分体的面积 $\mathrm{d}F$ 为半径 $r = \dfrac{h_\theta}{2\sin\theta}$ 乘弧长 $\mathrm{d}\theta'$，即：

$$\mathrm{d}F = \frac{h_\theta}{2\sin\theta}\mathrm{d}\theta'$$

作用在 AB 弧微分体上的水平分量为：

$$\mathrm{d}Q \approx \mathrm{d}Q_\sigma = \sigma_r\cos\theta'\mathrm{d}F = \sigma_r\cos\theta'\frac{h_\theta}{2\sin\theta}\mathrm{d}\theta'$$

将式(5-21)代入上式积分，得 AB 弧上的水平力为：

$$Q \approx Q_\sigma = h_\theta p - \frac{h_\theta K}{\sin\theta}\int_0^\theta\left[\sqrt{1 - \left(\frac{2fp}{K}\right)^2\left(\frac{\theta'}{\theta}\right)^2}\right]\cos\theta'\mathrm{d}\theta'$$

令

$$\omega = \frac{1}{\sin\theta}\int_0^\theta\left[\sqrt{1 - \left(\frac{2fp}{K}\right)^2\left(\frac{\theta'}{\theta}\right)^2}\right]\cos\theta'\mathrm{d}\theta'$$

得：
$$Q = h_\theta p - h_\theta K\omega \qquad (5\text{-}22)$$

列出圆弧 AB 上水平方向力的平衡方程式为：

$$(Q + \mathrm{d}Q) - Q - 2pR\mathrm{d}\theta\sin\theta \pm 2tR\mathrm{d}\theta\cos\theta = 0$$

整理后得：

$$\frac{\mathrm{d}Q}{\mathrm{d}\theta} = 2R(p\sin\theta \mp t\cos\theta) \qquad (5\text{-}23)$$

将式(5-22)代入则得：

$$\frac{\mathrm{d}[h_\theta(p - K\omega)]}{\mathrm{d}\theta} = 2R(p\sin\theta \mp t\cos\theta) \qquad (5\text{-}24)$$

此即为 E. 奥洛万单位压力微分方程。"+" 适用于前滑区，"−" 适用于后滑区。

5.3.2　B. 西姆斯单位压力公式

此公式以奥洛万方程为基础求解，其特点是考虑发生粘着现象，认为单位摩擦力 t 达到 $\dfrac{K}{2}$ 时发生粘着，西姆斯认为热轧时发生粘着，并取单位摩擦力（物理条件）为：

$$t = fp = \frac{K}{2}$$

如图 5-10 所示，作用在 AB 弧微分体上的水平力也可写成：

$$\mathrm{d}Q = \sigma_r \mathrm{d}y$$

$$\mathrm{d}Q = \left[p - K\sqrt{1 - \left(\frac{2fp}{K}\right)^2 \left(\frac{\theta'}{\theta}\right)^2} \right]\mathrm{d}y$$

令 $\alpha = \dfrac{2fp}{K}$，而 $\dfrac{\theta'}{\theta} = \dfrac{r\theta'}{r\theta} = \dfrac{y}{\dfrac{h_\theta}{2}} = \dfrac{2y}{h_\theta}$，代入上式，得：

$$\mathrm{d}Q = \left[p - K\sqrt{1 - \alpha^2 \left(\frac{2y}{h_\theta}\right)^2} \right]\mathrm{d}y$$

作用在整个 AB 弧上的水平力为：

$$Q = 2\int_0^{\frac{h_\theta}{2}} \left[p - K\sqrt{1 - \alpha^2 \left(\frac{2y}{h_\theta}\right)^2} \right]\mathrm{d}y$$

$$= ph_\theta - h_\theta K \frac{2}{h_\theta} \int_0^{\frac{h_\theta}{2}} \left[\sqrt{1 - \alpha^2 \left(\frac{2y}{h_\theta}\right)^2} \right]\mathrm{d}y$$

$$= ph_\theta - h_\theta K \omega$$

令

$$\omega = \frac{2}{h_\theta} \int_0^{\frac{h_\theta}{2}} \left[\sqrt{1 - \alpha^2 \left(\frac{2y}{h_\theta}\right)^2} \right]\mathrm{d}y$$

积分后得：

$$\omega = \frac{1}{2}\left(\frac{1}{\alpha}\arcsin\alpha + \sqrt{1 - \alpha^2} \right) \qquad (5\text{-}25)$$

由式（5-25）可看出，当 $\alpha = 0$ 时，$\lim\limits_{\alpha \to 0}\dfrac{\arcsin\alpha}{\alpha} = 1$，当 $\alpha = 1$ 时，$2\omega = \arcsin 1$，$\omega = \dfrac{\pi}{4}$。按式（5-25）作出的 ω 与 α 的关系曲线如图 5-11 所示。

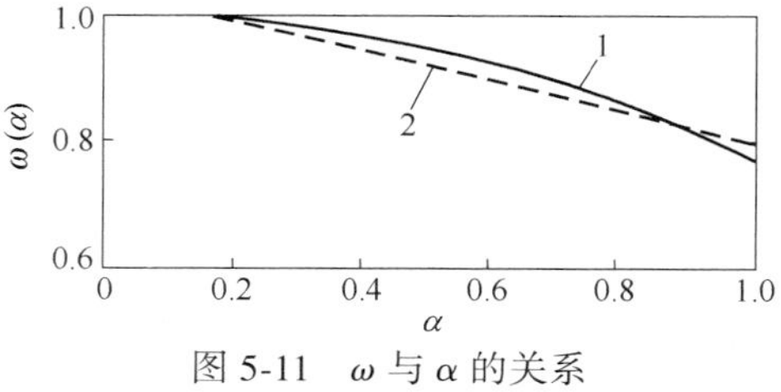

图 5-11　ω 与 α 的关系
1—式（5-25）计算曲线；2—$\alpha > 0.2$ 时近似计算式，$\omega = 1.05 \sim 0.25\alpha$

前面已经述及，发生粘着情况下 $t = \dfrac{K}{2}$，则：

$$\alpha = \frac{t}{\dfrac{K}{2}} = 1$$

$$\omega = \frac{\pi}{4}$$

从而得：

$$Q = h_\theta(p - K\omega) = h_\theta\left(p - \frac{\pi}{4}K\right)$$

如取 $\sin\theta \approx \theta$；$\cos\theta \approx 1$；$1 - \cos\theta \approx \frac{\theta^2}{2}$，并注意到 $f = \frac{K}{2p}$。则奥洛万方程就可写成如下形式：

$$\frac{\mathrm{d}}{\mathrm{d}\theta}\left[h_\theta\left(p - \frac{\pi}{4}K\right)\right] = 2R\theta p \mp RK$$

$$\frac{\mathrm{d}}{\mathrm{d}\theta}\left[h_\theta\left(\frac{p}{K} - \frac{\pi}{4}\right)\right] = 2R\theta\frac{p}{K} \mp R$$

在此，若利用 $h_\theta = h + R\theta^2$（几何条件），$\frac{\mathrm{d}h_\theta}{\mathrm{d}\theta} = 2R\theta$，则得：

$$\frac{\mathrm{d}}{\mathrm{d}\theta}\left(\frac{p}{K} - \frac{\pi}{4}\right) = \frac{\pi R\theta}{2(h + R\theta^2)} \mp \frac{R}{h + R\theta^2}$$

对上式积分后得：

$$\frac{p}{K} = \frac{\pi}{4}\ln\left(\frac{h_\theta}{R}\right) + \frac{\pi}{4} \mp \sqrt{\frac{R}{h}}\arctan\left(\sqrt{\frac{R}{h}}\theta\right) + C \tag{5-26}$$

根据边界条件，确定积分常数。在变形区出口处，$h_\theta = h$；$\theta = 0$；$Q = h_\theta\left(p - \frac{\pi}{4}K\right) = 0$，则：

$$p = \frac{\pi}{4}K$$

将这些关系代入式(5-26)，得：

$$C_\mathrm{h} = -\frac{\pi}{4}\ln\left(\frac{h}{R}\right)$$

在变形区入口处 $h_\theta = H$，$\theta = \alpha$，$Q = h_\theta\left(p - \frac{\pi}{4}K\right) = 0$，则：

$$p = \frac{\pi}{4}K$$

代入式(5-26)，得：

$$C_\mathrm{H} = -\frac{\pi}{4}\ln\left(\frac{H}{R}\right) + \sqrt{\frac{R}{h}}\arctan\left(\sqrt{\frac{R}{h}}\alpha\right)$$

于是得到西姆斯的单位压力公式为：

在前滑区

$$\frac{p_\mathrm{h}}{K} = \frac{\pi}{4}\ln\left(\frac{h_\theta}{h}\right) + \frac{\pi}{4} + \sqrt{\frac{R}{h}}\arctan\left(\sqrt{\frac{R}{h}}\theta\right) \tag{5-27}$$

在后滑区

$$\frac{p_H}{K} = \frac{\pi}{4}\ln\left(\frac{h_\theta}{H}\right) + \frac{\pi}{4} + \sqrt{\frac{R}{h}}\arctan\left(\sqrt{\frac{R}{h}}\alpha\right) - \sqrt{\frac{R}{h}}\arctan\left(\sqrt{\frac{R}{h}}\theta\right) \qquad (5\text{-}28)$$

5.3.3　D. R. 勃兰特–福特公式

勃兰特–福特（Bland-Ford）公式以奥洛万方程为基础求解，并考虑了冷轧板带的特点，摩擦规律按 $t = fp$（物理条件）。

由于冷轧板带时 $\dfrac{t}{\frac{K}{2}}$ 远小于 1，因而 $\omega = 1$。

水平力　　　　　　　　　　　　$Q = h_\theta(p - K)$

将此关系代入奥洛万方程，得：

$$\frac{\mathrm{d}}{\mathrm{d}\theta}\left[h_\theta(p - K)\right] = 2pR'(\sin\theta \mp f\cos\theta)$$

式中　R' ——考虑弹性压扁后的轧辊半径。

上式也可写为：

$$h_\theta K\frac{\mathrm{d}}{\mathrm{d}\theta}\left(\frac{p}{K}\right) + \left(\frac{p}{K} - 1\right)\frac{\mathrm{d}}{\mathrm{d}\theta}(h_\theta K) = 2pR'(\sin\theta \mp f\cos\theta)$$

由于　　　　　　　$\left(\dfrac{p}{K} - 1\right)\dfrac{\mathrm{d}}{\mathrm{d}\theta}(h_\theta K) = h_\theta K\dfrac{\mathrm{d}}{\mathrm{d}\theta}\left(\dfrac{p}{K}\right)$

则左式可忽略，又 $\sin\theta \approx \theta$；$\cos\theta \approx 1$；$1 - \cos\theta \approx \dfrac{\theta^2}{2}$，则可得：

$$h_\theta K\frac{\mathrm{d}}{\mathrm{d}\theta}\left(\frac{p}{K}\right) = 2pR'(\theta \mp f)$$

将上式积分得：

$$\int\frac{\mathrm{d}\left(\dfrac{p}{K}\right)}{\dfrac{p}{K}} = \int\frac{2R'}{h_\theta}(\theta \mp f)\mathrm{d}\theta$$

由于 $h_\theta = h + R'\theta^2$（几何条件），则：

$$\int\frac{\mathrm{d}\left(\dfrac{p}{K}\right)}{\dfrac{p}{K}} = \int\frac{2R'(\theta \mp f)}{h + R'\theta^2}\mathrm{d}\theta = \int\frac{\mathrm{d}\theta^2}{\theta^2 + \dfrac{h}{R}} \mp \int\frac{2f\mathrm{d}\theta}{\theta^2 + \left(\sqrt{\dfrac{h}{R}}\right)^2}$$

于是得到：

$$\ln\left(\frac{p}{K}\right) = \ln\frac{h_\theta}{R'} \mp 2f\sqrt{\frac{R'}{h}}\arctan\left(\sqrt{\frac{R'}{h}}\theta\right) + C$$

$$p = C\frac{Kh_\theta}{R'}\mathrm{e}^{\mp 2f\sqrt{\frac{R'}{h}}\arctan\left(\sqrt{\frac{R'}{h}}\theta\right)}$$

设 $a_{h_\theta} = 2\sqrt{\dfrac{R'}{h}}\arctan\left(\sqrt{\dfrac{R'}{h}}\,\theta\right)$，则：

$$p = C\frac{Kh_\theta}{R'}e^{\mp fa_{h_\theta}} \tag{5-29}$$

根据边界条件，确定积分常数，在前滑区出口处，$\theta = 0$；$a_{h_\theta} = 0$；$h_\theta = h$；$K = K_h$；$p = K_h - q_h$。将这些关系代入方程式(5-29)，得：

$$C_h = \frac{R'}{h}\left(1 - \frac{q_h}{K_h}\right)$$

在后滑区入口处，$\theta = \alpha$；$h_\theta = H$；$a_H = 2\sqrt{\dfrac{R'}{h}}\arctan\left(\sqrt{\dfrac{R'}{h}}\,\alpha\right)$；$K = K_H$；$p = K_H - q_H$

将这些关系代入方程式(5-29)，得：

$$C_H = \frac{R'}{H}\left(1 - \frac{q_H}{K_H}\right)e^{fa_H}$$

于是得出勃兰特–福特的单位压力公式为：

前滑区

$$p_h = \frac{Kh_\theta}{h}\left(1 - \frac{q_h}{K_h}\right)e^{fa_{h_\theta}} \tag{5-30}$$

后滑区

$$p_H = \frac{Kh_\theta}{H}\left(1 - \frac{q_H}{K_H}\right)e^{fa_H - fa_{h_\theta}} \tag{5-31}$$

当没有前、后张力时，则为：

前滑区

$$p_h = \frac{Kh_\theta}{h}e^{fa_{h_\theta}} \tag{5-32}$$

后滑区

$$p_H = \frac{Kh_\theta}{H}e^{fa_H - fa_{h_\theta}} \tag{5-33}$$

习　题

5-1　比较 T. 卡尔曼和 E. 奥洛万两个单位压力微分方程的异同点，并分析求解它们所需解决的三个条件。

5-2　比较 А. И. 采列柯夫，M. D. 斯通，R. B. 西姆斯，D. R. 勃兰特–福特单位压力公式求解的异同点和适应范围。

5-3　试按下列条件求解 T. 卡尔曼微分方程，即物理条件为 $t = fK$，K 沿接触弧不变，几何条件为把接触弧看作抛物线即 $y = ax^2 + b$。

6 轧制压力的计算

知道了轧制单位压力沿接触弧的分布，就可按式(5-2)计算轧制压力，即：

$$P = \bar{B} \int_0^l p\,\mathrm{d}x = \bar{B}l \frac{1}{l} \int_0^l p\,\mathrm{d}x = F\bar{p}$$

$$\bar{p} = \frac{1}{l} \int_0^l p\,\mathrm{d}x$$

$$F = \bar{B}l$$

实际工程计算中，常用平均单位压力 $\bar{p}$ 与接触面水平投影面积 F 的乘积来计算轧制压力，即：

$$P = \bar{p}F$$

因此，计算轧制压力归结为解决两个基本参数，即计算轧件与轧辊间接触面的水平投影面积 F 和计算平均单位压力 $\bar{p}$。

6.1　接触面水平投影面积的计算

根据分析，在一般轧制情况下，轧件对轧辊的总压力作用在垂直方向上，或近似于垂直方向，而接触面积应与此总压力作用方向垂直，故一般实际计算接触面积并非轧件与轧辊的实际接触面积，而是实际接触面积的水平投影，习惯上称此面积为接触面积。按不同情况可分为以下几种。

6.1.1　在平辊上轧制矩形断面轧件

板带材轧制及矩形孔型中轧制矩形断面轧件均属此类，下面分三种情况叙述：

（1）辊径相同时，

$$F = \bar{B}l = \bar{B}\sqrt{R\Delta h} \tag{6-1}$$

（2）辊径不同时，若两个轧辊直径不相同，如劳特式轧机轧钢板时，

$$F = \bar{B}\sqrt{\frac{2R_1R_2}{R_1 + R_2}\Delta h} \tag{6-2}$$

式中　　R_1，R_2——直径不相同的两个轧辊的半径。

（3）考虑轧辊弹性压扁。在冷轧板带和热轧薄板时，由于轧辊承受的高压作用，轧辊产生局部的压缩变形，此变形可能很大，尤其是在冷轧板带时更为显著。轧辊的弹性压缩变形一般称为轧辊的弹性压扁，轧辊弹性压扁的结果使接触弧长度增加。另外，轧件在轧辊间产生塑性变形时，也伴随产生弹性压缩变形，此变形在轧件出辊后即开始恢复，这也会增大接触弧长度，如图 6-1 所示。

如果用 Δ_1 和 Δ_2 分别表示轧辊与轧件的弹性压缩量，为使轧件轧制后获得 Δh 的压下

量，那么必须把每个轧辊再压下 $\Delta_1 + \Delta_2$。此时接触弧水平投影长为：

$$l' = x_1 + x_2 = \sqrt{R^2 - (R - B_3 D)^2} + \sqrt{R^2 - (R - B_1 B_3)^2}$$

展开式中括号，由于 $B_3 D$ 和 $B_1 B_3$ 的二次方值比 R 值小得多，可以忽略，则得：

$$l' = x_1 + x_2 = \sqrt{2RB_3 D} + \sqrt{2RB_1 B_3}$$

$$\tag{6-3}$$

$$B_3 D = \frac{\Delta h}{2} + \Delta_1 + \Delta_2$$

$$B_1 B_3 = \Delta_1 + \Delta_2$$

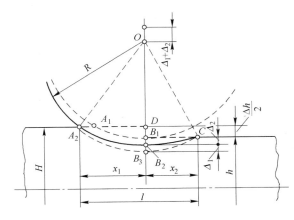

图 6-1　轧辊和轧件弹性变形对变形区长的影响

代入式(6-3)得：

$$l' = x_1 + x_2 \approx \sqrt{2R\left(\frac{\Delta h}{2} + \Delta_1 + \Delta_2\right)} + \sqrt{2R(\Delta_1 + \Delta_2)}$$

或

$$l' \approx \sqrt{R\Delta h + x_2^2} + x_2 \tag{6-4}$$

其中

$$x_2 = \sqrt{2R(\Delta_1 + \Delta_2)} \tag{6-5}$$

而轧辊与轧件的弹性压缩变形量 Δ_1 和 Δ_2 可以用弹塑性理论中两圆柱体相互压缩时的计算公式求出：

$$\Delta_1 = 2S \frac{1 - \nu_1^2}{\pi E_1}$$

$$\Delta_2 = 2S \frac{1 - \nu_2^2}{\pi E_2}$$

式中　S——圆柱体单位长度上的压力，$S = 2x_2 \bar{p}$；

ν_1，ν_2——轧辊与轧件的泊松系数；

E_1，E_2——轧辊与轧件的弹性模量。

将 Δ_1 和 Δ_2 的值代入式(6-5)得：

$$x_2 = 8R\bar{p}\left(\frac{1 - \nu_1^2}{\pi E_1} + \frac{1 - \nu_2^2}{\pi E_2}\right) \tag{6-6}$$

把 x_2 值代入式(6-4)，即可算出 l' 值。若轧件的弹性压缩变形很小时，可以忽略不计，则可得只考虑轧辊弹性压扁时的计算式：

$$x_2 = \frac{8(1 - \nu_1^2)}{\pi E_1} R\bar{p} = CR\bar{p} \tag{6-7}$$

其中，$C = \dfrac{8(1 - \nu_1^2)}{\pi E_1}$。

对钢轧辊来说，$\nu_1 = 0.3$，$E_1 = 2.2 \times 10^4 \mathrm{kgf/mm^2}$，则：

$$x_2 = \frac{\bar{p}R}{9500}\text{mm}, \quad C = \frac{1}{9500}\text{mm}^2/\text{kgf}$$

将式(6-7)代入式(6-4)，即可求出 l'。

有时为了方便也用轧辊压扁半径 R' 来表示，下面就来确定 R'。平均单位压力 $\bar{p}$ 可写成：

$$\bar{p} = \frac{P_B}{l'}$$

式中　　P_B——单位宽度上的压力，即 $P_B = \dfrac{P}{B}$。

于是

$$l' = \sqrt{R\Delta h + x_2^2} + x_2 = \sqrt{R\Delta h + C^2 R^2 \bar{p}^2} + CR\bar{p}$$

$$l' = \frac{\sqrt{R\Delta h l'^2 + C^2 R^2 P_B^2}}{l'} + \frac{CRP_B}{l'}$$

$$R'\Delta h = \sqrt{RR'(\Delta h)^2 + C^2 R^2 P_B^2} + CRP_B$$

移项整理后得：

$$\frac{R'}{R} = 1 + \frac{2CP_B}{\Delta h}$$

$$R' = R\left(1 + \frac{2CP_B}{\Delta h}\right) \qquad\qquad (6\text{-}8)$$

此即为希齐柯克（Hitchcock）公式。

6.1.2　在孔型中轧制时接触面积的确定

在孔型中轧制时，由于轧辊上刻有孔型，轧件进入变形区和轧辊接触是不同时的，压下也是不均匀的。在这种情况下可用图解法或近似公式来确定。

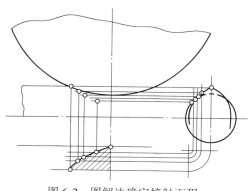

图 6-2　图解法确定接触面积

（1）图解法。用图解法时，把孔型及在孔型中的轧件一起画三面投影，画轧辊与轧件的交点的连线来确定接触面积（见图 6-2）。

（2）近似公式计算法。孔型中轧制时，也可用式(6-1)来计算，但这时所取压下量 Δh 和轧辊半径 R 应为平均值 $\Delta \bar{h}$ 和 $\bar{R}$。

对菱形、方形、椭圆和圆孔型进行计算时（见图 6-3），可采用下列关系式：

（1）菱形轧件进菱形孔型

$$\Delta \bar{h} = (0.55 \sim 0.6)(H - h)$$

（2）方形轧件进椭圆孔型

$$\Delta \bar{h} = H - 0.7h \quad （适用于扁椭圆）$$
$$\Delta \bar{h} = H - 0.85h \quad （适用于圆椭圆）$$

（3）椭圆轧件进方孔型

$$\Delta \bar{h} = (0.65 \sim 0.7)H - (0.55 \sim 0.6)h$$

（4）椭圆轧件进圆孔型

$$\Delta \bar{h} = 0.85H - 0.79h$$

为了计算延伸孔型的接触面积，可采用下列近似式：

（1）由椭圆轧成方形

$$F = 0.75B_{h}\sqrt{R(H - h)}$$

（2）由方形轧成椭圆

$$F = 0.54(B_{H} + B_{h})\sqrt{R(H - h)}$$

（3）由菱形轧成菱形或方形

$$F = 0.67B_{h}\sqrt{R(H - h)}$$

式中　　H，h ——在孔型中央位置的轧制前、后的轧件断面的高度；

$\quad\quad B_{H}$，B_{h} ——轧制前、后轧件断面的最大宽度；

$\quad\quad R$ ——孔型中央位置的轧辊半径。

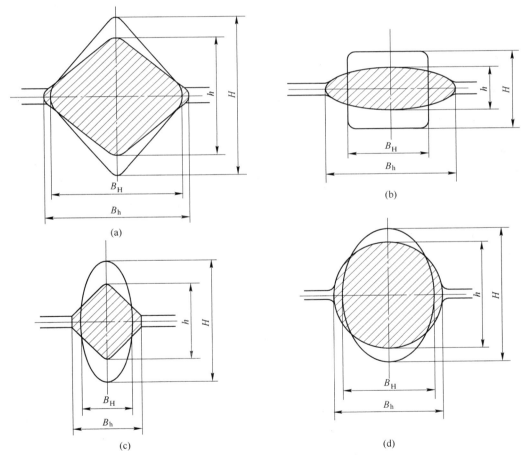

图 6-3　在孔型中轧制时的压下量

6.2　计算平均单位压力的 A. И. 采利柯夫公式

平均单位压力决定于被轧制金属的变形抗力和变形区的应力状态。其计算公式为：

$$\bar{p} = mn_{\sigma}\sigma_{s} \tag{6-9}$$

式中　　m——考虑中间主应力的影响系数，在 $1 \sim 1.15$ 范围内变化，若忽略宽展，认为轧件产生平面变形，则 $m = 1.15$；

n_σ——应力状态系数；

σ_s——被轧金属的变形抗力。

应力状态系数决定于被轧金属在变形区内的应力状态。影响应力状态的因素有外摩擦、外端、张力等。因此应力状态系数可写成：

$$n_\sigma = n'_\sigma n''_\sigma n'''_\sigma \tag{6-10}$$

式中　　n'_σ——考虑外摩擦影响的系数；

n''_σ——考虑外端影响的系数；

n'''_σ——考虑张力影响的系数。

被轧金属的变形抗力是指在一定变形温度、变形速度和变形程度下单向应力状态时的瞬时屈服极限。不同金属的变形抗力可由实验资料确定。平面变形条件下的变形抗力称平面变形抗力，用 K 表示。其计算公式为：

$$K = 1.15\sigma_s \tag{6-11}$$

此时的平均单位压力计算公式为：

$$\bar{p} = n_\sigma K \tag{6-12}$$

要算出平均单位压力，就要准确地确定出应力状态系数。

6.2.1　外摩擦影响系数 n'_σ 的确定

外摩擦影响系数 n'_σ 取决于金属与轧辊接触表面间的摩擦规律，不同的单位压力公式对这种规律考虑是不同的，所以在确定 n'_σ 值上就有所不同。可以说，目前所有的单位压力公式，实际上仅仅是解决 n'_σ 的确定问题。关于金属与轧辊接触表面间的摩擦规律有三种不同的看法，即全滑动，全粘着和混合摩擦规律，这样就有三种确定 n'_σ 的计算方法。

采利柯夫对接触表面摩擦规律按全滑动 $(t = fp)$ 的规律，导出了仅仅考虑外摩擦影响的单位压力分布方程式（5-13）和式（5-14）。所以，可以作为确定外摩擦影响系数的理论依据。

当无张力轧制时，张力影响系数 $n'''_\sigma = 1$，不考虑外端的影响，外端影响系数 $n''_\sigma = 1$，且采利柯夫公式导自平面变形状态，则平均单位压力公式可写成如下形式：

$$\bar{p} = n'_\sigma K$$

$$n'_\sigma = \frac{\bar{p}}{K}$$

$$\bar{p} = \frac{P}{F} = \frac{\bar{B} \int_0^l p\,\mathrm{d}x}{\bar{B}l} = \frac{1}{l} \int_0^l p\,\mathrm{d}x$$

$$n'_\sigma = \frac{1}{Kl} \int_0^l p\,\mathrm{d}x \tag{6-13}$$

将式（5-13）和式（5-14）的 p 值代入式（6-13）中，并注意到：$2y = h_x$；$\mathrm{d}x = \dfrac{2l}{\Delta h}\mathrm{d}y$；$\mathrm{d}x = \dfrac{l}{\Delta h}\mathrm{d}h_x$。在后滑区积分限由 h_γ 到 H，在前滑区积分限由 h 到 h_γ，这里 h_γ 为轧件在中性面

上的高度，由此得到：

$$n'_\sigma = \frac{1}{Kl} \frac{l}{\Delta h} \frac{K}{\delta} \left\{ \int_{h_\gamma}^{H} \left[(\delta - 1) \left(\frac{H}{h_x} \right)^\delta + 1 \right] dh_x + \int_{h}^{h_\gamma} \left[(\delta + 1) \left(\frac{h_x}{h} \right)^\delta - 1 \right] dh_x \right\}$$

积分并简化后得：

$$n'_\sigma = \frac{h_\gamma}{\delta \Delta h} \left[\left(\frac{H}{h_\gamma} \right)^\delta + \left(\frac{h_\gamma}{h} \right)^\delta - 2 \right] \tag{6-14}$$

在中性面上，即 $h_x = h_\gamma$ 时，前滑区和后滑区的单位压力分布曲线交于一点，即按式(5-13)和式(5-14)求得的单位压力相等，即：

$$\frac{1}{\delta} \left[(\delta - 1) \left(\frac{H}{h_\gamma} \right)^\delta + 1 \right] = \frac{1}{\delta} \left[(\delta + 1) \left(\frac{h_\gamma}{h} \right)^\delta - 1 \right] \tag{6-15}$$

由此得出：

$$\left(\frac{H}{h_\gamma} \right)^\delta = \frac{1}{\delta - 1} \left[(\delta + 1) \left(\frac{h_\gamma}{h} \right)^\delta - 2 \right]$$

将上式代入式(6-14)后得：

$$\begin{aligned} n'_\sigma &= \frac{2h_\gamma}{\Delta h (\delta - 1)} \left[\left(\frac{h_\gamma}{h} \right)^\delta - 1 \right] \\ &= \frac{2h}{\Delta h (\delta - 1)} \left(\frac{h_\gamma}{h} \right) \left[\left(\frac{h_\gamma}{h} \right)^\delta - 1 \right] \\ &= \frac{2(1 - \varepsilon)}{\varepsilon (\delta - 1)} \left(\frac{h_\gamma}{h} \right) \left[\left(\frac{h_\gamma}{h} \right)^\delta - 1 \right] \end{aligned} \tag{6-16}$$

再根据式(6-15)找出：

$$\frac{h_\gamma}{h} = \left[\frac{1 + \sqrt{1 + (\delta^2 - 1) \left(\frac{H}{h} \right)^\delta}}{\delta + 1} \right]^{\frac{1}{\delta}} = \left[\frac{1 + \sqrt{1 + (\delta^2 - 1) \left(\frac{1}{1 - \varepsilon} \right)^\delta}}{\delta + 1} \right]^{\frac{1}{\delta}} \tag{6-17}$$

由上面公式可知 n'_σ 为 ε 和 δ 的函数，采利柯夫将此函数关系绘成曲线，如图6-4所示。根据 ε 和 δ 的值，便可从图中查出 n'_σ 的值，从而可算出轧制时的平均单位压力和总压力。

从图6-4可见，当提高压下率，摩擦系数和辊径时，外摩擦影响系数 n'_σ 增加，即平均单位压力增加。

6.2.2 外端影响系数 n''_σ 的确定

外端影响系数 n''_σ 的确定是比较困难的，因为外端对单位压力的影响是很复杂的。在一般轧制板带的情况下，外端影响可忽略不计。实验研究表明，当变形区 $\frac{l}{h} > 1$ 时，n''_σ 接近于1，当 $\frac{l}{h} = 1.5$ 时，n''_σ 不超过1.04，而当 $\frac{l}{h} = 5$ 时，n''_σ 不超过1.005。因此，在轧

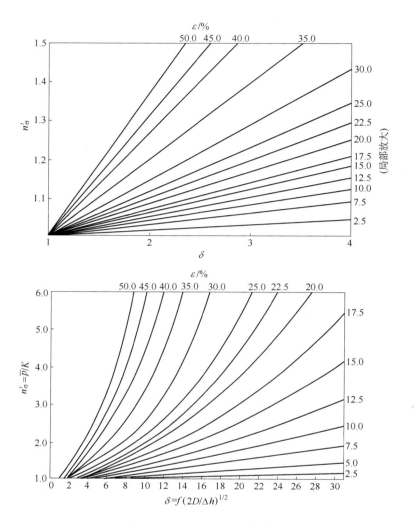

图 6-4　n'_σ 与 ε 和 δ 的关系

板带时，计算平均单位压力可取 $n''_\sigma = 1$，即不考虑外端的影响。

实验研究表明，对于轧制厚件，由于外端存在使轧件的表面变形引起的附加应力而使单位压力增大，故对于厚件当 $0.05 < \dfrac{l}{h} < 1$ 时，可用经验公式计算 n''_σ 值，即：

$$n''_\sigma = \left(\frac{l}{h}\right)^{-0.4} \qquad (6\text{-}18)$$

在孔型中轧制时，外端对平均单位压力的影响性质不变，可按图 6-5 上的实验曲线查找。

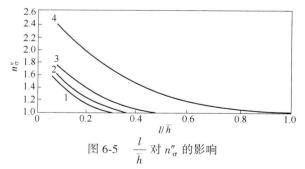

图 6-5　$\dfrac{l}{\bar{h}}$ 对 n''_σ 的影响

6.2.3 张力影响系数 n'''_σ 的确定

采用张力轧制能使平均单位压力降低，单位后张力 q_H 的影响比单位前张力 q_h 影响大。张力降低平均单位压力，一方面由于它能够改变轧制变形区的应力状态，另一方面它能减小轧辊的弹性压扁。通常用简化的方法考虑张力对平均单位压力的影响，即把这种影响考虑到 K 里去，认为张力直接降低了 K 值。在入辊处其 K 值降低按 $K - q_H$ 来计算，在出辊处其 K 值降低按 $K - q_h$ 来计算，所以平均降低值为：

$$\frac{(K - q_H) + (K - q_h)}{2} = K - \frac{q_H + q_h}{2} = K - \bar{q}$$

$$n'''_\sigma = (K - \bar{q})/K \tag{6-19}$$

应当指出，这种简化考虑张力对平均单位压力影响的方法，没有考虑张力引起中性面位置的变化。这种把张力考虑到 K 值中去的方法是建立在中性面位置不变的基础上，这只有在单位前、后张力相等，即 $q_H = q_h$ 时，应用才是正确的，或者在 q_H 与 q_h 相差不大时应用，否则会造成较大的误差。

【例 6-1】 在轧辊直径 $D = 500\text{mm}$，轧辊材质为铸铁的轧机上轧制低碳钢板，轧制温度为 $950℃$，此时摩擦系数 $f = 0.46$，轧件轧前厚 $H = 5.7\text{mm}$，压下量 $\Delta h = 1.7\text{mm}$，轧件宽度 $B = 600\text{mm}$，变形抗力 $K = 86\text{MPa}$。求轧制力。

解：
$$l = \sqrt{R\Delta h} = \sqrt{250 \times 1.7} = 20.6(\text{mm})$$

$$\delta = \frac{2fl}{\Delta h} = \frac{2 \times 0.46 \times 20.6}{1.7} = 11.15$$

$$\varepsilon = \frac{\Delta h}{H} = \frac{1.7}{5.7} = 30\%$$

查图 6-4，得到 $n'_\sigma = 2.9$

$$\frac{l}{\bar{h}} = \frac{20.6 \times 2}{5.7 + 4} = 4.25 > 1，\text{所以 } n''_\sigma = 1$$

没有张力，$n'''_\sigma = 1$，于是

$$\bar{p} = n'_\sigma K = 2.9 \times 86 = 249.4(\text{MPa})$$

$$P = \bar{p}Bl = 249.4 \times 600 \times 20.6 = 3082(\text{kN})$$

采利柯夫公式可以用于热轧板带，也可以用于冷轧板带；同时也考虑了张力对轧制压力的影响，所以这一公式应用比较广泛。

6.3　M. D. 斯通公式

将第 5 章导出的斯通单位压力分布方程式(5-19)和式(5-20)，沿接触变形区积分后，得出斯通的总压力公式如下：

$$P = \frac{B(K - \bar{q})\bar{h}}{f}(e^{\frac{n'}{\bar{h}}} - 1) \tag{6-20}$$

则平均单位压力公式为：

$$\bar{p} = \frac{P}{Bl'} = (K - \bar{q}) \frac{\mathrm{e}^{\frac{fl'}{\bar{h}}} - 1}{\dfrac{f l'}{\bar{h}}} \tag{6-21}$$

如不考虑张力，则：

$$\bar{p} = K \frac{\mathrm{e}^{\frac{fl'}{\bar{h}}} - 1}{\dfrac{f l'}{\bar{h}}} \tag{6-22}$$

设 $X = \dfrac{f l'}{\bar{h}}$，则：

$$n'_\sigma = \frac{\bar{p}}{K} = \frac{\mathrm{e}^X - 1}{X} \tag{6-23}$$

为了计算方便，表 6-1 给出了 $n'_\sigma = \dfrac{\mathrm{e}^X - 1}{X}$ 的值，根据 X 便可从表中查出 n'_σ 值。

另外，根据前面得到轧辊弹性压扁后的变形区长为：

$$l' = \sqrt{R\Delta h + C^2 R^2 \bar{p}^2} + CR\bar{p}$$

对上式两边同乘以 $\dfrac{f}{\bar{h}}$，并用 l^2 代替 $R\Delta h$ 则得：

$$\frac{f l'}{\bar{h}} = \sqrt{\left(\frac{f l}{\bar{h}}\right)^2 + \left(\frac{fCR}{\bar{h}}\right)^2 \bar{p}^2} + \frac{fCR}{\bar{h}}\bar{p}$$

整理后得：

$$\left(\frac{f l'}{\bar{h}}\right)^2 = \left(\frac{f l}{\bar{h}}\right)^2 + 2\left(\frac{f l'}{\bar{h}}\right)\left(\frac{fCR}{\bar{h}}\right)\bar{p}$$

将式 (6-21) 的平均单位压力代入上式得：

$$\left(\frac{f l'}{\bar{h}}\right)^2 = 2CR\frac{f}{\bar{h}}(K - \bar{q})(\mathrm{e}^{\frac{fl'}{\bar{h}}} - 1) + \left(\frac{f l}{\bar{h}}\right)^2 \tag{6-24}$$

设 $Y = 2CR\dfrac{f}{\bar{h}}(K - \bar{q})$，$Z = \dfrac{f l}{\bar{h}}$，则式 (6-24) 可写成：

$$X^2 = (\mathrm{e}^X - 1)Y + Z^2$$

按上式可作出图 6-6 所示曲线。图中左边标尺为 $Z^2 = \left(\dfrac{f l}{\bar{h}}\right)^2$，右边标尺为 $Y = 2c\dfrac{f}{\bar{h}}(K - \bar{q})$，这里 $c = CR = \dfrac{R}{9500} \mathrm{mm}^3/\mathrm{kgf}$（对钢轧辊），图中曲线为 $X = \dfrac{f l'}{\bar{h}}$。

应用图 6-6 所示曲线时，先根据具体轧制条件算出 Z^2 和 Y 值，并在 Z^2 标尺和 Y 标尺上找出两点，连成一直线，此直线与曲线的交点即为所求的 $X = \dfrac{f l'}{\bar{h}}$ 的值。然后根据 X 值找出 n'_σ，从而求出平均单位压力 $\bar{p}$ 值。根据 X 值也可解出轧辊弹性压扁后的弧长 l'。

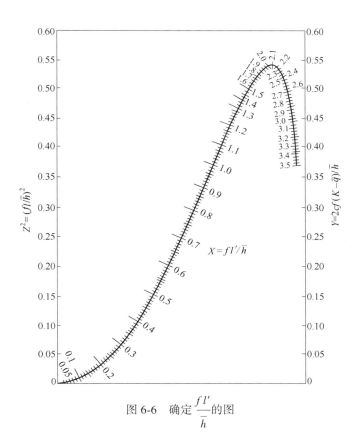

图 6-6　确定 $\dfrac{fl'}{\bar{h}}$ 的图

【例 6-2】　已知带钢轧前厚度 $H = 1\text{mm}$，轧后厚度 $h = 0.7\text{mm}$，平面变形抗力 $K = 500\text{MPa}$，平均张应力 $\bar{q} = 200\text{MPa}$，摩擦系数 $f = 0.05$，带宽 $B = 120\text{mm}$，在工作辊半径 $R = 100\text{mm}$ 的四辊轧机上轧制。求轧制力。

解：
$$l = \sqrt{R\Delta h} = \sqrt{100 \times 0.3} = 5.5\,(\text{mm})$$

$$\bar{h} = \frac{H + h}{2} = \frac{1 + 0.7}{2} = 0.85\,(\text{mm})$$

$$Z = \frac{fl}{\bar{h}} = \frac{0.05 \times 5.5}{0.85} = 0.32;\ Z^2 = 0.1024$$

$$Y = 2CR\frac{f}{\bar{h}}(K - \bar{q}) = 2 \times \frac{100}{95000} \times \frac{0.05}{0.85} \times (500 - 200) = 0.037$$

由图 6-6 查得：

$$X = \frac{fl'}{\bar{h}} = 0.34$$

由表 6-1 查得：

$$n'_{\sigma} = \frac{e^X - 1}{X} = 1.19$$

平均单位压力为：

$$\bar{p} = (K - \bar{q}) n'_{\sigma} = 300 \times 1.19 = 357 (\text{MPa})$$

轧辊压扁后的接触弧水平投影长为：

$$l' = 0.34 \frac{\bar{h}}{f} = 0.34 \times \frac{0.85}{0.05} = 5.78 (\text{mm})$$

轧制总压力为：

$$P = \bar{p} B l' = 357 \times 120 \times 5.78 = 247.6 (\text{kN})$$

表 6-1　应为状态系数 $n'_{\sigma} = \dfrac{e^X - 1}{X}$ 之值

X	0	1	2	3	4	5	6	7	8	9
0.0	1.000	1.005	1.010	1.015	1.020	1.025	1.030	1.035	1.040	1.046
0.1	1.051	1.057	1.062	1.068	1.078	1.078	1.084	1.089	1.095	1.100
0.2	1.106	1.112	1.118	1.125	1.131	1.137	1.143	1.149	1.155	1.160
0.3	1.166	1.172	1.178	1.184	1.190	1.196	1.202	1.209	1.215	1.222
0.4	1.229	1.236	1.243	1.250	1.256	1.263	1.270	1.277	1.284	1.290
0.5	1.297	1.304	1.311	1.318	1.326	1.333	1.340	1.347	1.355	1.362
0.6	1.370	1.378	1.336	1.393	1.401	1.409	1.417	1.425	1.433	1.442
0.7	1.450	1.458	1.467	1.475	1.483	1.491	1.499	1.508	1.517	1.525
0.8	1.533	1.541	1.550	1.558	1.567	1.577	1.586	1.595	1.604	1.613
0.9	1.623	1.632	1.642	1.651	1.661	1.670	1.681	1.690	1.700	1.710
1.0	1.719	1.729	1.739	1.749	1.750	1.770	1.780	1.790	1.800	1.810
1.1	1.820	1.830	1.840	1.850	1.860	1.871	1.884	1.896	1.908	1.920
1.2	1.935	1.945	1.957	1.968	1.978	1.990	2.001	2.013	2.025	2.037
1.3	2.049	2.062	2.075	2.088	2.100	2.113	2.126	2.140	2.152	2.161
1.4	2.181	2.195	2.209	2.223	2.237	2.250	2.264	2.278	2.291	2.305
1.5	2.320	2.335	2.350	2.365	2.380	2.395	2.410	2.425	2.440	2.455
1.6	2.470	2.486	2.503	2.520	2.536	2.553	2.570	2.586	2.603	2.620
1.7	2.635	2.652	2.670	2.686	2.703	2.719	2.735	2.752	2.769	2.790
1.8	2.808	2.826	2.845	2.863	2.880	2.900	2.918	2.936	2.955	2.974
1.9	2.995	3.014	3.033	3.052	3.072	3.092	3.112	3.131	3.150	3.170
2.0	3.195	3.170	3.240	3.260	3.282	3.302	3.323	3.346	3.368	3.390
2.1	3.412	3.435	3.458	3.480	3.504	3.530	3.553	3.575	3.599	3.623
2.2	3.648	3.672	3.697	3.722	3.747	3.772	3.798	3.824	3.849	3.876
2.3	3.902	3.928	3.955	3.982	4.009	4.037	4.064	4.092	4.119	4.148
2.4	4.176	4.205	4.234	4.263	4.292	4.322	4.352	4.381	4.412	4.412
2.5	4.473	4.504	4.535	4.567	4.598	4.630	4.663	4.695	4.727	4.761
2.6	4.794	4.827	4.861	4.895	4.929	4.964	4.998	5.034	5.069	5.104
2.7	5.141	5.176	5.213	5.250	5.287	5.324	5.362	5.400	5.438	5.477
2.8	5.516	5.556	5.595	5.634	5.634	5.715	5.556	5.797	5.838	5.880
2.9	5.922	5.964	6.007	6.050	6.093	6.137	6.181	6.226	6.271	6.316

6.4 B. 西姆斯公式

西姆斯公式普遍用于热轧板带。轧制时的总压力为：

$$P = B\int_0^l p\,\mathrm{d}x$$

也可写成：

$$P = BR\left[\int_0^\gamma p_\mathrm{h}\,\mathrm{d}\theta + \int_\gamma^\alpha p_\mathrm{H}\,\mathrm{d}\theta\right] \tag{6-25}$$

将第 5 章的西姆斯单位压力公式（5-27）和式（5-28）代入式（6-25），经整理后得：

$$P = BRK\left\{\int_0^\alpha \frac{\pi}{4}\,\mathrm{d}\theta + \int_0^\alpha \frac{\pi}{4}\ln\frac{h_\theta}{h}\,\mathrm{d}\theta + \int_\gamma^\alpha \frac{\pi}{4}\ln\frac{h}{H}\,\mathrm{d}\theta + \int_0^\gamma \sqrt{\frac{R}{h}}\arctan\left(\sqrt{\frac{R}{h}}\theta\right)\mathrm{d}\theta - \right.$$

$$\left. \int_\gamma^\alpha \sqrt{\frac{R}{h}}\arctan\left(\sqrt{\frac{R}{h}}\theta\right)\mathrm{d}\theta + \int_\gamma^\alpha \sqrt{\frac{R}{h}}\arctan\left(\sqrt{\frac{R}{h}}\alpha\right)\mathrm{d}\theta\right\}$$

积分经整理后可得：

$$P = BRK\left[\frac{1}{2}\ln\frac{H}{h} - \ln\frac{h_\gamma}{h} + \frac{\pi}{2}\sqrt{\frac{h}{R}}\arctan\left(\sqrt{\frac{R}{h}}\alpha\right) - \frac{\pi}{4}\alpha\right]$$

$$n'_\sigma = \frac{P}{BlK} = \frac{R}{\sqrt{R\Delta h}}\left[\frac{1}{2}\ln\frac{H}{h} - \ln\frac{h_\gamma}{h} + \frac{\pi}{2}\sqrt{\frac{h}{R}}\arctan\left(\sqrt{\frac{R}{h}}\alpha\right) - \frac{\pi}{4}\alpha\right]$$

$$= \frac{1}{2}\sqrt{\frac{R}{\Delta h}}\ln\frac{H}{h} - \sqrt{\frac{R}{\Delta h}}\ln\frac{h_\gamma}{h} + \frac{\pi}{2}\sqrt{\frac{h}{\Delta h}}\arctan\left(\sqrt{\frac{\Delta h}{h}}\right) - \frac{\pi}{4}$$

由于

$$\sqrt{\frac{\Delta h}{h}} = \sqrt{\frac{1-\varepsilon}{\varepsilon}}\;; \quad \frac{H}{h} = \frac{1}{1-\varepsilon}$$

所以

$$n'_\sigma = \sqrt{\frac{1-\varepsilon}{\varepsilon}}\left[\frac{1}{2}\sqrt{\frac{R}{h}}\ln\frac{1}{1-\varepsilon} - \sqrt{\frac{R}{h}}\ln\frac{h_\gamma}{h} + \frac{\pi}{2}\arctan\left(\sqrt{\frac{\varepsilon}{1-\varepsilon}}\right)\right] - \frac{\pi}{4} \tag{6-26}$$

式中，$\dfrac{h_\gamma}{h} = 1 + \dfrac{R}{h}\gamma^2$。

γ 角可根据中性面处前、后滑区单位压力相等导出为：

$$\gamma = \sqrt{\frac{h}{R}}\tan\left[\frac{1}{2}\arctan\sqrt{\frac{\varepsilon}{1-\varepsilon}} + \frac{\pi}{8}\ln(1-\varepsilon)\sqrt{\frac{h}{R}}\right]$$

所以可看出，在西姆斯公式中，n'_σ 是 $\dfrac{R}{h}$ 和 ε 的函数，即：

$$n'_\sigma = \frac{\bar{p}}{K} = f\left(\frac{R}{h},\ \varepsilon\right)$$

为了计算方便，西姆斯把 n'_σ 与 $\dfrac{R}{h}$ 和 ε 的关系绘成曲线，如图6-7所示。根据 $\dfrac{R}{h}$ 和 ε 的值便可查出 n'_σ 值，从而就可求出平均单位压力和总压力。

另外，由于西姆斯公式比较复杂，因此很多学者在此基础上发表了西姆斯公式的简化形式，其中有：

（1）志田茂公式，即：

$$n'_\sigma = 0.8 + (0.45\varepsilon + 0.04)\left(\sqrt{\frac{R}{H}} - 0.5\right)$$

（2）美坂佳助公式，即

$$n'_\sigma = \frac{\pi}{4} + 0.25\frac{l}{h}$$

（3）克林特里公式，即：

$$n'_\sigma = 0.75 + 0.27\frac{l}{h}$$

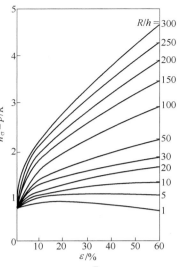

图 6-7　n'_σ 与 $\dfrac{R}{h}$、ε 的关系

【例 6-3】　在工作辊直径 $D = 860\text{mm}$ 的轧机上轧制低碳钢板，轧制温度 $t = 1100℃$，轧前轧件厚度 $H = 93\text{mm}$，轧后轧件厚度 $h = 64.2\text{mm}$，板宽 $B = 610\text{mm}$，此时轧件的 $\sigma_s = 80\text{MPa}$。求轧制力。

解：（1）用西姆斯公式计算：

$$K = 1.15\sigma_s = 1.15 \times 80 = 92(\text{MPa})$$

$$\varepsilon = \frac{\Delta h}{H} = \frac{93 - 64.2}{93} = 30.9\%$$

$$l = \sqrt{R\Delta h} = \sqrt{430 \times (93 - 64.2)} = 111(\text{mm})$$

$$\frac{R}{h} = \frac{430}{64.2} = 6.7$$

由图 6-7 查得 $n'_\sigma = 1.2$，所以：

$$\bar{p} = n'_\sigma K = 1.2 \times 92 = 110.4(\text{MPa})$$

$$P = \bar{p}Bl = 110.4 \times 610 \times 111 = 7475(\text{kN})$$

（2）用志田茂公式计算：

$$n'_\sigma = 0.8 + (0.45\varepsilon + 0.04)\left(\sqrt{\frac{R}{H}} - 0.5\right)$$

$$= 0.8 + (0.45 \times 0.309 + 0.04)\left(\sqrt{\frac{430}{93}} - 0.5\right) = 1.1$$

$$\bar{p} = n'_\sigma K = 1.1 \times 92 = 100.8(\text{MPa})$$

$$P = \bar{p}Bl = 100.8 \times 610 \times 111 = 6824(\text{kN})$$

（3）用美坂佳助公式计算：

$$n'_\sigma = \frac{\pi}{4} + 0.25 \times \frac{l}{h} = 0.785 + 0.25 \times \frac{111 \times 2}{93 + 64.2} = 1.14$$

$$\bar{p} = n'_\sigma K = 1.14 \times 92 = 104.7(\text{MPa})$$

$$P = \bar{p}Bl = 104.7 \times 610 \times 111 = 7089(\text{kN})$$

（4）用克林特里公式计算：

$$n'_\sigma = 0.75 + 0.27 \frac{l}{h} = 0.75 + 0.27 \times \frac{111 \times 2}{93 + 64.2} = 1.13$$

$$\bar{p} = n'_\sigma K = 1.13 \times 92 = 104.1(\text{MPa})$$

$$P = \bar{p}Bl = 104.1 \times 610 \times 111 = 7047(\text{kN})$$

6.5 D. R. 勃兰特-福特公式

勃兰特-福特（Bland-Ford）公式用于冷轧板带。轧制压力可根据单位压力公式写出，即：

$$P = BR'\left(\int_0^\gamma p_{\text{h}}\mathrm{d}\theta + \int_\gamma^\alpha p_{\text{H}}\mathrm{d}\theta\right) \tag{6-27}$$

又由于 $\bar{K} = \dfrac{\int_0^\alpha K\mathrm{d}\theta}{\alpha}$，可代替式(5-32)和式(5-33)中的 K 值。因此，把式(5-32)和式(5-33)代入式(6-27)得：

$$P = BR'\bar{K}\left[\int_0^\gamma \frac{h_\theta}{h}e^{fa_{h_\theta}}\mathrm{d}\theta + \int_\gamma^\alpha \frac{h_\theta}{H}e^{f(a_{\text{H}}-a_{h_\theta})}\mathrm{d}\theta\right] \tag{6-28}$$

为求解，引出下列两个独立变量：

$$a = f\sqrt{\frac{R'}{h}}\,;\quad \varepsilon = \frac{\Delta h}{H}$$

$$\psi = \frac{\theta}{f}\,;\quad \mathrm{d}\theta = f\mathrm{d}\psi$$

于是

$$\frac{h_\theta}{h} = \frac{h + R'\theta^2}{h} = 1 + \frac{a^2}{f^2}\theta^2 = 1 + a^2\psi^2 \tag{6-29}$$

$$\frac{h_\theta}{H} = \frac{h}{H}\frac{h_\theta}{h} = (1 - \varepsilon)(1 + a^2\psi^2) \tag{6-30}$$

$$fa_{h_\theta} = 2f\sqrt{\frac{R'}{h}}\arctan\left(\sqrt{\frac{R'}{h}}\theta\right) = 2a\arctan\psi \tag{6-31}$$

对应地

$$\psi_{\text{H}} = \frac{\alpha}{f} = \frac{1}{f}\sqrt{\frac{\Delta h}{R'}} = \frac{1}{f}\sqrt{\frac{h}{R'}}\sqrt{\frac{\Delta h}{h}} = \frac{1}{a}\sqrt{\frac{\varepsilon}{1 - \varepsilon}} \tag{6-32}$$

$$fa_{\text{H}} = 2f\sqrt{\frac{R'}{h}}\arctan\left(\sqrt{\frac{R'}{h}}\alpha\right)$$

$$= 2a\arctan\alpha\psi_{\text{H}} = 2a\arctan\sqrt{\frac{\varepsilon}{1 - \varepsilon}} \tag{6-33}$$

另外，在中性面上，即 $h_\theta = h_\gamma$ 处，前、后滑区单位压力相等。得到：

$$\frac{Kh_\gamma}{h}e^{fa_\gamma} = \frac{Kh_\gamma}{H}e^{fa_{\text{H}}-fa_\gamma}$$

$$e^{2fa_\gamma} = \frac{h}{H}e^{fa_H}$$

$$2fa_\gamma = \ln\frac{h}{H} + fa_H$$

$$fa_\gamma = \frac{fa_H}{2} - \frac{1}{2}\ln\frac{H}{h} = a\arctan\sqrt{\frac{\varepsilon}{1-\varepsilon}} - \frac{1}{2}\ln\frac{1}{1-\varepsilon} \tag{6-34}$$

由式(6-31)，相应可得：

$$\psi_\gamma = \frac{1}{a}\tan\frac{fa_\gamma}{2a}$$

把式(6-34)代入上式，得：

$$\psi_\gamma = \frac{1}{a}\tan\left(\frac{1}{2}\arctan\sqrt{\frac{\varepsilon}{1-\varepsilon}} - \frac{1}{4a}\ln\frac{1}{1-\varepsilon}\right) \tag{6-35}$$

把式(6-29)、式(6-30)、式(6-31)、式(6-33)代入式(6-28)，得：

$$\frac{P}{BfR'\overline{K}} = \int_0^{\psi_\gamma}(1+a^2\psi^2)e^{2a\arctan a\psi}d\psi + (1-\varepsilon)e^{2a\arctan\sqrt{\frac{\varepsilon}{1-\varepsilon}}}\int_{\psi_\gamma}^{\psi_H}(1+a^2\psi^2)e^{-2a\arctan a\psi}d\psi$$

$$\tag{6-36}$$

由式(6-36)可看出 $\dfrac{P}{BfR'\overline{K}}$ 为 a、ε、ψ_γ、ψ_H 的函数，而由式(6-32)和式(6-35)可知

ψ_γ、ψ_H 又是 a、ε 的函数，所以 $\dfrac{P}{BfR'\overline{K}}$ 仅是 a、ε 的函数，即：

$$P = BfR'\overline{K}f_1(a、\varepsilon) \tag{6-37}$$

引入　　　　$$f_2(a、\varepsilon) = a\sqrt{\frac{1-\varepsilon}{\varepsilon}}f_1(a、\varepsilon) = a\sqrt{\frac{h}{H-h}}f_1(a、\varepsilon)$$

则式(6-37)可改写为：

$$P = \overline{K}B\sqrt{R'\Delta h}f_2(a、\varepsilon) \tag{6-38}$$

显然　　$n'_\sigma = f_2(a、\varepsilon)$

勃兰特-福特给出了 $f_2(a、\varepsilon)$ 的曲线图，如图 6-8 所示，因而使计算大为简化。

另外，根据式(5-30)、式(5-31)和式(6-27)，可导出带张力轧制时的轧制压力公式为：

$$P = B\overline{K}\sqrt{R'\Delta h}\left(1 - \frac{q_H}{\overline{K}}\right)f_3(a、b、\varepsilon)$$

$$\tag{6-39}$$

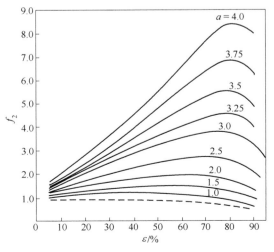

图 6-8　$f_2(a、\varepsilon)$ 和 a、ε 的关系

式中，$b = \dfrac{1 - \dfrac{q_h}{\overline{K}}}{1 - \dfrac{q_H}{\overline{K}}}$，称为张力因子。

也可作成图表，如图 6-9 所示，图中 $B = \ln b$。

勃兰特-福特法的具体计算步骤如下：

（1）根据实际条件确定平面变形抗力 $\overline{K}$。

（2）先用如下的近似公式初算单位宽度上的压力，即：

$$P_B = 1.2\overline{K}\sqrt{R\Delta h} + (1.2\overline{K})^2 CR$$

并按式（6-8）求出轧辊弹性压扁后的半径，即：

$$R' = R\left(1 + \frac{2CP_B}{\Delta h}\right)$$

（3）计算 a 和 b 值，并从图 6-9 中找出 $f_3(a、\varepsilon、b)$。如果所得的 a、b 值在图上没有，就用相邻两条曲线以内插法求之。

（4）求出单位宽度上的压力 P'_B。如果计算的 P'_B 与最初的 P_B 相差甚大，则须重复计算，直至结果满意为止。

【例 6-4】 冷轧带钢，轧前厚度 $H = 0.97\text{mm}$，轧制后厚度 $h = 0.65\text{mm}$，前张力 $q_h = 320\text{MPa}$，后张力 $q_H = 92\text{MPa}$，变形抗力 $\overline{K} = 700\text{MPa}$，带宽 $B = 125\text{mm}$，摩擦系数 $f = 0.086$，工作辊直径 $D = 250\text{mm}$。求轧制力。

解：（1）$\overline{K} = 700\text{MPa}$；$\varepsilon = 33.2\%$

（2）用近似公式求 P_B，并求 R'，即：

$$P_B = 1.2 \times 700\sqrt{125 \times 0.32} + (1.2 \times 700)^2 \times 11 \times 10^{-6} \times 125 = 6260(\text{N/mm})$$

$$R' = 125 \times \left(1 + \frac{2 \times 8 \times (1 - 0.3^2) \times 10^{-4} \times 6260}{\pi \times 22 \times 0.32}\right) = 173(\text{mm})$$

（3）$a = 0.086\sqrt{\dfrac{173}{0.65}} = 1.46$

$$1 - \frac{q_H}{\overline{K}} = 1 - \frac{92}{700} = 0.869$$

$$1 - \frac{q_h}{\overline{K}} = 1 - \frac{320}{700} = 0.543$$

$$b = 0.632；\ln b = -0.459$$

（4）由图 6-9 查知，当 $a'' = 1.5$ 时，

$$\ln b' = -0.4；f_{3b'} = 1.248；$$

$$\ln b'' = -0.6；f_{3b''} = 1.145$$

当 $\ln b = -0.459$ 时，用内插法：

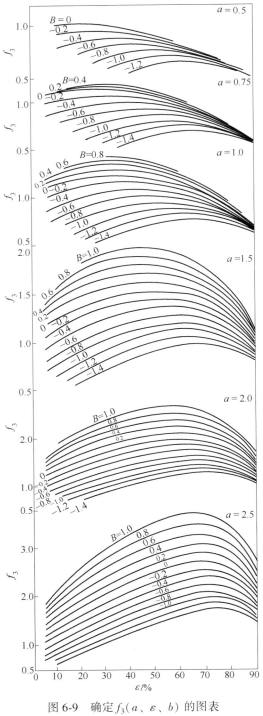

$\varepsilon/\%$

图 6-9　确定 $f_3(a、\varepsilon、b)$ 的图表

$$f_3'' = f_{3b''} + \frac{\ln b'' - \ln b}{\ln b'' - \ln b'}(f_{3b'} - f_{3b''})$$

$$= 1.145 + \frac{0.141}{0.2} \times 0.103 = 1.218$$

当 $a' = 1.0$ 时，

$$\ln b' = -0.4;\ f_{3b'} = 1.058;$$

$$\ln b'' = -0.6;\ f_{3b''} = 0.968$$

当 $\ln b = -0.459$ 时，用内插法：

$$f_3' = f_{3b'} + \frac{\ln b'' - \ln b}{\ln b'' - \ln b'}(f_{3b'} - f_{3b''})$$

$$= 0.968 + \frac{0.141}{0.2} \times 0.09 = 1.025$$

当 $a = 1.46$ 时，再用内插法：

$$f_3 = \frac{f_3'' - f_3'}{a'' - a'}(a - a') + f_3'$$

$$= \frac{1.218 - 1.025}{1.5 - 1} \times (1.46 - 1) + 1.025$$

$$= 1.205$$

（5）按下式求出单位宽度上的压力

$$P_B' = \overline{K}\sqrt{R'\Delta h}\left(1 - \frac{q_H}{\overline{K}}\right)f_3(a、b、\varepsilon)$$

$$= 700\sqrt{173 \times 0.32} \times 0.869 \times 1.205$$

$$= 5500(\text{N}/\text{mm})$$

（6）求出的 P_B' 与初始 P_B 相差较大，故须重新计算。取 $P_B = 5100\text{N}/\text{mm}$，求出 $R' = 170\text{mm}$。

（7）计算 $a = f\sqrt{\dfrac{R'}{h}} = 0.086\sqrt{\dfrac{170}{0.65}} = 1.39$；$\ln b$ 值同前。

（8）前面已算过

$$a'' = 1.5;\ f_3'' = 1.218;$$

$$a' = 1.0;\ f_3' = 1.025$$

由此当 $a = 1.39$ 时，

$$f_3 = \frac{1.218 - 1.025}{0.5} \times 0.39 + 1.025$$

$$= 1.176(\text{N}/\text{mm})$$

（9）再算出

$$P_B' = 700\sqrt{170 \times 0.32} \times 0.869 \times 1.176 = 5280(\text{N}/\text{mm})$$

与所取 5100N/mm 相差不大，不再重新计算，轧件宽度 $B = 125$mm，所以轧制压力为
$$P = BP_B = 125 \times 5280 = 660(kN)$$

由于式(6-38)和式(6-39)中的 $f_2(a、\varepsilon)$ 和 $f_3(a、b、\varepsilon)$ 均为复杂的积分方程，通常只能采用数值解法，计算过程非常繁杂费时。虽然为了便于工程计算，均绘制出计算图表，但仍十分不便。为此希尔（Hill）在不带张力条件下，在出口厚度 h 不大于 5.08mm，变形程度 ε 在 10% ~ 60% 和 $f_2(a、\varepsilon)$ 小于 1.7 的范围内，对式(6-38)进行大量数值计算，用统计方法给出 $f_2(a、\varepsilon)$ 即（n'_σ）的回归公式为：

$$n'_\sigma = f_2(a、\varepsilon) = 1.08 + 1.79\varepsilon f \sqrt{\frac{R'}{H}} - 1.02\varepsilon \tag{6-40}$$

$$P = K\sqrt{R'\Delta h}\, n'_\sigma$$

这样处理带来的误差不大于 2%。希尔简化式(6-40)为单纯的代数表达式，非常便于工程计算。而且勃兰特-希尔理论已成为现代计算机控制技术中冷轧压力模型的基本结构形式，具有重要意义。

另外，由于冷轧过程中轧件材料的变形抗力非常大，在压力计算中必须考虑轧辊弹性压扁的影响。否则，将产生相当大的误差。但由前面所述可知，轧辊弹性压扁半径与单位宽度的轧制压力有关，同时单位宽度的轧制压力又与轧辊弹性压扁半径有关，即 R' 与 P_B 互为函数关系。因此，在工程计算中，通常采用迭代法求解。

利用迭代法求解，一般情况下计算过程都较繁杂，所需的时间也较长，这是这种方法不可克服的缺点。为了克服这种隐函数形式压力模型迭代求解的缺点，将隐函数形式的压力方程显式化。勃兰特-希尔理论公式的显式化如下。

将式(6-38)改写成如下形式，并考虑张力的影响，则：

$$P_B = \bar{K}\sqrt{R'\Delta h}\, n'_\sigma n'''_\sigma \tag{6-41}$$

将式(6-8)改写成：

$$R' = R + \frac{C_0 R P_B}{\Delta h} \tag{6-42}$$

式中，$C_0 = 2C = 2.1 \times 10^{-5}$mm²/N（对钢轧辊）。

设 $\omega = \bar{K}\sqrt{\Delta h}\, n'''_\sigma$，则式(6-41)为：

$$P_B = \omega\sqrt{R'}\, n'_\sigma \tag{6-43}$$

将式(6-40)可改写为：

$$n'_\sigma = 1.08 - 1.02\varepsilon + 1.79 f\varepsilon\sqrt{1-\varepsilon}\sqrt{\frac{R'}{h}} \tag{6-44}$$

设 $x = 1.08 - 1.02\varepsilon$；$y = 1.79 f\varepsilon\sqrt{1-\varepsilon}\frac{1}{\sqrt{h}}$，则：

$$n'_\sigma = x + y\sqrt{R'} \tag{6-45}$$

代入式(6-43)，得：

$$P_B = \omega x\sqrt{R'} + \omega y(\sqrt{R'})^2 \tag{6-46}$$

令 $z = \frac{C_0}{\Delta h}$，由式(6-42)可得：

$$P_B = \frac{R' - R}{zR} \tag{6-47}$$

由式（6-46）和式（6-47）得：

$$\omega x \sqrt{R'} + \omega y (\sqrt{R'})^2 = \frac{R' - R}{zR}$$

整理后为：

$$\left(\frac{1}{R} - z\omega y \right) (\sqrt{R'})^2 - z\omega x \sqrt{R'} - R = 0$$

除以轧辊半径 R，得：

$$\left(\frac{1}{R} - z\omega y \right) (\sqrt{R'})^2 - z\omega x \sqrt{R'} - 1 = 0 \tag{6-48}$$

式（6-48）为 R' 的一元二次方程，求根后有：

$$R' = \left[\frac{z\omega x + \sqrt{(z\omega x)^2 + 4\left(\frac{1}{R} - z\omega y \right)}}{2\left(\frac{1}{R} - z\omega y \right)} \right]^2 \tag{6-49}$$

式中，$z\omega x = C_0 \overline{K} n'''_\sigma (1.08 - 1.02\varepsilon)/\sqrt{\Delta h}$；$z\omega y = 1.79 C_0 \overline{K} n'''_\sigma f\varepsilon \sqrt{1 - \varepsilon}/\sqrt{h\Delta h}$。

在计算过程中，将已知量代入式（6-49），求出 R'。然后，将所求出的 R' 代入式（6-41），即可求出单位宽度上的轧制压力 P_B。这样可使计算过程大为简化。

【例 6-5】　已知条件同前一例题，用勃兰特—希尔的显函数形式求轧制力。

解：（1）
$$\overline{q} = \frac{q_H + q_h}{2} = \frac{92 + 320}{2} = 206 (\text{MPa})$$

$$n'''_\sigma = 1 - \frac{\overline{q}}{\overline{K}} = 1 - \frac{206}{700} = 0.7$$

（2）
$$z\omega x = C_0 \overline{K} n'''_\sigma (1.08 - 1.02\varepsilon)/\sqrt{\Delta h}$$

$$= 2.1 \times 10^{-5} \times 700 \times 0.7 \times (1.08 - 1.02 \times 0.332)/\sqrt{0.32}$$

$$= \frac{76.2859}{5656.85} = 0.0134856$$

（3）
$$z\omega y = 1.79 C_0 \overline{K} n'''_\sigma f\varepsilon \sqrt{1 - \varepsilon}/\sqrt{h\Delta h}$$

$$= 1.79 \times 2.1 \times 10^{-5} \times 700 \times 0.7 \times 0.086 \times 0.332\sqrt{1 - 0.332}/\sqrt{0.65 \times 0.32}$$

$$= \frac{4.362}{4560.7} = 0.000956$$

（4）
$$R' = \left[\frac{z\omega x + \sqrt{(z\omega x)^2 + 4 \times \left(\frac{1}{R} - z\omega y \right)}}{2 \times \left(\frac{1}{R} - z\omega y \right)} \right]^2$$

$$= \left[\frac{0.0134856 + \sqrt{(0.0134856)^2 + 4 \times \left(\frac{1}{125} - 0.000956 \right)}}{2 \times \left(\frac{1}{125} - 0.000956 \right)} \right]^2$$

$$= \left(\frac{0.1818835}{0.014088} \right)^2 = (12.91)^2 = 166.7 \, (\text{mm})$$

（5） $n'_\sigma = 1.08 + 1.79 \varepsilon f \sqrt{\frac{R'}{H}} - 1.02 \varepsilon$

$$= 1.08 + 1.79 \times 0.332 \times 0.086 \sqrt{\frac{166.7}{0.97}} - 1.02 \times 0.332 = 1.41$$

（6） $P_B = \overline{K} \sqrt{R' \Delta h} \, n'_\sigma n'''_\sigma$

$$= 700 \sqrt{166.7 \times 0.32} \times 1.41 \times 0.7 = 5046.2 \, (\text{N/mm})$$

（7）校核 R'，即：

$$R' = R \left(1 + \frac{C_0 P_B}{\Delta h} \right)$$

$$= 125 \times \left(1 + \frac{2.1 \times 10^{-5} \times 5046.2}{0.32} \right) = 166.4 \, (\text{mm})$$

与前面所算的 R' 符合。

（8）总压力

$$P = P_B B = 5046.2 \times 125 = 630 \, (\text{kN})$$

6.6 S. 爱克伦德（Ekelund）公式

爱克伦德公式是用于热轧时计算平均单位压力的半经验公式，其公式为：

$$\overline{p} = (1 + m)(K + \eta \overline{\dot{\varepsilon}}) \tag{6-50}$$

式中　m——外摩擦对单位压力影响的系数；

　　　η——黏性系数；

　　　$\overline{\dot{\varepsilon}}$——平均变形速度。

为了确定 m，作者给出以下公式：

$$m = \frac{1.6f\sqrt{R\Delta h} - 1.2\Delta h}{H + h} \tag{6-51}$$

$\eta \overline{\dot{\varepsilon}}$ 是考虑变形速度、变形温度对变形抗力的影响，其中平均变形速度 $\overline{\dot{\varepsilon}}$ 用下式计算：

$$\overline{\dot{\varepsilon}} = \frac{2v\sqrt{\dfrac{\Delta h}{R}}}{H + h}$$

爱克伦德还给出计算 K 和 η 的经验式：

$$K = 9.8(14 - 0.01t)[1.4 + w(\text{C}) + w(\text{Mn})] \quad (\text{MPa})$$

$$\eta = 0.1(14 - 0.01t) \qquad\qquad (\mathrm{N \cdot s/mm^2})$$

式中　　t——轧制温度，℃；

$w(\mathrm{C})$——以质量分数表示的碳含量（质量分数）；

$w(\mathrm{Mn})$——以质量分数表示的锰含量（质量分数）。

当温度不小于 800℃ 和锰含量不大于 1% 时，这些公式是正确的。f 用下式计算：

$$f = \alpha(1.05 - 0.0005t)$$

对钢轧辊 $\alpha = 1$，对铸铁轧辊 $\alpha = 0.8$。

近年来，有人对爱克伦德公式进行了修正，按下式计算黏性系数：

$$\eta = 0.1(14 - 0.01t)C' \qquad (\mathrm{N \cdot s/mm^2})$$

式中　C'——决定于轧制速度的系数（见表 6-2）。

表 6-2　系数 C' 值

轧制速度/m·s^{-1}	系数 C'	轧制速度/m·s^{-1}	系数 C'
<6	1	10~15	0.65
6~10	0.8	15~20	0.6

计算 K 时，建议还要考虑铬含量的影响，即：

$$K = 9.8(14 - 0.01t)[1.4 + w(\mathrm{C}) + w(\mathrm{Mn}) + 0.3w(\mathrm{Cr})] \qquad (\mathrm{MPa})$$

【例 6-6】　轧辊直径 $D = 530\mathrm{mm}$，辊缝 $S = 20.5\mathrm{mm}$，轧辊转速 $n = 100\mathrm{r/min}$，在箱形孔型中轧制 45 号钢，轧前尺寸 $H \times B_\mathrm{H} = 202.5\mathrm{mm} \times 174\mathrm{mm}$，轧后尺寸 $h \times B_\mathrm{h} = 173.5\mathrm{mm} \times 176\mathrm{mm}$，轧制温度 $t = 1120℃$。求轧制力。

解：（1）轧辊工作半径：

$$R_\mathrm{工} = \frac{1}{2}(D - h + S)$$

$$= \frac{1}{2} \times (530 - 173.5 + 20.5) = 188.5(\mathrm{mm})$$

$$\Delta h = H - h = 202.5 - 173.5 = 29(\mathrm{mm})$$

$$l = \sqrt{R\Delta h} = \sqrt{188.5 \times 29} = 74(\mathrm{mm})$$

$$F = \frac{B_\mathrm{H} + B_\mathrm{h}}{2}l = \frac{174 + 176}{2} \times 74 = 12950(\mathrm{mm^2})$$

$$f = 1.05 - 0.0005t = 1.05 - 0.0005 \times 1120 = 0.49$$

$$v = \frac{\pi Dn}{60} = \frac{3.14 \times 377 \times 100}{60} = 1970(\mathrm{mm/s})$$

（2）

$$m = \frac{1.6fl - 1.2\Delta h}{H + h} = \frac{1.6 \times 0.49 \times 74 - 1.2 \times 29}{202.5 + 173.5} = 0.06$$

$$K = 9.8(14 - 0.01t)[1.4 + w(\mathrm{C}) + w(\mathrm{Mn})]$$

$$= (137 - 0.098 \times 1120)(1.4 + 0.45 + 0.5) = 64(\mathrm{MPa})$$

$$\eta = 0.1(14 - 0.01t)C'$$

$$= 0.1 \times (14 - 0.01 \times 1120) \times 1 = 0.3(\mathrm{N \cdot s/mm^2})$$

$$\bar{\dot{\varepsilon}} = \frac{2v\sqrt{\dfrac{\Delta h}{R}}}{H + h} = \frac{2 \times 1970\sqrt{\dfrac{29}{188.5}}}{202.5 + 173.5} = 4.1(\text{s}^{-1})$$

(3) $\qquad \bar{p} = (1 + m)(K + \eta\,\bar{\dot{\varepsilon}})$

$\qquad\qquad = (1 + 0.06)(64 + 0.3 \times 4.1) = 69(\text{MPa})$

(4) $\qquad P = \bar{p}F = 69 \times 12950 = 895.4(\text{kN})$

上述以卡尔曼的均匀变形理论和奥洛万的不均匀变形理论为基础，在不同假设条件下导出的各种轧制压力计算公式，主要考虑外摩擦的影响，而对外区的影响考虑很少。所以以外区影响为主的厚件轧制时的压力计算，应考虑采用其他计算公式或对上述计算公式进行修正。1970 年日本学者斋藤给出考虑外区影响为主的厚件（钢坯和厚板轧制）热轧平均单位压力计算公式：

$$\bar{p} = K\left(0.785 + 0.25\,\frac{l}{h}\right) \tag{6-52}$$

以滑移线场理论等导出的适应厚件轧制的压力计算公式可以参考其他研究资料。

习　题

6-1　已知 $\phi1200/\phi700$mm 四辊轧机工作辊转速为 80r/min，轧件钢种为 Q215，轧制温度 $t = 1050$℃。轧件轧前断面尺寸 $H \times B_H = 20$mm$\times1400$mm，压下量 $\Delta h = 5$mm。分别用采利柯夫公式、西姆斯公式和爱克伦德公式计算轧制力。

6-2　在 $\phi1300/\phi400$mm$\times1200$mm 的四辊冷轧机上，用 1.85mm$\times1000$mm 的带坯轧成 0.38mm$\times1000$mm 的带钢卷，钢种为 $w(\text{C}) = 0.17\%$，第二道由 $H = 1$mm 轧成 $h = 0.5$mm，轧制速度 5m/s，前张力为 5×10^4N、后张力为 8×10^4N，摩擦系数 $f = 0.05$。试用采利柯夫公式、斯通公式、勃兰特-福特公式和勃兰特-希尔公式计算轧制压力。

6-3　分析为什么基于卡尔曼和奥洛万单位压力微分方程建立的各类轧制压力公式不适应厚件轧制时的轧制压力计算。

7 传动轧辊所需力矩及功率

7.1 辊系受力分析

7.1.1 简单轧制情况下辊系受力分析

简单轧制情况下，作用于轧辊上的合力方向，如图 7-1 所示，即轧件给轧辊的合压力 P 的方向与两轧辊连心线平行，上下辊的 P 力大小相等、方向相反。

此时转动一个轧辊所需力矩，应为力 P 和它对轧辊轴线力臂的乘积，即：

$$M_{1,2} = Pa \qquad (7-1)$$

或

$$M_{1,2} = P\frac{D}{2}\sin\varphi$$

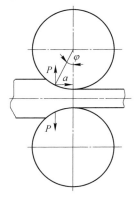

图 7-1　简单轧制时作用于轧辊上力的方向

式中　a——力臂，$a = \dfrac{D}{2}\sin\varphi$；

　　　φ——合压力 P 作用点对应的圆心角。

转动两个轧辊所需的力矩为：

$$M = 2Pa \qquad (7-2)$$

7.1.2 单辊驱动时辊系受力分析

单辊驱动通常用于叠轧薄板轧机、平整轧机等。此外，当两辊驱动轧制时，一个轧辊的传动轴损坏，或者两辊单独驱动，其中一个电机发生故障时都可能产生这种情况。

在下辊驱动的情况下，轧件对上辊作用的合力若为 P_1，如果忽略上辊轴承的摩擦，则 P_1 的方向应指向轧辊轴心 [见图 7-2(a)]。因为上辊为非驱动辊且作均匀转动，这只有在该辊上的所有作用力，对轧辊轴心力矩之和等于零时才可能。

现在确定作用于下辊力的方向。根据原始条件，轧件所受的力来自轧辊，轧辊均匀运动，故显然下辊合力 P_2 应与 P_1 平衡，这只有在 P_2 与 P_1 大小相等（$P_1 = P_2 = P$），且于一直线上而方向相反的情况下才有可能。

下辊即驱动辊，其转动所需力矩可用力与力臂之乘积表示，即：

$$M_2 = Pa_2 \qquad (7-3)$$

而

$$a_2 = (D + h)\sin\varphi$$

若考虑轧辊的轴承摩擦损失，轧件对上辊的总压力方向有所变化，其总压力将不再通过上辊的轴心，而与上辊的辊颈摩擦圆相切，如图 7-2(b) 所示。用 d 表示轧辊辊颈的直径，f_1 表示轧辊辊颈轴承中的摩擦系数，则上辊的摩擦力矩为：

$$M_{f_1} = Pf_1 \frac{d}{2} = P\rho$$

式中，ρ 为摩擦圆半径，$\rho = \dfrac{f_1 d}{2}$。

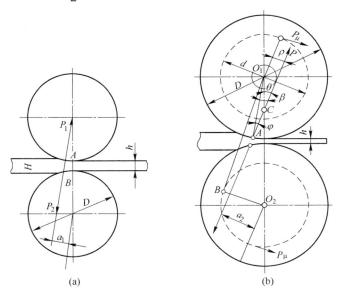

图 7-2　下辊单独驱动时轧辊上作用力的方向

（a）不考虑辊颈轴承摩擦损失；（b）考虑辊颈轴承摩擦损失

轧件对下辊的作用力分析同前，所以驱动两辊的力矩为：

$$M = P\left(a_2 + f_1 \frac{d}{2}\right) \qquad (7-4)$$

式中，力臂 a_2 可以按下式计算：

$$a_2 = BO_2 - \rho$$

由图 7-2（b）中的几何关系，则 BO_2 的线段长度为：

$$BO_2 = (D + h)\sin\theta$$

式中，$\theta = \beta + \varphi$，β 角由上辊的总压力作用点 A 决定，而 φ 角为由上辊轴心向 A 点所引半径 R 和力 P 的夹角，可按下式计算：

$$\sin\varphi = \frac{2\rho}{D} = \frac{f_1 d}{D}$$

所以力臂 a_2 可以按下式求得：

$$a_2 = BO_2 - \rho = (D + h)\sin(\beta + \varphi) - \rho$$

将 a_2 的计算式代入式（7-4）得：

$$M = P(D + h)\sin(\beta + \varphi) \qquad (7-5)$$

7.1.3　有张力作用时的辊系受力分析

假定轧制进行的一切条件与简单轧制过程相同，只是在轧件入口及出口处作用有张力

Q_H 及 Q_h，如图 7-3 所示。

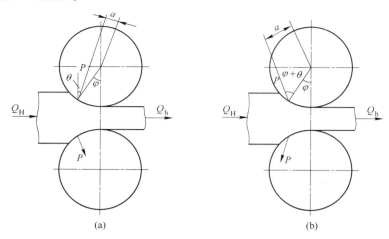

图 7-3　有张力时轧辊上作用力的方向

如果前张力 Q_h 大于后张力 Q_H，此时作用于轧件上的所有力为了达到平衡，轧辊对轧件合压力的水平分量之和必须等于两个张力之差，即：

$$2P\sin\theta = Q_h - Q_H \tag{7-6}$$

由此可以看出，当轧件上作用有张力轧制时，只有当 $Q_h = Q_H$ 时，轧件给轧辊的合压力 P 才是垂直的，在大多数情况下 $Q_h \neq Q_H$，因而合压力的水平分量不可能为零，当 $Q_h >$ Q_H 时，轧件给轧辊的合压力 P 朝轧制方向偏斜一个 θ 角，如图 7-3（a）所示；当 $Q_h < Q_H$ 时，则 P 力向轧制的反方向偏斜一个 θ 角，θ 角可根据式（7-6）求出：

$$\theta = \arcsin\frac{Q_h - Q_H}{2P} \tag{7-7}$$

可以看出，此时（即当 $Q_h > Q_H$ 时）转动两个轧辊所需力矩（轧制力矩）为：

$$M = 2Pa = PD\sin(\varphi - \theta) \tag{7-8}$$

由式（7-8）也可看出，随 θ 角的增加，转动两个轧辊所需的力矩减小，当 θ 角增加到 $\theta = \varphi$ 时，则 $M = 0$，在此情况下力 P 通过轧辊中心，且整个轧制过程仅靠前张力（更确切些是靠 $Q_h - Q_H$ 的值）来完成的，也即相当于空转辊组成的拉拔过程了。

7.1.4　四辊轧机辊系受力分析

四辊式轧机辊系受力情况有两种，即由电动机驱动两个工作辊或由电动机驱动两个支承辊。下面仅研究驱动两个工作辊的受力情况。

如图 7-4 所示，工作辊要克服下列力矩才能转动。首先为轧制力矩，它与二辊式情况下完全相同，是以总压力 P 与力臂 a 之乘积确定，即 Pa。

其次为使支承辊转动所需施加的力矩，因为支承辊是不驱动的，工作辊给支承辊的合压力 P_0 应与其轴承摩擦圆相切，以便平衡与同一圆相切的轴承反作用力。如果忽略滚动摩擦，可以认为 P_0 的作用点在两轧辊的连心线上，如图 7-4（a）所示，当考虑滚动摩擦时，力 P_0 的作用点将离开两轧辊的连心线，并向轧件运动方向移动一个滚动摩擦力臂 m 的数值，使支承辊转动的力矩为 $P_0 a_0$。

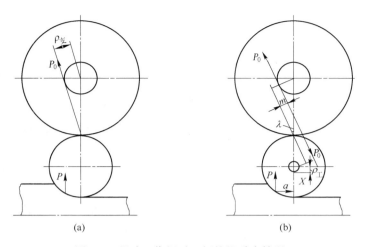

图 7-4   驱动工作辊时四辊轧机受力情况

$$a_0 = \frac{D_工}{2}\sin\lambda + m \qquad (7\text{-}9)$$

式中 $D_工$——工作轧辊辊身直径；

λ——力与轧辊连心线之间的夹角；

m——滚动摩擦力臂，一般 $m = 0.1 \sim 0.3\text{mm}$。

$$\sin\lambda = \frac{\rho_支 + m}{\dfrac{D_支}{2}}$$

式中 $D_支$——支承辊辊身直径；

$\rho_支$——支承辊轴承摩擦圆半径。

所以 $$P_0 a_0 = P_0\left(\frac{D_工}{2}\sin\lambda + m\right) = P_0\left[\frac{D_工}{D_支}\rho_支 + m\left(1 + \frac{D_工}{D_支}\right)\right] \qquad (7\text{-}10)$$

式(7-10)中的第一项相当于支承辊轴承中的摩擦损失，第二项是工作辊沿支承辊滚动的摩擦损失。

另外，消耗在工作辊轴承中的摩擦力矩为工作辊轴承支反力 X 与工作辊摩擦圆半径 $\rho_工$ 的乘积。因为工作辊靠在支承辊上，且其轴承具有垂直的导向装置，轴承反力应是水平方向的，以 X 表示。

从工作辊的平衡条件考虑，P、P_0 和 X 三力之间的关系可用力三角形平衡图示确定出来，即：

$$P_0 = \frac{P}{\cos\lambda} \qquad (7\text{-}11)$$

$$X = P\tan\lambda \qquad (7\text{-}12)$$

显然，欲使一个工作辊转动，施加的力矩必须克服上述三方面的力矩，即：

$$M = Pa + P_0 a_0 + X\rho_工 \qquad (7\text{-}13)$$

7.2　轧制力矩的确定

在传动轧辊所需的力矩中，轧制力矩是最主要的。确定轧制力矩一般采用两种方法，即按轧制力计算和利用能耗曲线计算。

7.2.1　按金属对轧辊的作用力计算轧制力矩

对于轧制矩形断面的轧件，如钢板、带钢、钢坯等。按作用在轧辊上的总压力确定轧制力矩，可给出比较精确的结果。

在确定了金属作用在轧辊上的压力 P 的大小及方向后，欲计算轧制力矩需要知道合力作用角 φ 或合力作用点到轧辊中心连线的距离 a。知道 φ 角便可按合力 P 作用方向确定力臂 a 的数值，或将 φ 角及力 P 的数值代入 7.1 节中导出的公式(7-3)、(7-4)、(7-8)、(7-13)中去，直接计算轧制力矩的数值。在实际计算中，通常借助于力臂系数来确定合压力作用角 φ 或合压力作用点的位置。力臂系数 ψ 可根据实验数据确定。

在简单轧制时，力臂系数可表示为：

$$\psi = \frac{\varphi}{a} = \frac{a}{l}$$

因此，在简单轧制情况下，转动两个轧辊所需力矩为：

$$M = 2P\psi l = 2P\psi \sqrt{R\Delta h} \tag{7-14}$$

由于在轧制矩形断面轧件时，有：

$$P = F\bar{p}; \quad F = \frac{B_{\mathrm{H}} + B_{\mathrm{h}}}{2}\sqrt{R\Delta h}$$

于是轧制力矩可表示为：

$$M = \bar{p}\psi(B_{\mathrm{H}} + B_{\mathrm{h}})R\Delta h \tag{7-15}$$

对于力臂系数 ψ，很多人进行了实验研究，他们在生产条件或实验条件下，在不同的轧机上关于不同的轧制条件，测出金属对轧辊的压力和轧制力矩，然后按下式计算力臂系数：

$$\psi = \frac{M}{2P\sqrt{R\Delta h}} \tag{7-16}$$

E. C. 洛克强在初轧机和板坯轧机上进行了实验研究，结果表明，力臂系数决定于比值 $\frac{l}{h}$（见图 7-5 和图 7-6）。随比值 $\frac{l}{h}$ 的增大力臂系数 ψ 减小，在轧制初轧坯时由 0.55 减小到 0.35 ~ 0.3；在热轧铝合金板时由 0.55 减小到 0.45。

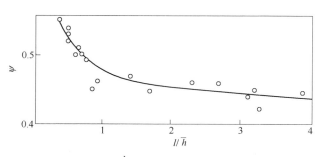

图 7-5　ψ 和比值 $\frac{l}{h}$ 的关系（轧 LY16 铝合金板时）

Γ. 瓦尔克维斯特在 340mm 实验轧机上，对热轧时的力臂系数进行了详细的研究。他将实验结果用曲线 $\psi = f(\varepsilon)$ 给出，其中一部分如图 7-7 所示，相应钢种的化学成分见表 7-1。对于低碳钢系数 ψ 在 $0.34 \sim 0.47$ 范围内变化。在轧件比较厚时，系数 ψ 具有较大的数值。随轧制温度的减小和压下量的增大，系数 ψ 稍有所降低。对于高碳钢及其他钢

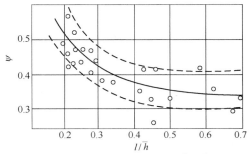

图 7-6　轧初轧坯时 ψ 与比值 $\dfrac{l}{\bar{h}}$ 的关系

种，曲线的变化在性质上相似，但系数 ψ 的变化范围较大。如对于 $w(\mathrm{C}) = 1.03\%$ 的碳钢，系数 $\psi = 0.3 \sim 0.49$，对于高速钢 $[w(\mathrm{W}) = 17.8\%$、$w(\mathrm{Cr}) = 4.65\%]$，系数 $\psi = 0.28 \sim 0.56$。

表 7-1　钢的化学成分

图　号	化学成分(质量分数)/%									
	C	Si	Mn	P	S	Cr	Ni	W	Mo	V
图 7-7(a)	0.10	0.21	0.47	0.063	0.026	—	—	—	—	—
图 7-7(b)	1.03	0.22	0.27	0.030	0.026	—	—	—	—	—
图 7-7(c)	0.55	0.26	0.46	0.017	0.013	0.95	2.94	—	0.31	—
图 7-7(d)	1.28	0.20	0.35	0.024	0.012	0.17	—	—	—	—
图 7-7(e)	0.10	0.50	0.40	0.016	0.017	16.7	20.6	—	—	—
图 7-7(f)	0.34	0.18	0.46	0.017	0.015	14.3	0.22	1.18	—	—
图 7-7(g)	2.01	0.38	0.02	0.020	0.020	13.5	—	—	—	0.20
图 7-7(h)	0.74	0.25	0.39	0.032	0.011	4.65	—	17.8	0.44	1.12

美国学者计算所得力臂系数：在热轧方坯时取 0.5；在热轧圆钢时取 0.6；在闭式孔型中轧制时取 0.7。在热带钢连轧机上，对前几个机座取 0.48，对后几个机座取 0.39。

H. 福特根据在不同的压下量下冷轧厚度不同的低碳钢带及纯铜带的实验数据，按公式(7-16)确定了力臂系数 ψ，其所得结果见表 7-2。

表 7-2　冷轧时的力臂系数值

轧件的材料	轧件厚度/mm	轧件表面状态	系数 ψ
碳钢 $[w(\mathrm{C}) = 0.2\%]$	2.54	光泽表面	0.40
碳钢 $[w(\mathrm{C}) = 0.2\%]$	2.54	普通光表面	0.32
碳钢 $[w(\mathrm{C}) = 0.2\%]$	2.54	普通光表面无润滑	0.33
碳钢 $[w(\mathrm{C}) = 0.11\%]$	1.88	光泽表面	0.36
碳钢 $[w(\mathrm{C}) = 0.7\%]$	1.65	光泽表面	0.35
铜	2.54	光泽表面	0.40
铜	1.27	普通光表面	0.40
铜	1.9	普通光表面	0.32
铜	2.54	普通光表面	0.33

注：无说明的均用 40A 真空泵油润滑轧辊表面。

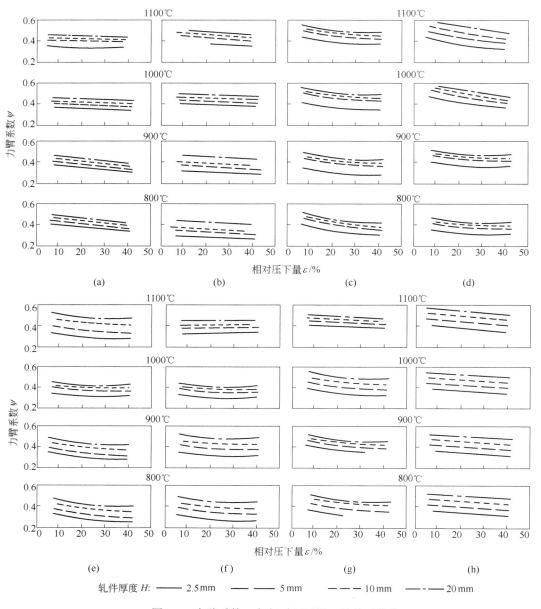

图 7-7　力臂系数 ψ 与相对压下量 ε 的关系曲线

7.2.2　按能耗曲线确定轧制力矩

在许多情况下按轧制时的能量消耗确定轧制力矩是比较方便的，因为在这方面积累了一些实验资料，如果轧制条件相同时，其计算结果也较可靠。在轧制非矩形断面时，由于确定接触面积和平均单位压力比较复杂，常采用这种方法来计算轧制力矩。

在一定的轧机上由一定规格的坯料轧制产品时，随着轧制道次的增加轧件的伸长系数增大。根据实测数据，按轧材在各轧制道次后得到的总伸长系数和 1t 轧件由该道次轧出后累积消耗的轧制能量所建立的曲线，称为能耗曲线。

轧制所消耗的功 A （kW · s） 与轧制力矩 M （kN · m） 之间的关系为：

$$M = \frac{A}{\theta} = \frac{A}{\omega t} = \frac{AR}{vt} \qquad (7\text{-}17)$$

式中　θ——轧件通过轧辊期间轧辊的转角，其计算公式为：

$$\theta = \omega t = \frac{v}{R}t \qquad (7\text{-}18)$$

ω——角速度，s^{-1}；

t——时间，s；

R——轧辊半径，m；

v——轧辊圆周速度，m/s。

利用能耗曲线确定轧制力矩，单位能耗曲线对于型钢和钢坯等轧制时一般表示为每吨产品的能耗与累积伸长系数的关系，如图7-8所示。而对于板带材轧制一般表示为每吨产品的能量消耗与板带厚度的关系，如图7-9所示。第 $n+1$ 道次的单位能耗为（$a_{n+1} - a_n$），如轧件质量为 G，则该道次的总能耗为：

$$A = (a_{n+1} - a_n)G \quad (\text{kW · h}) \qquad (7\text{-}19)$$

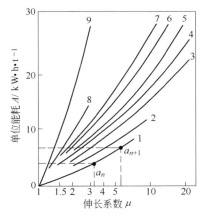

图 7-8　开坯、型钢和钢管轧机的典型能耗曲线　　图 7-9　板带钢轧机的典型能耗曲线

因为轧制时的能量消耗一般是按电机负荷测量的，故按上述曲线确定的能耗包括轧辊轴承及传动机构中的附加摩擦损耗。但除去了轧机的空转损耗，并且不包括与动力矩相对应的动负荷的能耗。因此，按能量消耗确定的力矩是轧制力矩 M 和附加摩擦力矩 iM_f 的总和。

根据式(7-18)和式(7-19)得：

$$M + iM_f = \frac{3600(a_{n+1} - a_n)GR}{tv} \quad (\text{kN · m}) \qquad (7\text{-}20)$$

如果用 $G = F_h L_h \rho$；　$t = \dfrac{L_h}{v_h} = \dfrac{L_h}{v(1 + S_h)}$ 代入上式，整理后得：

$$M + iM_f = 1800(a_{n+1} - a_n)\rho F_h D(1 + S_h) \quad (\text{kN · m}) \qquad (7\text{-}21)$$

式中　G——轧件质量，t；

ρ——轧件密度，t/m^3；

D——轧辊工作直径，m；

F_h——该道次后轧件横断面积，m^2；

S_h——该道次前滑值；

i——传动比。

取钢的 $\rho = 7.8 t/m^3$，并忽略前滑的影响，则：

$$M + iM_f = 14040(a_{n+1} - a_n)F_h D \quad (kN \cdot m) \tag{7-22}$$

由于能耗曲线是在现有的一定轧机上，在一定的温度、速度条件下，对一定规格的产品和钢种测得的。所以在实际计算时，必须根据具体的轧制条件选取合适的曲线。在选取时通常应注意以下几个问题：

（1）轧机的结构及轴承的型式应该相似。如用同样的金属坯料轧制相同的断面产品，在连续式的轧机上，单位能耗较横列式的轧机上小，在使用滚动轴承的轧机上单位能耗要比采用普通滑动轴承的轧机低 10%~60%。

（2）选取的能耗曲线的轧制温度及其轧制过程应该接近。这是由于在热轧时温度对轧制压力的影响很大。

（3）曲线对应的坯料的原始断面尺寸，应与欲轧制的坯料相同或接近，在热轧时可大于欲轧制的坯料的断面尺寸。

（4）曲线对应的轧制品种和最终断面尺寸应与欲轧制的轧件相同或接近。例如，在断面尺寸和伸长系数相同的条件下，轧制钢轨消耗的能量比轧制圆钢和方钢的大。因为在异形孔型中轧制时金属与轧辊表面间的摩擦损失比较大，轧件的不均匀变形要消耗附加能量，并且钢轨的表面积大，散热和温降快。

（5）曲线对应的金属应与欲轧制的金属相同或接近，以保证变形抗力值相近。

（6）对于冷轧，曲线对应的工艺润滑条件和张力数值应与考虑的轧制过程相近。

7.3 电机传动轧辊所需力矩

在轧制过程中，主电动机轴上传动轧辊所需力矩，除克服轧制力矩外，还有其他一些力矩，一般组成如下：

$$M_\Sigma = \frac{M}{i} + M_f + M_0 + M_d \tag{7-23}$$

式中 M——轧制力矩，即用于轧件塑性变形所需的力矩；

M_f——克服轧制时发生在轧辊轴承、传动机构中的附加摩擦力矩；

M_0——空转力矩，即克服空转时的摩擦力矩；

M_d——动力矩，即轧辊速度变化时的惯性力矩。

组成传动轧辊的力矩的前三项为静力矩，即：

$$M_c = \frac{M}{i} + M_f + M_0 \tag{7-24}$$

公式(7-24)是指轧辊作匀速转动时所需的力矩，这三项对任何轧机都是必不可少的。在一般情况下以轧制力矩为最大，只有在旧式轧机上，由于轴承中的摩擦损失过大，有时附加摩擦力矩才有可能大于轧制力矩。

在静力矩中，轧制力矩是有效部分，至于附加摩擦力矩和空转力矩是由于轧机的零件和机构的不完善引起的有害力矩。

换算到主电动机轴上的轧制力矩与静力矩之比的百分数称为轧机的效率 η_0。

$$\eta_0 = \frac{\dfrac{M}{i}}{\dfrac{M}{i} + M_f + M_0} \quad (\%)$$

轧机效率随轧制方式和轧机结构不同（主要是轧辊轴承构造）而在相当大的范围内变化，即 $\eta_0 = 0.5 \sim 0.95$。

7.3.1 附加摩擦力矩的确定

在轧制过程中，轧件通过辊间时，在轴承中与轧机传动机构中有摩擦力产生，所谓附加摩擦力矩，是指克服这些摩擦力所需的力矩，而且在附加摩擦力矩的数值中，并不包括空转时轧机转动所需力矩。

组成附加摩擦力矩有两项，一项为轧辊轴承中的摩擦力矩，另一项为传动机构中的摩擦力矩。

（1）轧辊轴承中的附加摩擦力矩 M_{f_1}。对上下两个轧辊共四个轴承而言，此力矩的值为：

$$M_{f_1} = \frac{P}{2} f_1 \frac{d_1}{2} \times 4 = P d_1 f_1 \tag{7-25}$$

式中 P——作用在四个轴承上的总负荷，它等于轧制力；

$\quad\quad d_1$——轧辊辊颈直径；

$\quad\quad f_1$——轧辊轴承的摩擦系数，它取决于轴承的构造和工作条件（见表7-3）。

表7-3   轧辊轴承摩擦系数取值

轴承构造	摩擦系数 f	轴承构造	摩擦系数 f
滑动轴承金属衬热轧时	$f_1 = 0.07 \sim 0.10$	液体摩擦轴承	$f_1 = 0.003 \sim 0.004$
滑动轴承金属衬冷轧时	$f_1 = 0.05 \sim 0.07$	滚动轴承	$f_1 = 0.003$
滑动轴承塑料衬	$f_1 = 0.01 \sim 0.03$		

（2）传动机构中的摩擦力矩 M_{f_2}。这部分力矩指减速机座、齿轮机座中的摩擦力矩，此传动系统的附加摩擦力矩，根据传动效率按下式计算：

$$M_{f_2} = \left(\frac{1}{\eta} - 1 \right) \frac{M + M_{f_1}}{i} \tag{7-26}$$

式中 M_{f_2}——换算到主电机轴上的传动机构的摩擦力矩；

$\quad\quad \eta$——传动机构的效率，即从主电机到轧机的传动效率，一级齿轮传动的效率一般取 $0.96 \sim 0.98$，皮带传动效率取 $0.85 \sim 0.90$。

换算到主电机轴上的总附加摩擦力矩为：

$$M_f = \frac{M_{f_1}}{i} + M_{f_2} \tag{7-27}$$

7.3.2　空转力矩的确定

空转力矩是指空载转动轧机主机列所需力矩。通常是根据转动部分零件的重量在轴承中引起的摩擦力来计算。

在轧机主机列中有许多零件，如轧辊、连接轴、人字齿轮及齿轮等，各有不同重量及不同的轴颈直径和摩擦系数。因此，必须分别计算。显然，空转力矩应等于所有转动零件空转力矩之和，即：

$$M_0 = \sum \frac{G_i f_i d_i}{2 i_i} \tag{7-28}$$

式中　G_i——i 零件的重量；

　　　f_i——i 零件轴承的摩擦系数；

　　　d_i——i 零件的轴颈直径；

　　　i_i——电动机与 i 零件的传动比。

按式(7-28)计算非常繁杂，通常可按经验办法来确定，即：

$$M_0 = (0.03 ~\sim~ 0.06) M_n$$

式中　M_n——电动机的额定力矩。

对新式轧机可取下限，对旧式轧机可取上限。

7.3.3　动力矩

动力矩只发生在某些轧辊不匀速转动的轧机上，如带飞轮的轧机，在每个轧制道次中进行调速的可逆式轧机等。动力矩的大小可按下式确定：

$$M_d = J \frac{d\omega}{dt} \tag{7-29}$$

式中　$\dfrac{d\omega}{dt}$——角加速度，$\dfrac{d\omega}{dt} = \dfrac{2\pi}{60} \dfrac{dn}{dt}$；

　　　J——惯性力矩，通常用回转力矩 GD^2 表示，即：

$$J = mR^2 = \frac{GD^2}{4g}$$

　　　D——回转体直径，m；

　　　G——回转体重量，N；

　　　R——回转体半径，m；

　　　m——回转体质量，kg；

　　　g——重力加速度，m/s^2；

　　　n——回转体转速，r/min。

于是，动力矩可以表示为：

$$M_d = \frac{GD^2}{375} \frac{dn}{dt} \quad (\text{N} \cdot \text{m}) \tag{7-30}$$

应该指出，式（7-30）中的回转体力矩 GD^2，应为所有回转体零件的力矩之和。

7.4　主电机负荷图

当计算传动功率时，除了要知道负荷的大小外，由于轧制过程中力矩是变化的，还必须知道负荷随时间的变化规律，即所谓负荷图。

7.4.1　静负荷图

静负荷图就是电机静力矩随时间的变化图。绘制静负荷图首先要确定出轧件在整个轧制过程中在主电机轴上的静负荷值，其次要确定各道次的纯轧时间和间歇时间。

静负荷图中的静力矩可以按式（7-24）确定，每一道次的纯轧时间 t_n 可由下式确定：

$$t_n = \frac{L_h}{\bar{v}} \tag{7-31}$$

式中　L_h——轧件轧后长度；

$\bar{v}$——轧件出辊平均速度，忽略前滑时，它等于轧辊的圆周线速度。

间歇时间按间歇动作所需时间确定，一般按现场数据选用。

已知上述各值后，根据轧制图表绘制出一个轧制周期内的电机负荷图。图 7-10 给出了几类轧机的静负荷图。

7.4.2　可逆式轧机的负荷图

在可逆式轧机中，轧制过程是轧辊在低速咬入轧件，然后提高轧制速度进行轧制，之后又降低轧制速度，实现低速抛出。因此轧件通过轧辊的时间由三部分组成：加速期、稳定轧制期、减速期。

由于轧制速度在轧制过程中是变化的，所以负荷图必须考虑动力矩 M_d，此时负荷图是由静负荷与动负荷组合而成，如图 7-11 所示。

如果主电动机在加速期的加速度用 a 表示，在减速期用 b 表示，则在各期间内转动的总力矩分别为：

（1）加速轧制期：　　$M_2 = M_c + M_d = M_c + \frac{GD^2}{375}a \tag{7-32}$

（2）等速轧制期：　　$M_3 = M_c \frac{M}{i} + M_f + M_0 \tag{7-33}$

（3）减速轧制期：　　$M_4 = M_c - M_d = M_c - \frac{GD^2}{375}b \tag{7-34}$

同样，可逆式轧机在空转时也分加速期、减速期和等速期。在空转时各期间的总力矩分别为：

（1）空转加速期：　　$M_1 = M_0 + M_d = M_0 + \frac{GD^2}{375}a \tag{7-35}$

（2）空转减速期：　　$M_5 = M_0 - M_d = M_0 - \frac{GD^2}{375}b \tag{7-36}$

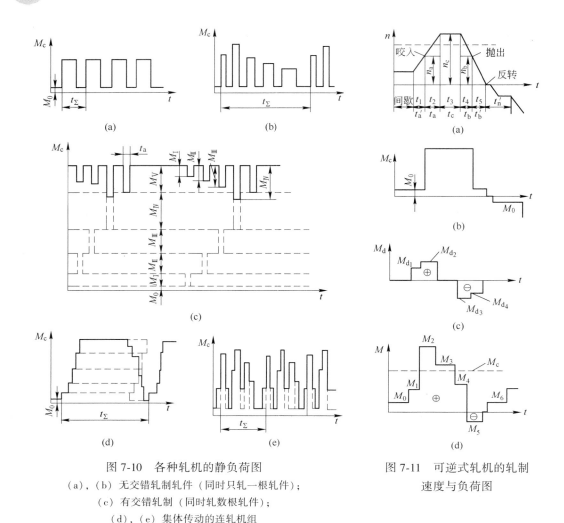

图 7-10　各种轧机的静负荷图

（a），（b）无交错轧制轧件（同时只轧一根轧件）；

（c）有交错轧制（同时轧数根轧件）；

（d），（e）集体传动的连轧机组

图 7-11　可逆式轧机的轧制
速度与负荷图

（3）空转等速期：
$$M_6 = M_0$$

加速度 a 和 b 的数值取决于主电动机的特性及其控制线路。

7.4.3　飞轮对传动负荷的影响

为了均衡轧机在轧件通过轧辊时及在间歇时的传动负荷，在某些情况下采用飞轮。显然，考虑飞轮影响后在传动轴上的负荷为：

$$M_D = M_c + \frac{GD^2}{375}\frac{dn}{dt} \tag{7-37}$$

式中，GD^2 为飞轮和旋转部件推算至电动机轴上的飞轮惯量。为了解式(7-37)，需找出转速与力矩和时间的关系，在带飞轮的传动装置中，大多数情况下都用异步电动机，在计算飞轮装置时假定电动机转速的下降正比于负荷的增加，即：

$$n = a - bM_D$$

常数 a、b 在电机特性中给出。以 n_0 表示负荷为零时的电机转速，以 n_n 表示负荷为

额定力矩 M_n 时的电机转速，得：

$$a = n_0; \quad b = \frac{n_0 - n_n}{M_n}$$

则上式可写成：

$$n = n_0 \left(1 - \frac{n_0 - n_n}{n_0} \frac{M_D}{M_n} \right) \tag{7-38}$$

式中，$\frac{n_0 - n_n}{n_0}$ 称作电机的额定转差率，并用 S_n 表示，它由电机特性决定，一般 S_n 为 $3\% \sim 10\%$。

求式(7-38)的导数，得：

$$\frac{\mathrm{d}n}{\mathrm{d}t} = -\frac{S_n}{M_n} n_0 \frac{\mathrm{d}M_D}{\mathrm{d}t} \tag{7-39}$$

将式(7-39)代入式(7-37)，得：

$$M_D = M_c - \frac{GD^2}{375} \frac{S_n}{M_n} n_0 \frac{\mathrm{d}M_0}{\mathrm{d}t}$$

整理后得带飞轮的传动装置的基本微分方程式为：

$$\frac{\mathrm{d}M_0}{M_D - M_c} = -\frac{375 M_n}{GD^2 n_0 S_n} \mathrm{d}t = -\frac{1}{T} \mathrm{d}t \tag{7-40}$$

式中，$\frac{GD^2 n_0 S_n}{375 M_n} = T$，它决定于飞轮尺寸与电动机特性，称为电机-飞轮的惯性常数。

将式(7-40)积分后得：

$$\ln(M_D - M_c) = -\frac{t}{T} + C$$

常数 C 从初始条件计算，当 $t = 0$ 时，$M_D = M_{t=0}$，则得出：

$$M_D = M_c - (M_c - M_{t=0}) \mathrm{e}^{-\frac{t}{T}} \tag{7-41}$$

此方程式表明传动力矩按指数曲线变化，此曲线的渐近线为一直线。此直线平行于时间坐标，且距离此坐标为 M_c，如图 7-12 所示。

在传动装置的空转期间，$M_c = M_0$，当 $M_{t=0} > M_0$ 时，式（7-41）成为如下形式：

$$M_D = M_0 + (M_{t=0} - M_0) \mathrm{e}^{-\frac{t}{T}} \tag{7-42}$$

利用上面两个方程可以作出所有道次和间歇时的负荷图。为方便起见，工程实际中多用模板作图法替代上述解析方程。

用负荷图的比例尺按下面方程式把模板画在纸板上，如图 7-13 所示。

$$M' = M'_c (1 - \mathrm{e}^{-\frac{t}{T}}) \tag{7-43}$$

式中，M'_c 为负荷图的最大值 M_{cmax}，作模板时的时间取为 $t = 0 \sim 4T$。

按模板画这些曲线时，将模板靠在静负荷图上，使其交于 $M_D = M_{t=0}$ 点，并且使其渐近线与平行于时间坐标且距此坐标等于 M_c 的直线重合，在所研究的道次或间歇时间内描绘出模板轮廓，即得到相应的负荷图，如图 7-14 所示。

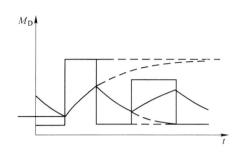

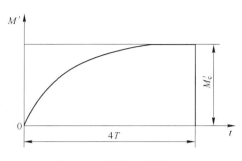

图 7-12　带飞轮的传动负荷与
　　　　　时间的变化关系

图 7-13　模板曲线的绘制

对任何 M_c 都可用一个模板制作传动负荷
指数曲线，这一点是可以证明的。

7.5　主电机的功率计算

当主电动机的传动负荷确定后，就可对电
动机的功率进行计算。这项工作包括两部分：
其一是由负荷图计算出等效力矩不能超过电动
机的额定力矩；其二是负荷图中的最大力矩不
能超过电动机的允许过载负荷和持续时间。

如果是新设计的轧机，则对电动机就不是
校核，而是要根据等效力矩和所要求的电动机
转速来选择电动机。

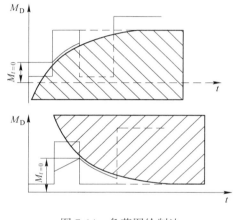

图 7-14　负荷图绘制法

7.5.1　等效力矩计算及电动机校核

轧机工作时电动机的负荷是间断式的不均匀负荷，而电动机的额定力矩是指电动机在
此负荷下长期工作，其温升在允许的范围内的力矩。为此必须计算出负荷图中的等效力
矩，其值按下式计算：

$$M_e = \sqrt{\frac{\sum M_i^2 t_i + \sum M_i'^2 t_i'}{\sum t_i + \sum t_i'}} \tag{7-44}$$

式中　　M_e——等效力矩；

　　　　$\sum t_i$——轧制时间内各段纯轧制时间的总和；

　　　　$\sum t_i'$——轧制周期内各段间歇时间的总和；

　　　　M_i——各段轧制时间所对应的力矩；

　　　　M_i'——各段间歇时间所对应的力矩。

校核电动机温升条件为：

$$M_e \leqslant M_n \tag{7-45}$$

校核电动机过载条件为：

$$M_{max} \leqslant K_G M_n \tag{7-46}$$

式中　$M_{\max}$——轧制周期内的最大力矩；

　　　M_n——电动机的额定力矩；

　　　K_G——电动机的允许过载系数，直流电动机 $K_G = 2.0 \sim 2.5$；交流同步电动机
　　　　　　$K_G = 2.5 \sim 3.0$。

电动机达到允许最大力矩 $K_G M_n$ 时，其允许持续时间在 15s 以内，否则电动机温升将超过允许范围。

7.5.2　电动机功率计算

对于新设计的轧机，需要根据等效力矩计算电动机的功率，即：

$$N = \frac{1.03 M_e n}{\eta} \quad (\text{kW}) \tag{7-47}$$

式中　M_e——等效力矩，t·m；

　　　n——电动机转速，r/min；

　　　η——由电动机到轧机的传动效率，%。

7.5.3　超过电动机基本转速时电机的校核

当电动机的实际转速超过电动机的基本转速，应对超过基本转速部分对应的力矩加以修正（见图 7-15），即乘以修正系数。

如果此时力矩图形为梯形，如图 7-15 所示，则等效力矩为：

$$M_e = \sqrt{\frac{M_1^2 + M_1 M + M^2}{3}}$$

式中　M_1——转速未超过基本转速时的力矩；

　　　M——转速超过基本转速时乘以修正系数后
　　　　　　的力矩，即：

$$M = M_1 \frac{n}{n_n}$$

　　　n——超过基本转速时的转速；

　　　n_n——电动机的基本转速。

校核电动机的过载条件为：

$$\frac{n}{n_n} M_{\max} \leqslant K_G M_n \tag{7-48}$$

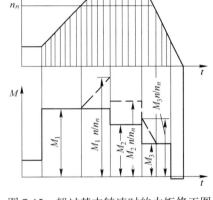

图 7-15　超过基本转速时的力矩修正图

习　题

7-1　什么是轧制力矩，有哪两种确定方法？

7-2　电机传动轧辊所需的力矩有哪些，各个力矩如何计算？

7-3　试绘制可逆轧机三角形速度制度下的电机负荷图。

7-4　试分析飞轮对电机传动负荷的影响。

7-5　某二辊轧机，轧辊辊身直径 $D = 470mm$；辊颈直径 $d = 260mm$，轴承为滚动轴承，一级齿轮减速，减速比 $i = 5.654$。在轧某种钢材时轧制压力 $P = 1880kN$，前张力 $Q_h = 10.6kN$，后张力 $Q_H = 0$，合压力作用点角度 $\varphi = 4.8°$。求轧制力矩和摩擦力矩。

7-6　某四辊轧机，工作辊辊身直径 $D_工 = 230mm$，辊颈直径 $d_工 = 170mm$，支承辊辊身直径 $D_支 = 450mm$；辊颈直径 $d_支 = 260mm$，传动工作辊轴承皆为滚动轴承，滚动摩擦半径 $m = 0.2mm$，在轧某种钢时某一道次压下量 $\Delta h = 5mm$，轧制压力 $P = 1200kN$，合压力作用点角度 φ 为咬入角 α 的一半。求传动工作辊所需力矩。

7-7　某带飞轮的二辊轧机，其主电机额定力矩 $M_n = 7.8kN \cdot m$，额定转速 $n_n = 375r/min$，额定转差率 $S_n = 5\%$，其负荷情况如下：

道次	1	2	3	4
静力矩 $M_c/kN \cdot m$	21	13.4	17.2	9
纯轧时间 t/s	1.34	1.6	2.0	2.2
间隙时间 t'/s	5	6	6	

轧制周期为 30s，总飞轮力矩 $GD^2 = 185.5kN \cdot m^2$。试绘出其负荷图。

8 轧制时的弹塑性曲线

8.1 轧机的弹跳方程

在轧制过程中，轧辊对轧件施加压力，使轧件产生塑性变形。与此同时，轧件也给轧辊一个大小相同、方向相反的反作用力，使轧辊和机座各零件产生一定的弹性变形，这些零部件弹性变形的累积后果都反映在轧辊的辊缝上，使辊缝增大，即从空载辊缝 S_0 增大至有载辊缝 S，这种现象称为轧机的弹跳。在辊缝变化的同时，轧辊产生弯曲变形，使辊缝沿宽度方向的大小不均匀，引起轧件的横向厚度差。

这里讨论的是由于轧辊的弹跳而使两个轧辊轴线产生相对平移的情况。由于轧辊轴线产生相对平移，如图 8-1 所示，使辊缝增大，而轧制后的轧件厚度为：

$$h = S_0 + \frac{P}{K_m} \qquad (8\text{-}1)$$

式中　S_0——空载辊缝；

　　　P——轧制压力；

　　　K_m——轧机刚度系数。

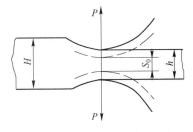

图 8-1 弹跳现象

轧出厚度 h 就是有载辊缝 S 的大小。式(8-1)称为轧机的弹跳方程，$\dfrac{P}{K_m}$ 即是弹跳量。轧机的弹跳量在一般开坯轧机可不考虑，但对板带轧机来说，则必须考虑。

8.2 轧机的弹性曲线和刚度系数确定

轧机的弹性曲线是表示轧制压力与轧机弹性变形量的关系曲线。轧机弹性曲线的斜率即为轧机的刚度系数，以 K_m 表示，其物理意义是使轧机产生单位弹性变形所需施加的负荷量（单位为 kN/mm）。一般采用实测的方法来确定轧机的弹性曲线和刚度系数，实测的方法有两种。

第一种方法是轧板法，即在一定的原始辊缝 S_0 下，轧制不同厚度的坯料，测出轧制压力 P 和轧件的轧出厚度 h，将测出的 P 作为纵坐标，轧出厚度 h 作为横坐标，作出实测数据的散点图，再根据最小二乘原理回归出轧机的刚度系数，并作出相应的轧机弹性曲线，如图 8-2 所示。此曲线和横坐标的交点到坐标原点的距离即为原始辊缝 S_0。由图可见在轧制力较小时，弹性曲线呈非线性变化，轧制压力达到一定值后，才呈近似线性关系。非线性段的产生是因为轧机的零部件之间存在接触变形和间隙。此曲线的斜率即为轧机的刚度系数。轧机的刚度系数越大，即表示轧机的刚度越大。

当轧辊相互压靠，空载辊缝为零时，弹性曲线通过坐标原点，但其线性段部分的延长线并不通过坐标原点。如果轧辊间存在间隙（辊缝），那么曲线将不从坐标原点开始，如

图 8-3 所示。这时轧出的轧件厚度为：

$$h = S_0 + S_{01} + \frac{P}{K_m} = S' + \frac{P}{K_m} \tag{8-2}$$

式中　　S_{01}——曲线非线性段的辊缝值；

　　　　S_0——轧辊辊缝。

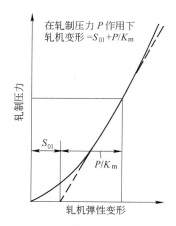

图 8-2　轧机的弹性曲线

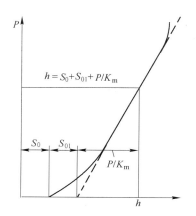

图 8-3　轧件尺寸在弹性曲线上的表示

第二种方法是轧辊压靠法。轧板法测定在生产中不可能经常使用。压靠法则较方便，此法测定时轧辊间没有轧件，使轧辊一面空转，另一面通过压下螺丝压下使工作辊压靠。当压靠后使压下螺丝继续压下，轧机便产生弹性变形。由轧辊压靠开始点到轧制力为 P_0 时的压下螺丝行程，即为压力 P_0 作用下的轧机弹性变形，根据所测数据，绘出如图 8-4 中所示的弹性曲线 $ok'l'$。

由于轧机零部件间存在的间隙和接触不均匀是一个不稳定因素，弹性曲线的非线性部分是经常变化的，每次换辊后都有所不同，因此，辊缝的实际零位很难确定，式（8-1）和式（8-2）在实际生产中很难应用。

在实际生产中，为了消除非线性段的影响，往往采用人工零位法，即在轧制前，先将轧辊预压靠到一定压力 P_0（或按压下电机电流作标准），然后将此时的轧辊辊缝仪读数设定为零（即清零）。

在图 8-4 中，$ok'l'$ 为预压靠曲线，在 o 处轧辊开始接触受力变形，当压靠力为 P_0 时，辊缝 of' 是一个负值。以 f' 点作为人工零位，当压靠力为零时，实际辊缝为零，而辊缝仪读数为 $f'o = S$。然后继续抬辊，当抬到 g 点位置时，辊缝仪读数为 $f'g = S_0' = S + S_0$。

由于曲线 gkl 和 $ok'l'$ 完全对称，因此 $of' = gF = S$，所以 oF 段就是轧制力为 P_0 时人工零位法的轧辊辊缝仪读数 S_0'。当轧制压力为 P 时，轧出的轧件厚度为：

$$h = S_0' + \frac{P - P_0}{K_m} \tag{8-3}$$

式中　　S_0'——人工零位辊缝仪显示的辊缝值；

　　　　P_0——清零时轧辊预压靠的压力。

式（8-3）即为人工零位法的弹跳方程。用人工零位法可以消除非线性段的不稳定性，使弹跳方程便于实际应用。

弹跳方程对轧机调整有重要意义，它可用来设定轧辊原始辊缝，弹跳方程表示了轧出厚度与辊缝及轧机弹跳的关系，它可作为间接测量轧件厚度的基本公式。

但是，前面所述及的弹跳方程没考虑到轧制过程中某些因素的影响，须知轧机刚度不仅是轧机结构固有的特性，而且与轧制条件有关。首先，在轧制过程中，轧辊和机架温度升高，产生热膨胀，同时轧辊磨损逐渐增大，从而使轧辊辊缝发生变化，也即改变了轧机刚度。其

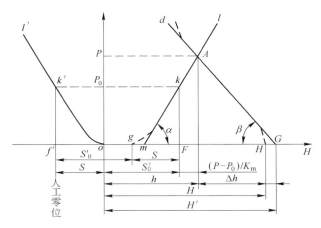

图 8-4　人工零位法的弹性曲线

次，在支持辊采用油膜轴承时，油膜厚度与轧辊转速有关，在轧辊加减速过程中，油膜厚度的变化使辊缝发生变化，从而影响轧机刚度。再有，在轧板带时，轧件的宽度变化也会引起轧机刚度的变化。这是因为当轧件宽度增大时，在同样的轧制压力下，轧辊辊身长度上的单位压力减小，轧辊的弹性变形量减小；反之，当轧件很窄时，就相当于集中载荷作用，轧辊的弹性变形量增加。

考虑上述因素的影响，弹跳方程必须进行修正。

8.3　轧件的塑性曲线

影响轧制负荷的因素也将影响轧机的压下能力，也就影响了轧件轧制的厚度，由于问题复杂，直接用第 6 章中的轧制压力公式来表示轧制压力与轧出轧件厚度的关系显得太复杂，应用起来不方便，而用图表却可以表现得清楚一些。在一定的轧制条件下，轧制压力与轧出轧件厚度关系的曲线叫做塑性曲线，如图 8-5 所示，纵坐标表示轧制压力，横坐标表示轧件厚度。下面就各类因素对轧件塑性曲线的影响进行分析。

如图 8-6 所示，当轧制的金属变形抗力较大时，则塑性曲线较陡。在同样轧制压力下，所轧成的轧件厚度要厚一些。

图 8-7 反映了摩擦的影响，摩擦系数越大，轧制时变形区的三向压应力状态越强烈，轧制压力越大，曲线越陡，在同样轧制压力下，轧出的厚度越厚。

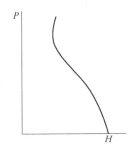

图 8-5　轧件的塑性曲线图

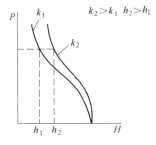

图 8-6　变形抗力的影响图

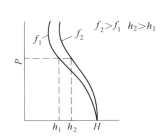

图 8-7　摩擦系数的影响

张力的影响也可用类似的图反映出来，如图 8-8 所示，张力越大，变形区三向压应力状态减弱，甚至使一向压应力改变符号变成拉应力，从而减小轧制压力，曲线斜率变小，使轧出厚度减薄。

图 8-9 为轧件原始厚度的影响。同样负荷下，轧件越厚，轧制压下量越大；轧件越薄，轧制压下量越小。当轧件原始厚度薄到一定程度，曲线将变得很陡，当曲线变为垂直时，说明在这个轧机上，无论施以多大压力，也不可能使轧件变薄，也就是达到最小可轧厚度的临界条件。

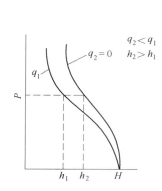

图 8-8　张力的影响

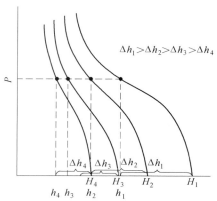

图 8-9　轧件厚度的影响

由上述分析可以得出结论：凡使轧制压力增大的因素，均使轧件的塑性曲线变陡，即塑性曲线的斜率变大，在同样的轧制压力下，轧出轧件厚度变大，反之亦然。塑性曲线的斜率为轧件的塑性系数，以 M 表示。轧件塑性系数的物理意义是使轧件产生单位塑性变形所需施加的负荷量（单位为 kN/mm）。

8.4　轧制时的弹塑性曲线

把塑性曲线与弹性曲线画在同一个图上，这样的曲线图称为轧制时的弹塑性曲线，如图 8-10 所示。

图 8-11 为已知轧机轧制带材时的弹塑性曲线，示出了摩擦系数对其的影响。如实线所示在一定负荷 P 下将厚度为 H 的轧件轧制成 h 的厚度，若由于某种原因，使摩擦系数增加（$f' > f$），原来的塑性曲线将变为虚线所示。如果辊缝未变，由于压力的改变将出现新的工作点，此时负荷增高为 $P'(P' > P)$，而轧出的厚度由 h 变为 $h'(h' > h)$，因而摩擦的增加使压力增加而压下量减小，如果仍希望得到规定的厚度 h，就应当调整压下，使弹性曲线平行左移至链线处，与塑性曲线交于新的工作点，此时厚度为 h，但压力将增至 P''（$P'' > P'$）。

图 8-12 为冷轧时的弹塑性曲线，示出了张力对其的影响。实线所示为在一定张应力 q_1 的情况下轧制工作情况，此时轧制压力为 P，轧出厚度 h，假如张力突然增加，达到 q_2（$q_2 > q_1$），塑性曲线将变为虚线所示。在新的工作点轧制压力降低至 $P'(P' < P)$，而出口厚度减薄至 $h'(h' < h)$，此时辊缝并未改变，如欲使轧出厚度仍保持为 h，就需要调整压下使辊缝稍许增加，即弹性曲线右移至链线，达到新的工作点以维持 h 不变，但由于张力的作用，轧制压力降低至 $P''(P'' < P')$。

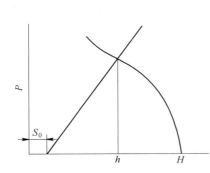

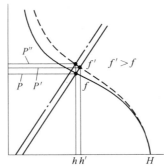

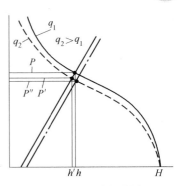

图 8-10　轧制时的弹塑性曲线　　　图 8-11　摩擦系数的影响　　　图 8-12　张力的影响

图 8-13 表示轧件材料性质的变化对弹塑性曲线的影响。正常情况下，在已知辊缝 S 的条件下轧出厚度为 h，若由于退火不均，一段带材的加工硬化未完全消除，此时变形抗力增加（$K_2 > K_1$），这种情况下轧制压力将由 P 增至 $P'(P' > P)$，轧出厚度由 h 增至 h'（$h' > h$），欲保持轧出厚度 h 不变，就需进一步压下，使辊缝减小，但轧制压力将进一步增大至 $P''(P'' > P')$。

图 8-14 表示轧制来料厚度变化对弹塑性曲线的影响。如果来料厚度增加（$H_2 > H_1$），此时由于压下量增加而使压力 P 增至 $P'(P' > P)$，结果轧机弹性变形增加，因而不能达到原来的轧出厚度 h，而为 $h'(h' > h)$，这时应调整压下，使辊缝减小至链线，才能保持轧出厚度 h 不变，但压力将增大至 $P''(P'' > P')$。

由以上分析可以看出，任何轧制因素的影响都可用弹塑性曲线反映出来。而且一般来说，处于稳定状态的轧制过程是暂时相对的，而各种轧制因素的影响是绝对的、大量存在的。所以利用弹塑性曲线分析轧制过程很方便。

上面仅仅从定性上做了简要的说明，实际上弹塑性曲线在已知条件下，完全可以定量地表示出来，这样它就会有更大的用途。

轧钢调整技术人员都知道，要想改变带材厚度，就需要对辊缝进行调整。譬如说，使轧出厚度减薄 0.1mm，调整压下（辊缝）的距离就要大于 0.1mm，如果带材比较软，那么稍大一些就可以了，如果带材比较硬，就需要多压下一些，这称为轧机的弹性效果，用辊缝转换函数来表示，即单位辊缝变化（∂S）所引起的轧出轧件厚度变化（∂h）之比，以 Θ 表示。

辊缝转换函数的大小和它的变化，可借助弹塑性曲线来说明。如图 8-15 所示，当厚

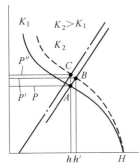

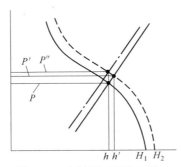

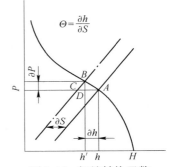

图 8-13　材料性质的影响　　　图 8-14　来料厚度变化的影响　　　图 8-15　辊缝转换函数

度轧到 h，需压力 P（A 点），如果以压下来改变轧出厚度，当压下一个 ∂S 距离时，此时弹性曲线与塑性曲线交于 B 点，而负荷由 A 至 B 增加 ∂P。

在微量情况下，AB 曲线可看作直线段，则此塑性曲线段的斜率为 M，即：

$$\frac{\partial P}{\partial h} = M \tag{8-4}$$

从图中还可看出：

$$\partial S = \frac{\partial P}{K_m} + \partial h \tag{8-5}$$

把式（8-4）代入式（8-5），得：

$$\partial S = \frac{M \partial h}{K_m} + \partial h \tag{8-6}$$

或

$$\frac{\partial S}{\partial h} = \frac{M}{K_m} + 1 = \frac{M + K_m}{K_m} \tag{8-7}$$

所以辊缝转换函数为：

$$\Theta = \frac{\partial h}{\partial S} = \frac{K_m}{K_m + M} \tag{8-8}$$

若辊缝转换函数值为 $\frac{1}{5}$，即：

$$\Theta = \frac{\partial h}{\partial S} = \frac{1}{5} \quad 或 \quad \partial S = 5 \partial h$$

则压下调整的距离应为所需变更厚度 ∂h 的 5 倍。

轧钢调整技术人员都知道，对于厚而软的轧件，压下移动较少就可调整轧出厚度的尺寸偏差，换言之，此时辊缝转换函数值 $\Theta \approx 1$。当轧制薄而硬的轧件时，压下调整必须有相当的量，才能校正轧出厚度尺寸变化的偏差，当达到一定值后（即轧机最小可轧厚度），不管如何调整压下螺丝使其压下，轧出厚度不再变化，此时 Θ 趋于 0。

如果用弹塑性曲线表示，图 8-16（a）为软厚轧件轧制情况，此时 $\partial h \approx \partial S$，塑性曲线的斜率 M 很小；但当轧制薄硬轧件时，则相应于图 8-16（b）的情况，此时虽然 ∂h 很小，但

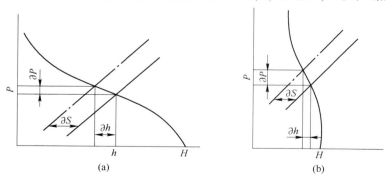

图 8-16　轧制软硬不同金属的情况

（a）软厚金属；（b）薄硬金属

相应的 ∂S 则很大，这种情况较难调整。

轧机刚度对产品尺寸是有影响的，假设轧机是一个完全刚性的轧机，那么当调整好辊缝 S 以后，不管来料或工艺有什么变化，轧件轧出的厚度 h 应与辊缝 S 完全相等。

在刚度较小的轧机上 K_m 值较小，如图 8-17(a) 所示，若来料厚度有一个 ∂H 的变化，那么产品厚度就相应地有一个 ∂h 的变化。刚度较大的轧机，如图 8-17(b) 所示，K_m 值较大，如果也有相同的来料厚度变化 ∂H，但轧出厚度变化 ∂h 却比刚度较小轧机的小得多。因此，刚度不高的轧机的缺点是当轧制参数有稍微的波动时，立刻就会在成品尺寸上反映出来。

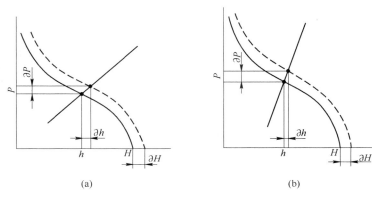

图 8-17 不同刚度轧机轧制情况
（a）轧机刚度小；（b）轧机刚度大

8.5 轧制弹塑性曲线的实际意义

轧制时的弹塑性曲线以图解的方式，直观地表达了轧制过程的矛盾，因此它已日益获得广泛的应用。其实际意义有以下几点：

（1）通过弹塑性曲线可以分析轧制过程中造成厚差的各种原因，由式(8-2)可知，只要使 S 和 $\dfrac{P}{K_m}$ 变化，就会造成厚度的波动。前面已分析过，轧件材质变化、张力变化、摩擦条件变化和温度波动等都会影响轧出厚度的波动。

（2）通过弹塑性曲线可以说明轧制过程中的调整原则。如图 8-18 所示，在一个轧机上，其刚度系数为 K_m（曲线①），坯料厚度为 H_1，辊缝为 S_1，轧出厚度为 h_1（曲线 1），这时轧制压力为 P_1。若由于来料厚度波动，轧前厚度变为 H_2，此时因压下量增加而使轧制压力增至 P_2（曲线②），这时就不能再轧到 h_1 的厚度了，而是轧成 h_2 的厚度，轧制压力增至 P_2，出现了轧出厚度偏差。如果要轧成 h_1 的厚度，就需调整轧机。

一般情况下，常用移动压下螺丝减小辊缝的办法来消除厚差，即如曲线②所示，由辊缝 S_1 减至辊缝 S_2，而轧制压力增加到 P_3，此时轧出厚度可仍保持为 h_1。

在连轧机和可逆式带材轧机上，还有一种常用的调整方法，就是改变张力法。如图 8-18 所示，当增加张力时，轧件塑性曲线 2 变成曲线 3 的形状，这时轧出的厚度仍为 h_1，轧制压力也保持 P_1 不变。

此外，利用弹塑性曲线还可探索轧制过程中轧件与轧机的矛盾基础，寻求新的途径。

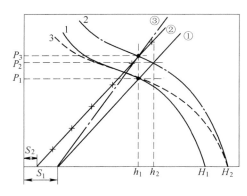

图 8-18　轧机调整原则

例如，近来采用液压轧机，就可利用改变轧机刚度系数的方法，以保持恒压力或恒辊缝。如图8-18中曲线③，即为改变轧机刚度系数 K_m 为 K'_m，以保持轧后厚度不变。

（3）弹塑性曲线给出了厚度自动控制的基础。根据 $h = S' + \dfrac{P}{K_m}$，如果能进行压下位置检测以确定辊缝 S'，测量压力 P 以确定 $\dfrac{P}{K_m}$（K_m 可视为常值），那么就可确定 h。这就是所谓的间接测厚法，如果所测得的厚度与要求给定值有偏差，就可调整轧机，直到达到所要求的厚度值为止。最早的厚度自动控制法（亦称 AGC），就是根据这一原理设计的。另外，式(8-7)可写成：

$$\partial S = \left(\frac{M}{K_m} + 1 \right) \partial h \tag{8-9}$$

此即反馈 AGC 的基本方程式。再有，根据图 8-19 所示：

$$\partial h = \frac{gc}{K_m}$$

$$\partial H = \frac{gc}{K_m} + \frac{gc}{M} = \left(\frac{M + K_m}{K_m M} \right) gc$$

而

$$gc = K_m \partial h$$

所以

$$\partial H = \frac{M + K_m}{M} \partial h$$

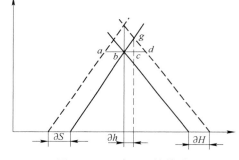

图 8-19　∂S 与 ∂H 的关系

将上式代入式(8-9)得：

$$\partial S = \frac{M}{K_m} \partial H \tag{8-10}$$

式(8-10)即为前馈 AGC 的基本方程。

习　　题

8-1　什么叫弹性曲线，怎样根据弹跳方程设定辊缝？

8-2　什么是轧机的刚度系数，其测定方法有哪几种？

8-3　有哪些因素影响轧件的塑性曲线，怎样影响？

8-4　弹塑性曲线在生产实践中有哪些应用？

9　连轧的基本理论

随着轧制理论的发展和现代技术的应用，连轧生产向更广泛的方面发展。板带、棒线材生产的连续化更加完善，而且出现了连轧型钢和连轧钢管。连轧在轧钢生产中所占比重日益增大。在大力发展连轧生产的同时，必须完善连轧理论，研究连轧的一些特殊规律。

9.1　连轧的特殊规律

所谓连轧是指轧件同时通过数架顺序排列的机座进行的轧制，而且各机座的工艺参数通过轧件相互联系、相互影响、相互制约。从而使轧制的变形条件、运动学条件和力学条件具有一系列的特点。

9.1.1　连轧的变形条件

为保证连轧过程的正常进行，必须使通过连轧机组各个机座的金属秒流量保持相等，此即所谓连轧过程秒流量相等原则，即：

$$F_1 v_{h_1} = F_2 v_{h_2} = \cdots = F_n v_{h_n} = 常数 \tag{9-1}$$

或

$$B_1 h_1 v_{h_1} = B_2 h_2 v_{h_2} = \cdots = B_n h_n v_{h_n} = 常数 \tag{9-2}$$

式中　F_1，F_2，$\cdots$，F_n——通过各机座的轧件断面积；

v_{h_1}，v_{h_2}，$\cdots$，v_{h_n}——通过各机座的轧件出口速度；

B_1，B_2，$\cdots$，B_n——通过各机座的轧件轧出宽度；

h_1，h_2，$\cdots$，h_n——通过各机座的轧件轧出厚度。

如以轧辊速度表示，则式(9-1)可写成：

$$F_1 v_1 (1 + S_{h_1}) = F_2 v_2 (1 + S_{h_2}) = \cdots = F_n v_n (1 + S_{h_n}) \tag{9-3}$$

式中　v_1，v_2，$\cdots$，v_n——各机座的轧辊圆周速度；

S_{h_1}，S_{h_2}，$\cdots$，S_{h_n}——各机座轧件的前滑值。

在连轧机组末架速度已确定的情况下，为保持秒流量相等，其余各架的速度应按下式确定，即：

$$v_i = \frac{F_n v_n (1 + S_{h_n})}{F_i (1 + S_{h_i})}, \quad i = 1，2，\cdots，n \tag{9-4}$$

如果以轧辊转速表示，则式(9-3)可写成：

$$F_1 D_1 n_1 (1 + S_{h_1}) = F_2 D_2 n_2 (1 + S_{h_2}) = \cdots = F_n D_n n_n (1 + S_{h_n}) \tag{9-5}$$

式中　D_1，D_2，$\cdots$，D_n——各机座的轧辊工作直径；

n_1，n_2，$\cdots$，n_n——各机座的轧辊转速。

在带钢连轧机上轧制带钢时，如忽略宽展，则有：

$$h_1 v_1 (1 + S_{h_1}) = h_2 v_2 (1 + S_{h_2}) = \cdots = h_n v_n (1 + S_{h_n}) \tag{9-6}$$

秒流量相等的条件一旦破坏就会造成拉钢或堆钢，从而破坏了变形的平衡状态。拉钢可使轧件横断面收缩，严重时造成轧件断裂；堆钢可造成轧件折叠，引起设备事故。

9.1.2　连轧的运动学条件

连轧时，前一机架轧件的出辊速度等于后一机架的入辊速度，即：

$$v_{h_i} = v_{H_{i+1}} \tag{9-7}$$

式中　　v_{h_i}——第 i 机架轧件的出辊速度；

$v_{H_{i+1}}$——第 $i+1$ 机架轧件的入辊速度。

9.1.3　连轧的力学条件

连轧时，前一机架的前张力等于后一机架的后张力，即：

$$q_{h_i} = q_{H_{i+1}} = q = 常数 \tag{9-8}$$

式(9-3)、式(9-7)和式(9-8)即为连轧过程处于平衡状态下的基本方程式。应该指出，秒流量相等的平衡状态并不等于张力不存在，即带张力轧制仍可处于平衡状态，但由于张力作用，各架参数从无张力的平衡状态改变为有张力条件下的平衡状态。

当平衡状态破坏时，上述三式不再成立，秒流量不再维持相等，前机架轧件的出辊速度也不等于后机架的入辊速度，张力也不再保持常数，但经过一过渡过程又进入新的平衡状态。

实际上连轧过程是一个非常复杂的物理过程，当连轧过程处于平衡状态（稳态）时，各轧制参数之间保持着相对稳定的关系。然而，一旦某个机架上出现了干扰量（如来料厚度、材质、摩擦系数、温度等）或调节量（如辊缝、辊速等）的变化，则不仅破坏了该机架的稳态，而且还会通过机架间张力和出口轧件的变化，瞬时地或延时地把这种变化的影响顺流地传递给前面的机架，并逆流地传递给后面的机架，从而使整个机组的平衡状态遭到破坏。随后通过张力对轧制过程的自调作用，上述扰动又会逐渐趋于稳定，从而使连轧机组进入一个新的平衡状态。这时，各参数之间建立起新的相互关系，而目标参数也将达到新的水平。由于干扰因素总是会不断出现，所以连轧过程中的平衡状态（稳态）是暂时相对的，连轧过程总是处于稳态—干扰—新的稳态—新的干扰这样一种不断波动着的动态平衡过程中。这种动态平衡过程是非常复杂的，要进行探索，必须深入研究以下两个问题：

（1）在外扰量或调节量的变动下，从一个平衡状态到另一新的平衡状态时，参数变化的规律及其大小，即稳态（静态）分析。

（2）从一个平衡状态向另一平衡状态过渡的动态特性，即动态分析。

9.2　连轧张力

张力是连轧过程中一个很活跃的因素，各机架之间的影响和能量的传递都可以通过张力来相互联系，所以必须给以足够的重视。

9.2.1　连轧张力微分方程

先看在两个机架上进行带张力轧制，假设进入下一机架的速度为 v_{2H}，大于前一机架

轧件出口速度 v_{1h}，如图 9-1 所示，机架间轧件被弹性拉伸，其与机架间距的关系为：

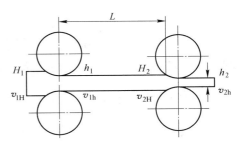

$$L' = L - \Delta L \qquad (9\text{-}9)$$

式中　L'——轧件没有拉伸时的长度；

　　　L——机架间距离；

　　　ΔL——轧件弹性拉伸伸长量。

其相对拉伸量 ε 为：

$$\varepsilon = \frac{\Delta L}{L'} = \frac{\Delta L}{L - \Delta L} \qquad (9\text{-}10)$$

图 9-1　机架间速度关系

在某一瞬时 t，轧件被拉伸的速度应为 $\dfrac{\mathrm{d}\Delta L}{\mathrm{d}t}$，如前所述，其为 v_{2H} 与 v_{1h} 速度的差，即：

$$\frac{\mathrm{d}\Delta L}{\mathrm{d}t} = v_{2H} - v_{1h} \qquad (9\text{-}11)$$

将式(9-10)改写为：

$$\Delta L = (L - \Delta L)\varepsilon$$

$$\Delta L(1 + \varepsilon) = L\varepsilon$$

$$\Delta L = \frac{\varepsilon}{1 + \varepsilon}L \qquad (9\text{-}12)$$

将上式对 t 微分，则可得：

$$\frac{\mathrm{d}\Delta L}{\mathrm{d}t} = \frac{L}{(1 + \varepsilon)^2}\frac{\mathrm{d}\varepsilon}{\mathrm{d}t}$$

$$\frac{\mathrm{d}\varepsilon}{\mathrm{d}t} = \frac{(1 + \varepsilon)^2}{L}\frac{\mathrm{d}\Delta L}{\mathrm{d}t} \qquad (9\text{-}13)$$

把式(9-11)代入，得：

$$\frac{\mathrm{d}\varepsilon}{\mathrm{d}t} = \frac{(1 + \varepsilon)^2}{L}(v_{2H} - v_{1h}) \qquad (9\text{-}14)$$

由于轧件为弹性拉伸，应服从胡克定律，于是：

$$\varepsilon = \frac{q}{E} \qquad (9\text{-}15)$$

$$\mathrm{d}\varepsilon = \frac{\mathrm{d}q}{E} \qquad (9\text{-}16)$$

将式(9-15)和式(9-16)代入式(9-14)，则得：

$$\frac{\mathrm{d}q}{\mathrm{d}t} = \frac{E}{L}(v_{2H} - v_{1h})\left(1 + \frac{q}{E}\right)^2 \qquad (9\text{-}17)$$

此即 А. П. 切克马廖夫公式。

另外，Ю. М. 费因别尔格推出的公式为：

$$\frac{\mathrm{d}q}{\mathrm{d}t} = \frac{E}{L}\left[v_{2H} - v_{1h}\left(1 + \frac{q}{E}\right)\right] \qquad (9\text{-}18)$$

张进之推出的公式为：

$$\frac{\mathrm{d}q}{\mathrm{d}t} = \frac{E}{L}(v_{2H} - v_{1h})\left(1 + \frac{q}{E}\right) \tag{9-19}$$

这些公式推导的基本思路是一样的，都是基于轧件受到弹性拉伸时，利用力学条件导出的。它们之间的一些微小差别，对实际应用来说没有什么太大的意义，因为式中的 $\left(1 + \dfrac{q}{E}\right)$ 近似为 1，所以实际应用的式子为：

$$\frac{\mathrm{d}q}{\mathrm{d}t} = \frac{E}{L}(v_{2H} - v_{1h}) \tag{9-20}$$

9.2.2　张力公式

从式(9-20)中可以知道，由于机架之间的轧件存在速度差 $(v_{2H} - v_{1h})$，而产生了连轧的张力 q，即建张过程。同时，也必须注意到速度差 $(v_{2H} - v_{1h})$ 不是一个常量，它是时间和张力的函数，故式(9-20)很难得到解析解，通常对张力微分方程 (9-20) 采用数值解法。为考虑张力 q 对速度差 $(v_{2H} - v_{1h})$ 的影响，假定张力只影响前一架的速度，即：

$$\frac{\mathrm{d}q}{\mathrm{d}t} = \frac{E}{L}(v_{2H} - v_{1h}) = \frac{E}{L}\left\{ v_{2H} - v_{1h}[f(q)] \right\} \tag{9-21}$$

根据前滑关系，得

$$v_{1h} = v_1(1 + S_{h_1})$$

式中　v_1——前一机架轧辊的线速度；

　　　S_{h_1}——前一机架轧件的前滑值。

而前滑的大小，如前所述，它是随张力而变化的，根据 H. H. 德鲁日宁的实验发现，当张力在通常的应用范围内变化时，前滑与张力的关系可用直线规律表示，即：

$$S_h = S_{h_0} + aq \tag{9-22}$$

式中　S_{h_0}——无张力（或张力变化前）时的前滑；

　　　a——系数；

　　　q——单位前张力或前、后单位张力差。

利用式(9-22)，用速度表示前滑时就可写成：

$$v_{1h} = v_1(1 + S_{1h_0} + aq) \tag{9-23}$$

式中　v_{1h}——前一机架轧件出口速度；

　　　v_1——前一机架轧辊线速度。

将式(9-23)代入式(9-20)，得：

$$\frac{\mathrm{d}q}{\mathrm{d}t} = \frac{E}{L}[v_{2H} - v_1(1 + S_{1h_0} + aq)] = \frac{E}{L}(v_{2H} - v_{1h_0} - v_1 aq) \tag{9-24}$$

或写成

$$\frac{\mathrm{d}q}{\mathrm{d}t} = A - Bq \tag{9-25}$$

式中，$v_{1h_0} = v_1(1 + S_{1h_0})$；$A$、$B$ 为系数，$A = \dfrac{E}{L}(v_{2H} - v_{1h_0})$，$B = \dfrac{Ev_1 a}{L}$。

设

$$x = A - Bq \tag{9-26}$$

则

$$dq = \frac{1}{-B}dx$$

由式(9-25)和式(9-26)，可得：

$$\frac{dx}{-Bx} = dt$$

两边积分得出：

$$\frac{1}{-B}\ln x + C = t$$

将式(9-26)代入得：

$$\frac{1}{-B}\ln(A - Bq) + C = t \tag{9-27}$$

式(9-27)中，C 称为积分常数。在 $t=0$ 及 $q=0$ 时，可确定 C 的值，即：

$$C = \frac{1}{B}\ln A$$

代入式(9-27)中，则得：

$$-\frac{1}{B}\ln(A - Bq) + \frac{1}{B}\ln A = t$$

$$t = \frac{1}{-B}\ln\frac{A - Bq}{A}$$

上式也可写成：

$$\frac{A - Bq}{A} = e^{-Bt}$$

整理后得：

$$q = \frac{A}{B}(1 - e^{-Bt}) \tag{9-28}$$

将 A、B 值代入后得：

$$q = \frac{v_{2H} - v_{1h_0}}{v_1 a}(1 - e^{-\frac{Ev_1 a}{L}t}) \tag{9-29}$$

式(9-29)中张力随时间的变化，如图9-2所示。

式(9-29)可以说明建张过程。如有速度差产生，平衡破坏产生张力，张力是不稳定而逐渐增加的。同时，它还可以说明张力的"自动调节"作用，即根据上面公式，张力在某一轧制参数变化下产生速度差（$v_{2H} - v_{1h}$）的情况下发生，此时张力 q 增加。如图9-1所示，张力 q 增加又使第 1 架的前滑值 S_{h_1} 增加，从而使得第 1 架的轧件出辊速度 $v_{h_1} = v_1(1 + S_{h_1})$ 增加，同时张力 q 增加又使第 2 架的后滑值 S_{H_2} 增加，从而使得第 2 架的轧件入辊速度 $v_{H_2} = v_2\cos\alpha_2(1 - S_{H_2})$ 减小，从而使速度差（$v_{2H} - v_{1h}$）减小，使张力增加变缓。这样，直到某一时间，在张力的调节下，速度差（$v_{2H} - v_{1h}$）减小为零，轧制过程又

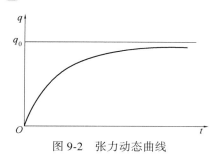

图 9-2　张力动态曲线

在一定张力条件下达到新的平衡，这就是通常所说的张力"自动调节"作用。

但应指出，这种"调节"作用是有条件的，并不是在任何状态下都可达到新的平衡的。

首先，如图 9-2 所示，当 $t = \infty$ 时，

$$q_0 = \frac{A}{B} = \frac{v_{2H} - v_{1h_0}}{v_1 a} \qquad (9\text{-}30)$$

显然，式(9-30)为一直线，它是式(9-29)的渐近线。

这条渐近线表示达到新的平衡时新的张力值，此值应小于轧件的屈服极限，即：

$$q_0 < \sigma_s$$

否则，尚未达到新的平衡之前，轧件已经屈服甚至拉断，这种情况在生产中是经常发生的。从这里也可以看出，张力在一定范围内，可以起到"自动调节"作用，使轧制过程达到新的平衡，但是由于参数变化过大而引起张力过大时，则可能达不到新的平衡。

下面举一个计算实例。

【例 9-1】　设初始状态为 $v_1 = 10\text{m/s}$，$\sigma_s = 500\text{MPa}$，$S_{1h_0} = 5\%$，$L = 4.2\text{m}$，$E = 2.1 \times 10^5\text{MPa}$，$a = 0.0002$。当 v_{2H} 作 1% 阶跃增加时，求张力动态变化。

解：

$$v_{1h_0} = v_1(1 + S_{1h_0}) = 10 \times (1 + 0.05) = 10.5(\text{m/s})$$
$$\Delta v = v_{2H}(1 + 0.01) - v_{1h_0}$$

由于
$$v_{2H} = v_{1h_0}$$
所以

$$\Delta v = 0.01 v_{1h_0} = 0.105\text{m/s}$$

$$B = \frac{E}{L}v,\ a = \frac{2.1 \times 10^5}{4.2 \times 10^3} \times 10^4 \times 0.0002 = 100$$

$$A = \frac{E}{L}(v_{2H} - v_{1h_0}) = \frac{2.1 \times 10^5}{4.2 \times 10^3} \times 0.105 \times 10^3 = 5250$$

$$q = \frac{A}{B}(1 - e^{-Bt}) = 52.5(1 - e^{-100t})$$

根据上式可画出张力的动态过程，由计算可知，在这种条件下，张力是可达到新的平衡的，新的平衡状态下的张力值为 52.5MPa。

如前所述，轧制时运动学、变形、力学条件三方面是相互共存和互为因果的，速度差和流量差是同一问题的不同方面的表现，不能把它割裂开来。如果轧制参数瞬时变化，引起速度差产生，从而产生张力或引起张力变化，那么同时也必然有流量差出现。反之亦然。速度差、流量差、张力差是在连轧平衡状态破坏时，轧制运动学、变形、力学条件变化的表现。

应指出，速度差或流量差引起张力的产生或变化，但是，在具有恒张力的情况下，轧制仍处于平衡状态，此时仍保持秒流量不变，只是在这一恒张力平衡状态下与无张力平衡状态下的轧制参数不同。也就是说，轧制在无张力下处于平衡状态，由于某一原因，平衡

状态遭到破坏，因而引起张力的产生，经过一段时间，轧制过程又在具有某一张力情况下达到新的平衡状态，此时张力不再变化，保持一定的值（也有可能，平衡状态破坏后没有可能恢复到平衡状态，例如发生张力过大而断带，甚至破坏了正常的轧制生产的进行）。

从以上可看出，简单地把具有张力轧制看成是一个动态过程是不对的，建张过程是一个动态过程，但当张力达到某值而不再变化后，轧制过程又恢复到隐态。

9.3 前滑系数、堆拉系数和堆拉率

9.3.1 前滑系数

根据第 3 章前滑定义，即：

$$S_h = \frac{v_h - v}{v} = \frac{v_h}{v} - 1$$

把式中轧件的出辊速度与轧辊线速度之比 $\frac{v_h}{v}$ 称为前滑系数，以 S_v 表示，即：

$$S_v = \frac{v_h}{v} \tag{9-31}$$

对连轧机组来说，就有：

$$S_{v_1} = \frac{v_{h_1}}{v_1}, \quad S_{v_2} = \frac{v_{h_2}}{v_2}, \quad \cdots, \quad S_{vn} = \frac{v_{h_n}}{v_n}$$

各机架前滑值与前滑系数的关系为：

$$S_{h_1} = S_{v_1} - 1, \quad S_{h_2} = S_{v_2} - 1, \quad \cdots, \quad S_{h_n} = S_{v_n} - 1$$

用前滑系数表示，连轧时的流量方程则为：

$$F_1 v_1 S_{v_1} = F_2 v_2 S_{v_2} = \cdots = F_n v_n S_{v_n} \tag{9-32}$$

也可写为：

$$F_1 D_1 n_1 S_{v_1} = F_2 D_2 n_2 S_{v_2} = \cdots = F_n D_n n_n S_{v_n} \tag{9-33}$$

若令

$$C_1 = F_1 D_1 n_1, \quad C_2 = F_2 D_2 n_2, \quad \cdots, \quad C_n = F_n D_n n_n$$

则有

$$C_1 S_{v_1} = C_2 S_{v_2} = \cdots = C_n S_{v_n} \tag{9-34}$$

9.3.2 堆拉系数和堆拉率

实际上在连轧时，要保持理论上的秒流量相等是相当困难的。为了使轧制过程能够顺利进行，常有意识地采用堆钢或拉钢的操作技术。一般对线材在连续式轧机上机组与机组之间采用堆钢轧制，而机组内的机架与机架之间采用拉钢轧制。

拉钢轧制有利也有弊，利是不会出现因堆钢而产生事故，弊是轧件头、中、尾尺寸不均匀，特别是精轧机组内机架间拉钢轧制不适当时，将直接影响到成品质量使轧件的头尾尺寸超出公差。一般头尾尺寸超出公差的长度，与最后几个机架间的距离有关。因此，为减少头尾尺寸超出公差的长度，除采用微量拉钢（也即微张力轧制）外，还应当尽可能缩小机架间的距离。

（1）堆拉系数。堆拉系数是堆钢或拉钢的一种表示方法。如以 K_s 表示堆拉系数时，其为：

$$\frac{C_1 S_{v_1}}{C_2 S_{v_2}} = K_{s_1}, \quad \frac{C_2 S_{v_2}}{C_3 S_{v_3}} = K_{s_2}, \quad \cdots, \quad \frac{C_n S_{v_n}}{C_{n+1} S_{v_{n+1}}} = K_{s_n} \tag{9-35}$$

式中　K_{s_1}，K_{s_2}，$\cdots$，K_{s_n}——各机架连轧时的堆拉系数。

当 K_s 值小于 1 时，表示为堆钢轧制。连轧时对于线材机组与机组之间要根据活套大小，通过调节直流电动机的转数来控制适当的堆钢系数。

当 K_s 值大于 1 时，表示为拉钢轧制。对于线材连轧时粗轧和中轧机组的机架与机架之间的拉钢系数一般控制在 1.02～1.04；精轧机组随轧机结构型式的不同一般控制在 1.005～1.02。

将式(9-34)移项，得：

$$C_1 S_{v_1} = K_{s_1} C_2 S_{v_2}, \quad C_2 S_{v_2} = K_{s_2} C_3 S_{v_3}, \quad \cdots, \quad C_n S_{v_n} = K_{s_n} C_{n+1} S_{v_{n+1}}$$

由上面式子得出考虑堆钢或拉钢后的连轧关系式为：

$$C_1 S_{v_1} = K_{s_1} C_2 S_{v_2} = K_{s_1} K_{s_2} C_3 S_{v_3} = \cdots = K_{s_1} K_{s_2} \cdots K_{s_n} C_{n+1} S_{v_{n+1}} \tag{9-36}$$

（2）堆拉率。堆拉率是堆钢或拉钢的另一表示方法，也是经常采用的方法。以 ε 表示堆拉率时，其为：

$$\frac{C_1 S_{v_1} - C_2 S_{v_2}}{C_2 S_{v_2}} \times 100 = \varepsilon_1$$

$$\frac{C_2 S_{v_2} - C_3 S_{v_3}}{C_3 S_{v_3}} \times 100 = \varepsilon_2$$

$$\vdots$$

$$\frac{C_n S_{v_n} - C_{n+1} S_{v_{n+1}}}{C_{n+1} S_{v_{n+1}}} \times 100 = \varepsilon_n$$

当 ε 为正值时表示拉钢轧制，当 ε 为负值时表示堆钢轧制。将上面式子移项得：

$$C_1 S_{v_1} = C_2 S_{v_2} \left(1 + \frac{\varepsilon_1}{100} \right)$$

$$C_2 S_{v_2} = C_3 S_{v_3} \left(1 + \frac{\varepsilon_2}{100} \right)$$

$$\vdots$$

$$C_n S_{v_n} = C_{n+1} S_{v_{n+1}} \left(1 + \frac{\varepsilon_n}{100} \right)$$

由上面式子又可得出考虑堆钢或拉钢后的又一个连轧关系式为：

$$C_1 S_{v_1} = C_2 S_{v_2} \left(1 + \frac{\varepsilon_1}{100} \right) = C_3 S_{v_3} \left(1 + \frac{\varepsilon_2}{100} \right) \left(1 + \frac{\varepsilon_1}{100} \right) = \cdots$$

$$= C_n S_{v_n} \left(1 + \frac{\varepsilon_1}{100} \right) \left(1 + \frac{\varepsilon_2}{100} \right) \cdots \left(1 + \frac{\varepsilon_{n-1}}{100} \right) \tag{9-37}$$

另外，由前面的关系式中也可得出 K_s 与 ε 的关系为：

$$(K_{s_n} - 1) \times 100 = \varepsilon_n \tag{9-38}$$

习　题

9-1　连轧过程必须满足哪三个条件，当外扰量或调节量变化时，这三个条件是否继续成立？

9-2　分析连轧张力的"自动调节作用"。

9-3　推导连轧张力公式。

9-4　初始状态为无张力轧制，$v_1 = 5\text{m/s}$，所轧材料的 $\sigma_s = 600\text{MPa}$，$S_{1h_0} = 4\%$，机架间距离 $L = 4\text{m}$，所轧材料的 $E = 2.1 \times 10^5 \text{MPa}$，$a = 0.0003$，欲使轧件产生的张应力 q 为 σ_s 的 10%，求 v_{2H} 在原有基础上应增加多少。

9-5　什么叫堆拉系数和堆拉率，它们的大小说明什么问题？

10 不对称轧制理论

　　根据加工工具的不对称和所加工材料性能的不对称性，不对称轧制可以分为三种情况：第一种是异步轧制，其是指在轧制过程中有意识地使两个工作辊具有不同的表面线速度的轧制方法；第二种是异径轧制，其是指在板带生产中，两个工作辊的辊面线速度基本相同，而直径与转速差别较大的轧制方法；第三种是不对称轧制，常出现在两种或两种以上的不同种材料的板带的复合轧制中，是指由于材料种类的不同而导致的轧制方法。

10.1　异步轧制理论

10.1.1　异步轧制的基本概念及变性区特征

　　异步轧制是指两个工作辊表面线速度不相等的一种轧制方法。异步轧制的突出优点是轧制压力低、轧薄能力强、轧制精度高，适应轧制难变形金属和极薄带材。

　　根据穿带形式不同，异步轧制常见的有四种（见图 10-1），分别为拉直式异步轧制、"S" 式异步轧制、恒延伸式异步轧制和单机连轧式异步轧制。生产中多见拉直式异步轧制。

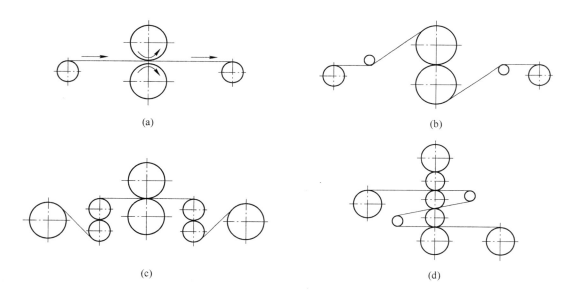

图 10-1　异步轧制的形式

（a）拉直式异步轧制；（b）"S" 式异步轧制；（c）恒延伸式异步轧制；（d）单机连轧式异步轧制

　　与同步轧制相比，由于两个工作辊的线速度不同，轧制时变形区金属质点的流动规律和应力分布都有其自身的特点。在异步轧制时，慢速辊侧的中性点向变形区入口侧移动，快速辊侧中性点向变形区出口侧移动，导致轧件与两个工作辊接触区的中性点不对称，这样自然就在上下两个中性点之间形成"搓轧区"。一种极端的状态是，当慢速辊中性点移至入口处、快速辊侧中性点移至出口处时，使整个接触变形区成为所谓的"搓轧区"，如图 10-2 所示，此种状态称为全异步轧制（PV）。当然，这种情况在实际的生产中根本就不可能出现，这里只是为了形象的说明"搓轧区"。在实际生产中，中性点受到工作辊摩擦力等条件限制，移到出、入口

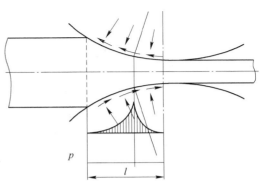

图 10-2　搓轧区受力示意图

处的条件要求苛刻，所以在生产中很少出现。由此可见，变形区就出现前、后滑区，这样，变形区就由后滑区、搓轧区和前滑区三者组成（见图 10-3），称为不完全异步轧制或半异步轧制（IPV）。

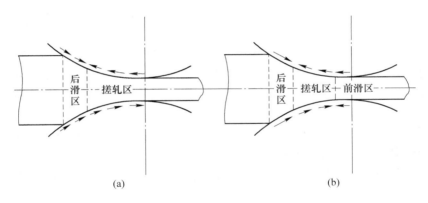

(a)　　　　　　　　　　　　　　(b)

图 10-3　变形区状态图

（a）由后滑区和搓轧区组成；（b）由后滑区、搓轧区及前滑区组成

变形区内搓轧区的大小、是否出现前滑区和后滑区及其前滑区和后滑区的大小主要取决于异速比（快速辊与慢速辊线速度之比 $i = v_1/v_2$），轧件的道次延伸系数 μ 和轧件在慢速辊侧的前滑值。由于在不同的情况下，各区域在变形区内所占比例不同，为了简便计算可以把所占区域极小的区域忽略。

设 v 为普通轧制时轧辊的圆周速度，v_1 为异步轧制时快速辊的圆周速度，v_2 为异步轧制时慢速辊的圆周速度，v_θ 为轧件的水平速度，v_H 为轧件入辊速度，v_h 为轧件出辊速度。完全异步轧制时，对快速辊 $v_\theta < v_1\cos\theta$，$v_h = v_1$；对慢速辊 $v_\theta > v_2\cos\theta$，$v_H = v_2\cos\alpha$（图 10-4）；不完全异步轧制时，对前滑区 $v_\theta > v_1\cos\theta$，对后滑区 $v_\theta < v_2\cos\theta$；对搓轧区快速辊 $v_\theta < v_1\cos\theta$，$v_{\gamma_1} = v_1\cos\theta_{\gamma_1}$；对搓轧区慢速辊 $v_\theta > v_2\cos\theta$，$v_{\gamma_2} = v_2\cos\theta_{\gamma_2}$（见图 10-5）。

10.1.2　异步轧制压力的计算

由于异步轧制时变形区内存在着搓轧区，改变了变形区内金属受力状态，与同步轧制

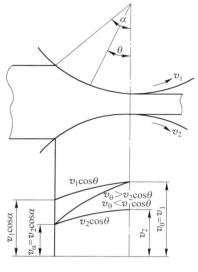

图 10-4　全异步轧制时水平速度
与辊速的关系

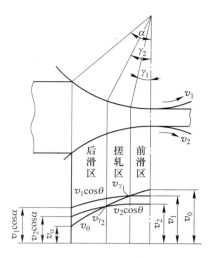

图 10-5　不完全异步轧制时水平
速度与辊速的关系

相比异步轧制的变形区内三向压应力状态减轻了，有利于加强变形的切应力状态。同时，异步轧制时变形区内存在搓轧区，其单位轧制压力沿接触弧的分布曲线削去同步轧制时的单位压力峰值（见图 10-2 曲线中阴影部分），使得平均单位轧制压力减小，从而使总轧制压力降低。大致有如下规律：

（1）延伸系数一定的条件下，异速比越大，搓轧区在接触变形区中所占比例越大，切应力在变形中的作用越大，使平均单位轧制压力越小。

（2）当延伸系数和速比一定时，随着轧件厚度减小，有利于变形的渗透，增加轧辊对轧件的搓拉效果，轧制压力降低幅度也就随之增大。

如图 10-6 所示，若 $i=\mu=1.56$，当 $H=0.5$mm 时，平均单位轧制压力降低 20%；当 $H=0.25$mm，平均单位轧制压力降低 28% 左右。

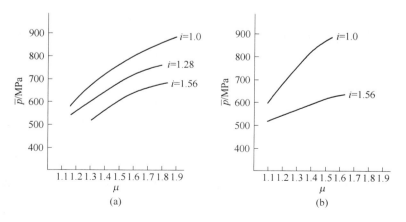

图 10-6　不同速比条件下延伸系数与平均单位轧制压力的关系

（a）$H=0.5$mm；（b）$H=0.25$mm

异步轧制变形区的平均单位轧制压力公式如下：

（1）当变形区主要由搓轧区组成时，平均单位压力为：

$$\bar{p}_{\text{I}} = \frac{K_0 + K_1}{2} + \frac{q_0 + q_1}{2} + \frac{a}{2}\left(\frac{\mu + 1}{\mu - 1}\right)^2 \ln\mu_0 - a \qquad (10\text{-}1)$$

式中，K_0、K_1 为变形区入、出口平面变形抗力；q_1、q_0 为前后张力；$a = \sigma_s + b$，b 为硬化指数，σ_s 为材料的屈服强度；$K_x = \sigma_s + b\varepsilon_x$，$\varepsilon_x$ 为任意断面处的变形量；$\mu_0 = H_0/H$，H_0 为软态原料的厚度，H 为本道次的轧前厚度；$\mu = H/h$，h 为本道次轧后厚度。

（2）当变形区主要由搓轧区和后滑区两者组成时，

$$\bar{p}_{\text{II}} = \frac{1}{\mu - 1}\left\{(i - 1)\left[K_1 - q_1 + \frac{2b}{\mu_0\mu} + \frac{ai}{i-1}\ln i - a - \frac{b(i-1)}{\mu_0\mu}\right] + \right.$$

$$\left. (\mu - 1)\left[\frac{a}{\delta} - \frac{2b(\mu + i)}{\mu_0\mu(\delta + 1)}\right] + \frac{1}{\delta - 1}\left[K_0 - q_0 - \frac{a}{\delta} + \frac{2b}{\mu_0(\delta + 1)}\right]\left[\frac{\mu - i\left(\frac{\mu}{i}\right)^\delta}{\mu - 1}\right]\right\}$$

$$(10\text{-}2)$$

式中，i 为异速比，$i = v_1/v_2$；$\delta = \dfrac{2fl}{\Delta h}$，$l$ 为变形区长度。

10.1.3   异步轧制的变形量和轧薄能力

前已述及，由于异步轧制时搓轧区的存在，使异步轧制的轧制压力明显降低。由此可知，相同的轧制压力下，通过异步轧制可以获得比同步轧制更大的道次压下量或者道次延伸系数，进而可以提高轧机的生产能力。实践证明，同样单位压力下，异步轧制可以获得的压下量比同步轧制大得多，且随着轧件厚度的减小，也就是说随着搓轧剪切效果的增强，这种现象越明显。由于其轧制压力降低明显，异步轧制可以进行大压下轧制，轧件越薄这种优势越突出。

异步轧制另一突出特点是轧薄能力极强。东北大学曾作过大量的研究工作，并在实验室使用 $\phi90\text{mm}/\phi200\text{mm}\times\phi200\text{mm}$ 四辊异步轧机轧制出 0.0035mm 的紫铜箔和 0.005mm 的钢箔，使 D/h 值达 25000 以上。长期以来，很多学者研究过所谓的最小可轧厚度的问题，共同认为当轧件产生塑性变形所需的平均单位压力小于或等于轧辊所能提供的平均单位压力时，轧件就不能产生塑性变形了。D. M. 斯通曾经导出同步轧制的最小可轧厚公式为：

$$h_{\min} = \frac{3.58(K - \bar{q})fD}{E}$$

根据轧辊材质弹性模量 E、轧件的平面变形抗力 K、平均张应力 $\bar{q}$ 和摩擦系数 f 等实际情况，可算出 $D/h = 1500 \sim 2000$，即当 D/h 值达到 $1500 \sim 2000$ 时，就已经达到所谓的最小可轧厚度，这个数据显然远低于上述东北大学所得的 D/h 值。由此证明，异步轧制的轧薄能力比同步轧制高得多。其轧薄能力强的根本原因是变形区内的搓轧区改变了轧件的应力状态，在搓轧区内有强烈的剪切变形存在，使异步轧制的轧薄能力大幅度提高。由于随着轧件厚度的减小，同步轧制时在变形区内的三向压应力状态越强，异步轧制则可以改变这种应力状态，有利于轧件的延伸变形。因此，轧件越薄，异步轧制减小轧制压力的作用或效果越明显。

10.1.4　异步轧制的轧制精度

根据异步轧制的穿带及轧制特点的不同，把轧制精度分为异步恒延伸轧制和拉直异步轧制两种情况进行讨论。图 10-7 示意了拉直式异步轧制和恒延伸式异步轧制。

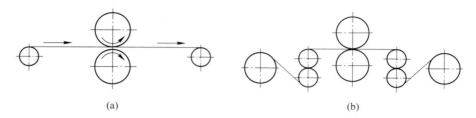

(a)   (b)

图 10-7　两种典型的异步轧制实现方式

（a）拉直式；（b）恒延伸式

10.1.4.1　恒延伸异步轧制的轧制精度

实现恒延伸异步轧制的关键是保持异速比 i 恒定。由体积不变定律，忽略轧件的展宽的情况下，可得出：

$$\frac{v_{\mathrm{h}}}{v_{\mathrm{H}}} = \frac{H}{h} = \mu \tag{10-3}$$

当带材出口速度 v_{h} 与入口速度 v_{H} 比值保持不变，以及延伸系数 μ 保持恒定时，可得出：

$$\frac{\delta H}{H} = \frac{\delta h}{h} = c \tag{10-4}$$

$$\frac{\delta H}{\delta h} = \frac{H}{h} = \mu = c \tag{10-5}$$

由上述公式可明显看出，恒延伸轧制时，随着带材厚度的减薄，相对厚度差保持不变，即绝对厚度差成等比例下降。这样一来，恒延伸轧制随着厚度的减薄可以明显地提高轧制精度。而在常规轧制中，随着厚度的减薄，受轧辊偏心、油膜厚度变化及变形抗力、厚度波动等因素的影响，其相对厚差是变化的。

10.1.4.2　拉直异步轧制的轧制精度

影响带材轧制精度的主要因素有原料厚度、变形抗力、摩擦系数、轧辊偏心等，而原料厚度的波动是影响产品精度的最主要因素。由板带轧制的弹塑性曲线 P-h 图可得到：

$$\frac{\delta h}{\delta H} = \frac{1}{K/M + 1} \tag{10-6}$$

在同种材料的情况下，与常规轧制相比，由于异步轧制可以大幅度降低轧制压力，所以拉直异步轧制的塑性曲线斜率 M_y 要明显低于同步轧制的塑性曲线斜率 M_{t}，由式（10-6）可得出：

$$\frac{\delta h_y}{\delta H_y} < \frac{\delta h_{\mathrm{t}}}{\delta H_{\mathrm{t}}}$$

该式说明在原料厚度波动相同的情况下，异步轧制产品的厚度波动小于同步轧制产品的厚度波动（$\delta h_y < \delta h_t$），即异步轧制逐步消除或减轻原料在厚度上的不均匀性的能力大于同步轧制的。由此，拉直异步轧制能明显地提高轧制精度，就其本质而言还在于异步轧制的接触变形区内有搓轧区存在。

10.1.5　异步轧制的振动问题

如果有关工艺参数选择不当，异步轧制常会出现振动现象，结果会造成沿带材表面横向产生明暗相间的条纹，影响产品质量。经过深入研究发现，异步轧制的振动有自激振动和受迫振动两种形式。自激振动频率与轧制速度无关，其主要取决于变形延伸系数 μ、异步速比 i、摩擦系数 f 和传动系统的刚度。受迫振动频率与轧制速度相关，其主要取决于传动系统齿轮精度及传动系统平稳性。针对上述振动特点，提高轧机相关部件的制造精度和刚度、调整轧制工艺参数使得 $\mu > i$，采用良好润滑剂，可以避免轧机振动现象的产生。

10.1.6　异步轧制有关的参数的选择

实践证明，为了保证异步轧制的稳定运行，异步速比 i 不能过大，一般应小于 1.4。异步速比 i 过大对稳定性不利，轧制过程中可能产生轧机振动现象。因此，在拉直异步轧制中，应保持延伸系数 μ 大于异步速比 i。另外，在异步轧制时，通常应保持前张力大于后张力。

10.2　异径轧制理论

10.2.1　异径轧制的基本特征及优点

异径轧制是指在板带材轧制中，两工作辊的线速度基本相同，而轧辊直径与转速相差很大的轧制状态。

如图 10-8 所示，异径轧制利用一个辊径很小，且靠摩擦从属转动的工作辊。由于其辊径小，轧件和轧辊的接触面积和单位轧制压力就大幅降低，另外，轧制过程中小工作辊对轧件有楔入作用，在变形区内形成 45°剪变形区，两者共同作用，使总的轧制压力和能

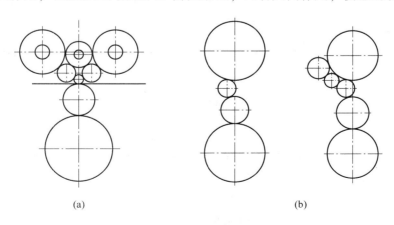

(a)　　　　　　　　　　　　　　　　(b)

图 10-8　异径轧制示意图

（a）异径多辊式轧机示意图；（b）异径单辊传动示意图

耗大幅降低。同时又采用另一个大的工作辊来传递轧制力矩和提高咬入能力，必要时还可以采用侧弯辊技术来控制板形。这些优点使得异径轧制可在相同的原料和能耗的情况下，增大压下量，减少道次，提高轧机工作效率和轧薄能力，从而提高产品厚度精度和板形质量。

10.2.2　异径轧制原理与工艺特点

异径轧制通过将一个从动的工作辊的直径大幅度减小，实现大幅度降低轧制压力和力矩的效果，以及由此带来厚度精度的提高，从而产生能耗降低的效果。200mm 异径五辊轧机轧制低碳带钢轧制力的实测与理论曲线如图 10-9 所示，从图中曲线可知，压力下降的幅度随异径比值（$x = D_大/D_小$）的增大而稳定地增大。当异径比等于 3 时，轧制压力可下降约 50%。与异步轧制相比，异径轧制的降低轧制压力的效果明显的原因主要在于变形区的长度，由于从动辊的直径的大幅度减小，使得轧件与轧辊辊面的接触面积大幅度减小和单位轧制压力显著降低所致，而两者也有相似之处，异步轧制的搓轧区内有剪变形，在异径轧制的变形区内也会出现剪切变形区。

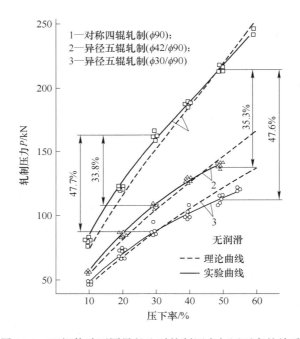

图 10-9　双辊传动不同异径比时轧制压力与压下率的关系
（料厚 $H = 1.0\text{mm}$）

在相似的轧制条件下，轧制压下量相同时，异径轧制和对称轧制的变形区长度之比随异径比 x 增大，$l_异/l_对$ 比值减小，即：

$$l_异 / l_对 = \sqrt{2} / \sqrt{1 + x} \tag{10-7}$$

因而随异径比 x 增大，$l_异/l_对$ 比值减小。当异径比 $x = 3$ 时，在同样压下量下，$l_异 = 0.7 l_对$，即接触弧长或接触面积减少了 30%。总压力等于接触面积乘单位压力，即使单位压力不变，仅接触面积就已稳定可靠地使总轧制压力下降了 30%。这说明在同样单位压力的情况下，随着异径比增大，接触区大幅度减小，与对称轧制相比可以使轧制压力减小的效果增大。随着异径比增大，小工作辊对轧件的楔入效果也随之增强，这方面还缺乏研究。

工作辊径的减小使变形区长度大幅度减小，使得金属流动的纵向摩擦阻力为之减小，从而大幅削弱了轧制变形区内金属的三向压应力状态，降低了其应力状态系数；减小了一个工作辊的直径，其咬入角增大，因而增大了正压力的水平分量，进一步改变了轧件的应力状态，减小了变形区内金属的应力状态系数；随异径比增大，可以强化小工作辊对轧件的楔入作用，使应力状态系数进一步降低。

与对称轧制相比，当压下量不变时，异径轧制的大工作辊侧的咬入角有所减小（$\Delta\alpha_1$），而小辊咬入角大大增加（$\Delta\alpha_2$），其增加量与减小量之比为：

$$\Delta\alpha_2/\Delta\alpha_1 = \sqrt{2(1+x)} + 1 \tag{10-8}$$

由此可见，α_2 角的增加量是 α_1 角减小量的 $\sqrt{2(1+x)}+1$ 倍。当 $x=3$ 时，$\Delta\alpha_2 = 2.83\Delta\alpha_1$。随异径比 x 的增加，使 α_2 增大，甚至使小辊进入超咬入角轧制状态。此时小工作辊上正压力的水平分量增加大大降低了应力状态系数，这种分析可以通过变形区单位压力分布的计算来进一步从理论上得到证实。根据压力分布公式算出的不同异径比轧制时单位压力分布曲线如图 10-10 所示，从图中可见，由于采用异径轧制，单位压力峰值不仅下降 20%~40%，而且使变形区内很长部分出现了拉应力成分，其应力状态系数小于 1，即其单位压力 p 值甚至比自然抗力 K 还要小。

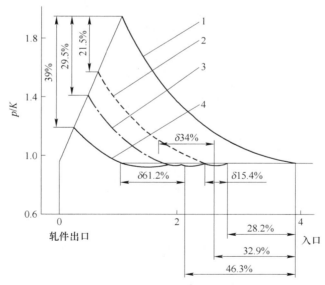

图 10-10　不同异径比值的应力状态系数
（板厚 $H=0.5$mm，压下率 $\varepsilon=50\%$，摩擦系数 $f=0.08$）
1—对称四辊，$x=1$；2—异径五辊，$x=2.14$；3—异径五辊，$x=3$；4—异径五辊，$x=5$；
异径比 $x=R_大/R_小$；$\delta(\%)=(p/K)$ 小于 1 的长度/变形区长度

值得指出的是，理论计算和实验结果都表明，在双辊传动异径轧制时，两个传动轴所担负传递的力矩并不相等，其中连接大工作辊的传动轴总是担负较小的力矩，其与总力矩的比值总是小于 0.5，在实验条件下，此比值在 0.3~0.45 之间。这种特点在设计异径轧机设备时应加以考虑。

当采用异径单辊传动轧制时，轧制压力降低的幅度就更大了，如图 10-11 所示。当异径比为 1.6~3.0 时，轧制压力可下降 30%~60%。例如，当异径比为 $\phi 90mm/\phi 42mm$，压下量为 50%，双辊转动轧制压力下降 35.3%，而单辊传动则下降 50.8%。轧制压力降了这么大是由于异径单辊传动轧制时除了异径的作用以外，还有异步的效果。单辊传动时，由于惰辊丢速而使上下工作辊存在速度差，即自然地产生一定的异步值，此异步值随压下率的增加而急剧增大。由此可见，异径单辊传动轧制时大幅度降低轧制压力主要归于异径的效果。异径单辊传动轧机降低轧制压力效果大，但其咬入能力却较差，故最适合于极薄带材轧制，而且还应施以较大的前张力才能发挥其效果。

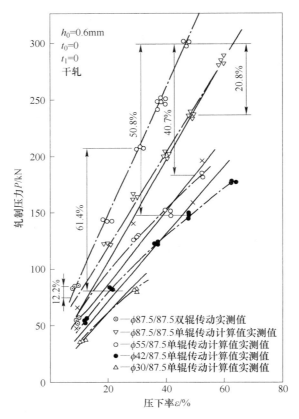

图 10-11　不同异径比单辊传动轧制压力理论及实验曲线

10.2.3　异径轧制时轧制压力的计算

异径轧制比较适合于生产冷轧薄带的场合，可以提高冷轧机的作业能力、产品的尺寸精度，降低能耗效果好。一般异径轧制压力计算公式的假设条件是以冷轧生产的条件为基础进行公式推导。

异径轧制时轧制压力的分析计算应考虑到异径的特点。但为便于理论分析，假设冷轧薄带时与两工作辊接触的变形区长度相等，变形区内各断面纵向速度和纵向应力沿轧件厚度均匀分布，且两辊中性点在同一垂直平面上，即两个工作辊中性角 γ_1 和 γ_2 所对应的弧长相等；接触面摩擦系数 μ 为常数，摩擦力 t 遵从库仑定律，即 $t = fp$（p 为单位正压力）；轧辊弹性压扁后仍为圆柱体，其辊径比 x 值不变，即 $x = R_1/R_2 = R_1'/R_2'$ 等。

按此假设条件，依据图 10-12 所示力平衡条件，列出力平衡方程式：

$$(\sigma_x + \mathrm{d}\sigma_x)(h_\theta + \mathrm{d}h_\theta) - \sigma_x h_\theta - p_{\theta_1} R_1 \sin\theta_1 \mathrm{d}\theta_1 - p_{\theta_2} R_2 \sin\theta_2 \mathrm{d}\theta_2 \pm$$
$$p_{\theta_1} f R_1 \cos\theta_1 \mathrm{d}\theta_1 \pm p_{\theta_2} f R_2 \cos\theta_2 \mathrm{d}\theta_2 = 0 \qquad (10\text{-}9)$$

式中，"+"为前滑区，"−"为后滑区；R_1 和 R_2 分别为大小工作辊辊径。

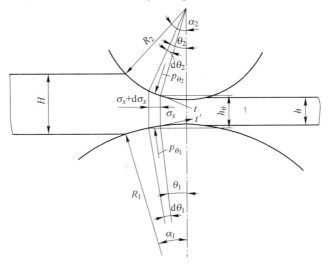

图 10-12　后滑区微分体上的受力示意图

取 $R_1/R_2 = x$，$\sin\theta_1 \approx \theta_1$，$\sin\theta_2 \approx \theta_2 = x\theta_1$，$\cos\theta_1 \approx \cos\theta_2 \approx 1$，并由假设条件 $p_{\theta_1} = p_{\theta_2}$，$p_{\theta_1} = K - \sigma_x$ 代入式（10-9）。忽略高阶小量 $\mathrm{d}\sigma_x \mathrm{d}h_\theta$，因 $(p_{\theta_1}/K - 1)\mathrm{d}(Kh_\theta)$ 远小于 $h_\theta K \mathrm{d}\left(\dfrac{p_{\theta_1}}{K}\right)$，所以忽略掉，从而可得：

$$\frac{\mathrm{d}\left(\dfrac{p_{\theta_1}}{K}\right)}{\dfrac{p_{\theta_1}}{K}} = \frac{R_1}{h_\theta[\theta_1(1+x) - (\pm 2f)]}\mathrm{d}\theta_1 \qquad (10\text{-}10)$$

对此微分方程进行求解，得单位轧制压力分布式为：

（1）在前滑区：　　　　$p_2 = p_{\theta_1} = \dfrac{Kh_\theta}{h}(1 - q_1/K)\,e^{f a_{h_\theta}} \qquad (10\text{-}11)$

（2）在后滑区：　　　　$p_1 = p_{\theta_1} = \dfrac{Kh_\theta}{H}(1 - q_0/K)\,e^{f(a_{H_\alpha} - a_{h_\theta})} \qquad (10\text{-}12)$

式中　K——带钢的变形抗力；

H，h——带钢轧前、后的厚度；

q_1，q_0——带钢轧制的前、后单位张力。

其中，a_{h_θ} 和 a_{H_α} 是中间变量，其表达式为：

$$\left.\begin{array}{l} a_{h_\theta} = 2\sqrt{\dfrac{2R_1}{(1+x)h}}\arctan\sqrt{\dfrac{R_1(1+x)}{2h}}\theta_1 \\[18pt] a_{h_\theta} = 2\sqrt{\dfrac{2xR_2}{(1+x)h}}\arctan\sqrt{\dfrac{R_2(1+x)}{2xh}}\theta_2 \\[18pt] a_{H_\alpha} = 2\sqrt{\dfrac{2R_1}{(1+x)h}}\arctan\sqrt{\dfrac{R_1(1+x)}{2h}}\alpha_1 \\[18pt] a_{H_\alpha} = 2\sqrt{\dfrac{2xR_2}{(1+x)h}}\arctan\sqrt{\dfrac{R_2(1+x)}{2xh}}\alpha_2 \end{array}\right\} \tag{10-13}$$

对上式进行积分，得总轧制压力 P 为：

$$P = R_1'B\left(\int_0^{\gamma_1} p_2\mathrm{d}\theta_1 + \int_{\gamma_1}^\alpha p_1\mathrm{d}\theta_1\right) \tag{10-14}$$

式中　R_1'——大工作辊弹性压扁后的半径；

$\quad\quad B$——带钢宽度；

p_2，p_1——前、后滑区单位轧制压力。

综上所述，异步轧制和异径轧制具有降低轧制压力、提高轧制板带材的厚度精度、减少轧制道次及节能等优点，日益受到人们的重视，并对我国中、小型板带材生产的技术改造和发展具有重要意义。与此同时，异步轧制和异径轧制的自然咬入较为困难、传动力矩分配不均，尤其异步轧制易出现轧制振动，仍须进一步研究、改进和完善。

10.3　材料性能不对称的轧制

材料性能不对称的轧制主要出现在双金属复合板的轧制中。随着科学技术的迅猛发展，传统产业深入发展和一批高新技术产业的相继涌现，对材料的使用性能提出了更高、更苛刻的要求。单一金属或者合金在很多情况下很难满足工业生产对材料综合性能的要求。或者为了适应可持续发展，节能降耗、降低成本。另外，地球上的稀贵金属在逐年减少，而市场对稀贵金属的需求量却不断增长。为了节约贵重金属材料、降低生产成本，国内外材料工作者正致力于研究和开发新型的金属材料——双金属或多金属复合材料。双金属复合材料是科学技术进步和适应当代生产而发展起来的跨学科的新兴领域。由于双金属的复合技术还处在技术研究阶段，对不同种金属的复合机理研究较多，而对其轧制工艺、轧制压力的研究较少，这里只简单介绍一下复合轧制的特点。

10.3.1　双金属复合轧制特征

一般情况下，双金属复合轧制是将两种或两种以上的不同种金属板材复合到一起的轧制，大致的变形过程如图 10-13 所示。但从该图上看不出与普通单一材料的轧制有什么不同。但实际上不同种材料在相同的加工条件下，由于变形能力的不同会表现出不同的变形特征，变形抗力小的金属的变形速度会大于变形抗力大的金属，因此也就产生了变形不一致问题。变形快的金属牵引着变形慢的金属变形，同时变形慢的金属限制着变形快的金属变形。

轧件在对称轧制中，一般认为沿同一高度断面上质点变形均匀，其运动水平速度相同。显然，这一结论对于轧件不对称轧制时是不适用的。冷轧双金属复合板带时，除了很有限的范围内轧件沿高度断面上的水平速度相等外，在其余的变形区内（不论是前滑区还是后滑区），轧件沿每一断面高度的速度均不相等，尤其是在出口侧这种差别更为明显，如图 10-14 所示。

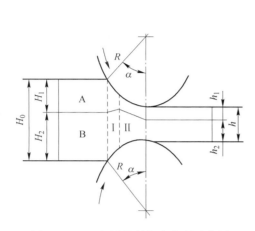

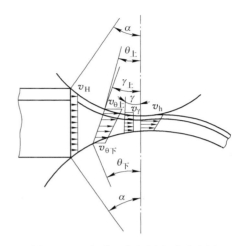

图 10-13 双金属轧制复合变形示意图   图 10-14 变形区内金属流动速度图

10.3.2 双金属非对称轧制的前滑特点

与单一金属轧制过程一样，双金属复合轧制也存在着前滑区和后滑区。与单一金属轧制不同的是，前滑过程对双金属复合强度有较大的影响，这一点已经为大量的研究工作所证实。由于复合轧制与普通单一材料的轧制不同，其前滑值的确定方法也不同。由图 10-15 和图 10-16 可知，变形率与前滑的关系为：无论是硬态金属还是软态金属，前滑值 S_h 都是随变形率 ε 的增加而增加；无论变形率的大小，两种复合板轧制时，钢基材板的前滑都小于复合材板，这说明前滑与材料性能和摩擦系数有关。要减小前滑值必须适当控制变形率，而过小的变形率又不能实现复合轧制。轧制速度与前滑的关系为：轧制速度对前滑的

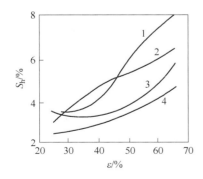

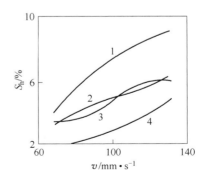

图 10-15 不对称轧制时变形率与前滑的关系
1—不锈钢；2—铜；3—不锈钢-钢复合板；
4—铜-钢复合板

图 10-16 不对称轧制时变形速度与前滑的关系
1—不锈钢；2—铜；3—不锈钢-钢复合板；
4—铜-钢复合板

影响很大，随着轧制速度的提高，前滑值增加很快，尤其是相对较硬金属。当轧辊圆周速度一定时，与轧辊接触的双金属表面的前滑完全不同，且随着轧制速度的提高，两侧面的前滑值相差更大。尽管轧件很薄（轧后厚度仅有 $0.3 \sim 0.7mm$），但两侧面的前滑值差却达 30% 以上。因此，在可能的情况下复合轧制应采用较小的轧制速度。

由于双金属在相同工艺条件下，抗力小的金属变形速度大，所以金属流出变形区后向硬金属侧翘曲。为了解决这种现象，一般采取对称组料，从而实现对称轧制。在材料的变形抗力相差较大的情况下，轧制过程中可能会发生轧机振动现象，使轧件表面出现横向的明暗相间的条纹，影响产品的质量。综合分析轧机产生振动的原因有：材料的变形抗力差，摩擦，有无张力等因素。由于复合板的需求量与日俱增，研究其不对称轧制情况下的轧制压力规律及其轧制特点必将得到充分的重视。

习　　题

10-1　什么是异步轧制，通常异步轧制分哪几种形式，怎样实现异步轧制？

10-2　简述异步轧制的优缺点，目前国内采用异步轧制技术有何现实意义？

10-3　什么是异径轧制，它和异步轧制有何异同？

10-4　复合板不对称轧制理论的现状如何？

第 2 篇　金属挤压理论

11　金属挤压概述

金属挤压是将金属坯料置于挤压模中，施压使之从模孔中挤出从而获得一定断面形状尺寸和组织性能的棒材、型材、管材的塑性加工方法。

挤压法主要用于断面形状复杂、尺寸精确、表面质量较高的有色金属管、棒、型线材生产，也可用于无缝钢管生产。由于挤压方法具有改善塑性、温度稳定的特点，适用于复杂断面、薄壁或超厚壁管、型材的塑性成形。

11.1　挤压的基本方法

金属挤压的方法有多种，最基本的方法有正挤压和反挤压两种。正挤压是指金属流动方向与挤压杆运动方向一致，而且坯料与挤压筒之间有相对运动，反挤压是指金属流动方向与挤压杆方向相反，其坯料与挤压筒之间没有相对运动，如图 11-1（a）和（b）所示。图 11-1 为常用的实心件挤压方法示意图。

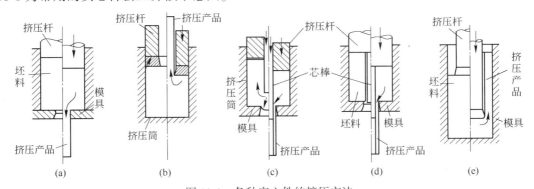

图 11-1　各种实心件的挤压方法

（a）正挤压；（b）反挤压；（c）管材正挤；（d）空心管坯正挤管材；
（e）实心坯反挤带杯底管材

各种挤压方法按不同加工状态的分类见表 11-1。

表 11-1　挤压方法分类

按挤压方向	按润滑方式	按挤压温度	按挤压速度	按模具种类	按坯料形式	按产品类型
正挤压	无润滑	冷挤压	低速挤压	平模挤压	圆坯料	管材挤压
反挤压	常规润滑	热挤压	高速挤压	锥模挤压	扁坯料	型材挤压

续表 11-1

按挤压方向	按润滑方式	按挤压温度	按挤压速度	按模具种类	按坯料形式	按产品类型
侧　挤	玻璃润滑	温挤压	超高速挤压	分流模挤压	多坯料	变断面型材
	静液挤压	—	—	带芯棒挤压	复合坯料	单孔挤压
						多孔挤压

11.2　挤压法的优缺点

11.2.1　挤压的优点

挤压有以下优点：

（1）坯料在挤压筒内受强烈压应力作用，塑性条件改善，提高了成形能力，有利于难变形、脆性金属材料的成形。

（2）可加工其他方法难以成形的复杂断面异形材，如图 11-2 所示。

（3）温度变化小，产品尺寸精确、组织均匀、表面质量好。

（4）变形量大，可实现一次成形，车间占地面积小，能耗低。

（5）生产灵活性好。产品断面取决于单一模具的模孔形状，新断面产品的设备工具投入费用低，易于更换，生产周期短。适用于少批量多规格产品的成形加工。

11.2.2　挤压的缺点

挤压有以下缺点：

（1）工具消耗大。挤压过程中，工具、模

图 11-2　各种断面的挤压产品

具在高温、高压下磨损较大，须经常更换，增加了辅助时间，同时提高了工具制造费用。

（2）成批生产时，辅助时间长。能够一次挤压成形的坯料体积取决于挤压机能力和模具尺寸，在成批生产时，进料、出料、工具更换、清扫模具、润滑等的停机时间长，为了提高效率，只能设置大容量挤压机和大体积坯料。

（3）成材率低。挤压终了时的压余和挤压缩尾需要加以切除，压余一般占坯料体积重量的 10%~15%，正挤时还受到坯料长径比（$L_p/D_p = 3 \sim 4$）限制，相对损耗较大。

（4）挤压润滑剂的使用和处理将增加生产成本。

11.3　挤压技术的发展历史

与轧制和锻压等塑性加工方法相比，挤压法出现较晚。1797 年，英国人 S. Braman 设计了世界上第一台用于铅挤压的机械式挤压机。1820 年，英国人 B. Thomas 设计制造了由挤压筒、可更换挤压模、装有垫片的挤压轴和随动挤压针所构成的液压式铅管挤压机。此后，管材挤压得到了较快的发展。Tresca 屈服准则就是法国人 Tresca 在 1864 年通过铅管的挤压实验而建立的。1870 年，英国人 Haines 发明了铅管反向挤压法。1879 年，法国的

Borel、德国的 Wesslau 先后开发了铅包覆电缆生产工艺，成为世界上采用挤压法制备复合材料的历史开端。约在 1893 年，英国人 J. Robertson 发明了静液挤压法，但当时这种方法的应用价值未受重视，直到 1955 年才开始得以实用化。1894 年，英国人 G. A. Dick 设计了第一台可挤压熔点和硬度较高的铜合金挤压机，其操作原理与现代的挤压机基本相同。1903 年和 1906 年美国人 G. W. Lee 申请并公布了铝、黄铜的冷挤压专利。1910 年出现了铝材挤压机，1923 年 Duraalu-minum 最先报道了采用复合坯料成形包覆材料的方法。1927 年出现了可移动挤压筒，并采用了电感应加热技术。1930 年欧洲出现了钢的热挤压，但由于当时采用油脂、石墨等作润滑剂，其润滑性能差，存在挤压制品缺陷多、工模具寿命短等致命的弱点。钢的挤压真正得到较大发展并被用于工业生产，是在 1942 年发明了玻璃润滑剂之后。1941 年，美国人 H. H. Stout 报道了铜粉末直接挤压的实验结果。1965 年，德国人 R. Schnerder 发表了等温挤压实验研究结果，英国的 J. M. Sabroff 等人申请并公布了半连续静液挤压专利。1971 年，英国人 D. Green 申请了 Conform 连续挤压专利之后，挤压生产的连续化受到重视，并于 20 世纪 80 年代初实现了工业化应用。

11.4　挤压技术的发展趋势

挤压技术的发展是从软金属到硬金属，从手工制作到机械化、半连续化、连续化的过程。近半个世纪以来，先进工业化国家对建筑、运输、电力、电子电器用铝合金挤压型材需要量不断剧增。最近 20 年来高速发展的工业自动化和计算机模拟、控制技术逐步满足了挤压制品断面形状复杂化、尺寸大范围化、高精度化、性能均匀化、产品设计制作优化等的要求。企业高效生产和高剩余价值产品的追求，不断促进了挤压技术的迅速发展。今后现代挤压技术将在以下几个方面研究开发与应用：

（1）进一步发展小断面超精密型材与超大型型材的挤压、等温挤压、水封挤压、冷却模挤压、高速挤压等正向挤压技术。

（2）进一步研究反向挤压、静液挤压技术及扩大应用范围。

（3）进一步研究以 Conform 为代表的连续挤压技术的实用化。

（4）进一步研究各种特殊挤压技术，如粉末挤压、以铝包钢线和低温超导材料为代表的层状复合材料挤压技术。

（5）研究半固态金属挤压、多坯料挤压等新方法。

（6）进一步研究大尺寸金属铸锭的热挤压开坯至小型精密零件的冷挤压成形，粉末和颗粒料为原料的直接挤压成形到金属间化合物、超导材料等难加工材料的挤压加工等方面。

（7）进一步开展挤压工艺系统仿真的研究，应用计算机技术、系统工程和人工智能技术优化挤压工艺过程。

习　题

11-1　什么是挤压，挤压同其他压力加工方法相比较有什么优缺点？

11-2　挤压方法分几类？

11-3　试比较正向挤压与反向挤压的特点。

12　挤压时金属的流动

挤压时金属的流动规律的研究对于产品的组织性能、表面质量、外形尺寸和精度、工艺制度制定和工模具设计等有着重要意义。金属挤压流动研究方法有坐标网格法、低倍和高倍组织法、视塑性法、云纹法和硬度法等。

12.1　正向挤压圆棒材时金属的流动

正挤压法在生产中使用普遍，按金属流动特征和挤压力变化规律，挤压过程可分为三个阶段，分别为开始（填充）挤压阶段、基本（平流）挤压阶段和终了（紊流）挤压阶段。挤压过程的挤压力变化曲线如图 12-1 所示。

12.1.1　开始挤压阶段金属的流动行为

开始挤压阶段又称作填充挤压阶段，此阶段受镦粗变形，金属填充装料间隙（装料间隙 $\Delta D = 1 \sim 15\text{mm}$），直至填充完毕，期间部分端部金属会流出模孔。挤压填充系数为：

$$\lambda_\mathrm{c} = \frac{F_0}{F_\mathrm{p}} = 1.05 \sim 1.1 \qquad (12\text{-}1)$$

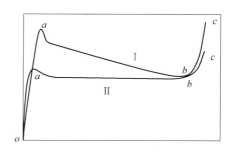

图 12-1　挤压力变化曲线
Ⅰ—正挤压；Ⅱ—反挤压；
oa—开始挤压阶段；*ab*—基本挤压阶段；
bc—终了挤压阶段

式中　F_0——挤压筒内孔横截面积，mm^2；

　　　F_p——坯料横截面积，mm^2。

填充挤压阶段的变形过程如图 12-2 所示。挤压杆开始施力时，坯料受到轴向应力，当坯料的长径比小于 4 时，金属屈服后首先产生鼓状变形［见图 12-2(a)］，从而可使模腔中出现密闭空间［见图 12-2(b)］，其中的空气和润滑剂燃烧残余物在高压作用下能够进入坯料侧面受镦粗所产生的微裂纹中，导致最终的"气泡"缺陷或"起皮"缺陷。因此，坯料的长度与直径之比应小于 3~4，或可采用梯度加热方式，使坯料靠近模孔端温度较高，使之首先填满模孔附近。同时注意装料间隙 ΔD 不宜过大，以免填充阶段坯料被压弯，造成金属的复杂流动，影响成形质量。

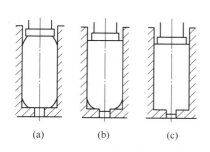

(a)　　(b)　　(c)

图 12-2　填充过程变形示意图

采用卧式挤压机对实心坯料挤压管材时，穿孔须在填充挤压完成之后进行，否则因坯料垂于挤压筒下侧，将导致产品偏心。

当填充挤压力足以使模孔周围金属的切应力达到剪切屈服极限时（$\tau = k$），这部分金属首先从模孔中流出，此时挤压力达到最大值，可认为填充挤压阶段基本结束。事实上模孔周围的部分金属还可能在后续的施力过程中继续填充少量侧隙，这种情况因材料和工艺状况而异。

12.1.2　基本挤压阶段金属的流动行为

基本挤压阶段又称平流挤压阶段，是金属从模孔中平缓稳定流出直至正常断面金属材料挤压完成的阶段，是产品成形的主体阶段。用挤压比 λ 表示这一阶段的变形程度为：

$$\lambda = \frac{F_0}{F_1} \tag{12-2}$$

式中　F_0——挤压筒内孔横截面面积，mm^2；

　　　F_1——挤压件横截面面积，mm^2。

基本挤压阶段金属受力和变形状态如图12-3所示。由图可见，作用于金属上的外力有：挤压杆正压力 P、挤压筒筒壁和模孔孔壁的反力 N、金属与挤压垫、挤压筒与模孔接触面上的摩擦力 T。所有这些力决定了基本挤压阶段的金属呈三向压应力状态，这种应力状态对提高金属的塑性有利。基本挤压阶段金属的应变状态为：轴向延伸变形 ε_1、径向

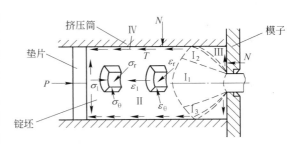

图12-3　基本挤压阶段金属受力
和变形状态图示

压缩变形 ε_r、周向压缩变形 ε_θ，不同区域，应变值大小不同。

在 I_1 区，由于模口外无任何力的作用，$\sigma_1 = 0$。当 P 继续加大到一定值，径向压应力 σ_r 及周向压应力 σ_θ 增加到满足塑性条件时，坯料开始发生塑性变形，金属流出模孔，形成 I_1 区。I_1 区为三向压应力状态，径向压应力 σ_r 及周向压应力 σ_θ 都大于轴向压应力 σ_1，变形状态为轴向延伸变形 ε_1，径向压缩变形 ε_r，周向压缩变形 ε_θ。

I_2 区处在 I_1 区周围，呈三向压应力状态，对应的变形状态为轴向压缩变形 ε_1，周向压缩变形 ε_θ，径向延伸变形 ε_r。

I 区由 I_1 与 I_2 区构成，为塑性变形区，I_1 区称为延伸变形区，I_2 区称为压缩变形区。

II 区为弹性变形区，其应力状态与 I 区相似，但是未满足塑性条件，随着挤压过程的进行，此区坯料不断进入 I 区，I 区不断扩大。

III 区为"死区"，其应力状态为近似三向等值应力状态，实际是处在弹性变形状态。在挤压过程中此区不断变小。

死区形成的原因：坯料在前端受到模端面摩擦力的作用，金属的流动受到阻碍，又因这部分金属处在挤压筒和模具形成的"死角"处，受冷却作用，使塑性降低，强度升高，不易流动，而形成难变形区，即称为"死区"。

影响死区大小的因素有模角、模孔的位置、挤压比、摩擦力以及金属强度等。

IV 区为剪切变形区，即坯料与挤压筒间的摩擦作用以及 I 区与 III 区间强烈的剪切作用

（存在激烈的滑移区），可使金属达到临界切应力，产生塑性剪切变形，促使Ⅱ区的金属进入Ⅰ区。

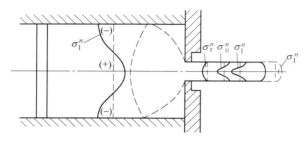

图 12-4　棒材单孔正挤时的内应力分布

由于挤压时，塑性变形区轴向流动速度中心部分快、外围部分慢，而出模口后的外端和坯料弹性变形区，则限制变形区的不均匀变形，所以产生如图 12-4 所示的内应力。棒材头部的附加应力 σ_1^n 常使塑性较差的金属产生头部裂开花，而棒材表面的附加应力 σ_1^n 则是表面周向裂纹的根源。弹性变形区的附加应力 σ_1^n 促使塑性变形区范围扩大，在挤压临近终了时，附加应力 σ_1^n 的中间拉应力还能促使中心缩尾的形成。

基本挤压阶段金属流动特点随着挤压条件的变化而不同，在通常情况下，坯料的内外层金属在此阶段内不发生交错或反向紊乱流动，原来中心或边部的金属，挤压后仍在挤压制品的中心或边部。

单孔锥形模不润滑正向挤压金属圆棒的流动情况如图 12-5 所示。由图可见，原来平行于挤压轴线的各条纵向线，在变形后，除了前端部分外，基本上仍保持为平行线，这说明金属在基本挤压阶段未发生紊流，金属近似平流状态。

这些纵向线在进入和流出变形区压缩锥时，都要发生两次方向相反的弯曲。

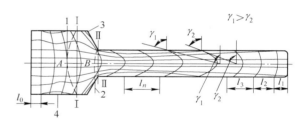

图 12-5　正向挤压实心棒材坐标网格的变化
1—变形区压缩锥部分的起点；
2—变形区压缩锥部分的终点；3—弹性区（死区）；4—细颈；
Ⅰ—Ⅰ—模孔入口平面；Ⅱ—Ⅱ—模孔出口平面

第一次是在进入变形区压缩锥平面Ⅰ—Ⅰ之前，第二次弯曲是从变形区出口平面Ⅱ—Ⅱ流出之前。如果把每条纵向线开始和终了的弯曲点连接起来，则可得到两个均匀的轴对称曲面，如Ⅰ—A—Ⅰ、Ⅱ—B—Ⅱ的两条虚线所示。这两个曲面朝着与金属流动方向相反的方向凸出，由这两个曲面和模子附近的弹性区（死区）所形成的回转曲面的体积，就是金属正挤压时的变形区压缩锥，即塑性变形区。

塑性变形区随内外部条件的变化而变化。纵向坐标线有时在未进入塑性变形区之前距离垫片不远处发生明显的弯曲，形成细颈。产生的原因主要是坯料外层的金属在挤压筒壁上的摩擦力作用下，落后于内层的金属，而挤压垫片上的摩擦力阻碍着金属变形，当挤压垫片作用在锭坯上的压力达到一定数值后，外层金属则开始向中心部分压缩而形成细颈。

在变形区内，各条纵向线的弯曲程度从周边向中心逐渐减小，这说明距离中心层越远的金属，其相对变形程度越大。

所有原来垂直于挤压轴线的各条横向直线，在变形后都朝着金属流出方向发生轴对称性的弯曲凸出。这是由于周边层的金属受到挤压筒内壁摩擦力作用（无润滑）而使其流动比中心层滞后所造成的，说明金属变形不均匀。

在正常挤压条件下，除了少数密集在制品前端的横向线外，其他横向线都变成为近似于双曲线的形状。这些曲线的顶部由前（压出端）向后逐渐变尖，这说明这些横向线在进入变形区之前，由于挤压筒内壁摩擦力的影响已使其发生弯曲，距离变形区越远的横向线，在挤压筒内的移动距离越长，所受摩擦力的影响越大，其弯曲程度越大，顶点也越尖。横向坐标线的弯曲程度，由棒材的前端往后端逐渐增加，其线间距离也逐渐增大，当到一定位置趋于稳定不变。这说明在挤压制品的长度方向上，金属变形也是不均匀的。

从横向线的弯曲程度可知，在挤压制品的所有环形层上，除了要发生剪切变形外，金属还要发生基本的延伸变形和压缩变形。

剪切变形量的大小是由中心向周边逐渐增加的。这说明在挤压制品的同一横断面上，其变形程度也是不均匀的。挤压后的坐标网格也存在着畸变，中间的方格子变为近似矩形，外层的方格子变为近平行四边形，这说明外层金属除了受到延伸变形外，还受到附加剪切变形，其切变角 γ 由中心层向外层、由前端向后端逐渐增加。

前端头具有如下变形特点：

（1）制品前端头部横向线的弯曲程度较小，说明前端头部金属的变形量很小。例如，在挤压大直径棒材时，由于前端变形量太小，常保留着一定的铸造组织，故在生产工艺规程中都规定在挤压制品的前端一律要切去一定长度的几何废料。

（2）在相同条件下，采用锥形模挤压时，由于坯料前端头面上有一部分表面转移到制品的侧表面，故采用锥形模挤压时，其前端头部的变形量比采用平模时大得多。

12.1.3   终了挤压阶段

挤压过程中，当挤压筒中锭坯长度减小到接近变形区压缩锥高度时的金属流动阶段称为终了（紊流）挤压阶段。在此阶段挤压力升高，其原因是在挤压后期金属径向流动增加，另外，金属温度较低，变形抗力升高，塑性降低，若挤压继续进行，挤压力就得升高，但是挤压力再增加时，死区的金属就要被挤出来，这对制品的质量有影响。因此，在挤压结束阶段要留有压余。

金属在挤压结束阶段的流动速度，主要是使金属径向流速增加。以平模挤压为例，径向流速的增加与铸坯的高度和金属质点的位置有关，变形区中的锭坯高度越大，则流速越小，金属质点越接近模孔，流速越大。这是由于在垫片未进入变形区压缩锥之前，变形区中的体积并未减少，进入变形区多少金属，从模孔中就流出多少金属，当垫片进入变形区压缩锥后，变形区中的体积减小，而在挤压速度 v_j 和挤压比 λ 不变的条件下，金属从模孔的流出速度为 $v_1 = \lambda v_j$，v_j 不变，要求向模孔中供应的金属秒体积也不变，这必然引起金属径向流速增加。由于在挤压结束阶段金属与垫片和模子的接触面不变，而金属与挤压筒的接触面减少得不多，并且金属沿挤压筒的滑动速度不大，等于 v_j。因此，必将引起消耗于金属内部滑动上的功率增加，而使挤压力增大。

挤压末期压余很薄时，金属流动不均匀会造成挤压缩尾缺陷。挤压缩尾有中心缩尾、环形缩尾和皮下缩尾三种类型，如图 12-6 所示。

（1）中心缩尾。坯料被挤出模孔而未变形区变短时，后端难变形区渐渐变小，挤压垫对金属的高压作用和冷却作用使接触面产生黏结出现难变形区，从而使得后端金属难以克服黏结力，纵向补充到流动速度较快的内层，但却容易克服与难变形区界面之间的剪切

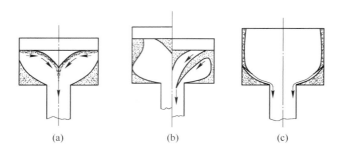

图 12-6　形成缩尾的金属流动情况

（a）中心缩尾；（b）环形缩尾；（c）皮下缩尾

力产生径向偏出口方向的流动，补充中心部位金属的不足，从而形成中心漏斗状空缺。

中心缩尾现象使得坯料后端的表面氧化物等容易聚集到坯料中心部位，进入制品内部。反挤时金属流动较为均匀，所形成的缩尾短得多。

（2）环形缩尾。无润滑挤压的结束阶段，若坯料外层金属的温度显著降低，金属变形抗力增高，同时坯料与挤压筒接触面上的摩擦力变大，在坯料与挤压筒接触面不易产生滑移，同时挤压垫上存在难变形区，靠近挤压垫和挤压筒交界角落处的金属沿着后端难变形区的界面流向制品中间层，坯料表面的氧化物和油污等容易沿着难变形区进入金属内部，从而形成环形缩尾。

（3）皮下缩尾。在挤压终了阶段，当死区与塑性流动区界面因剧烈滑移使金属受到很大剪切变形而撕裂时，坯料表面的氧化层、润滑剂、污物会进入断裂面，同时死区金属逐渐流出模孔包覆在制品表面，从而形成皮下缩尾。

减少缩尾的主要措施是保留压余或脱皮挤压。

棒材多孔挤压时，与单孔挤压相比，有多个变形区。每个模孔都对应一个小变形区，其应力-应变特点、不均匀流动情况均与单孔挤压时相似。但对整个坯料而言，不均匀变形程度比单孔挤压小。

12.2　反向挤压时金属的流动

反向挤压过程中，由于空心挤压杆前端的模子相对挤压筒运动，坯料与挤压筒之间不存在相对滑动，塑性变形区很小并且集中在模孔附近，其最大高度为挤压筒内径的一半。因此，反挤时挤压力较小并且平稳。

反挤时金属流动状态与正挤有很大不同，在相同工艺条件下，反挤时只有模孔附近的金属发生剧烈变形，金属流动较正挤时均匀得多，并且在挤压终了时一般不会发生紊流现象，出现制品缩尾的倾向小得多。因此，反挤压压余厚度可比正挤减少一半以上。

反挤时，模具对金属的作用力使得金属表层承受挤压筒壁的摩擦力方向与金属流出模孔的方向一致，所以死区很小，难以对坯料表面的杂质和缺陷起到阻滞作用，因而会降低表面质量。同时，反挤时的应变状态比较均匀，金属在挤压筒内的平均压应力小于正向挤压，对金属的组织状态改善程度不如正挤，制品的力学性能较低。

反挤时作用于金属的力示意图如图 12-7 所示，反挤与正挤时金属流线情况比较如图 12-8 所示。

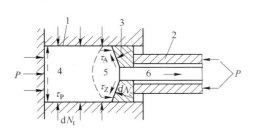

图 12-7　反挤时作用于金属的力示意图

1—挤压筒；2—挤压杆；3—挤压模；

4—坯料；5—塑性变形区；6—制品

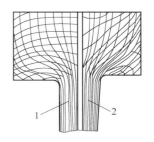

图 12-8　反挤与正挤时金属流线情况

1—反挤压；2—正挤压

12.3　影响挤压时金属流动的因素

金属在挤压成形过程中，断面形状发生极大变化，并产生很大延伸，受挤压模具形状的制约，金属在挤压过程中显然存在极大的流动不均匀性。此外，金属的流动还受到多种因素的影响，了解这些影响因素，对于产品质量分析和控制以及工艺制度制定有着重要意义。

12.3.1　挤压方法的影响

金属流动特点首先取决于所采用的挤压方法，方法不同，金属变形规律也不同。一般情况下：反挤比正挤金属流动均匀；润滑挤压比不润滑挤压金属流动均匀；冷挤压比热挤压金属流动均匀；有效摩擦挤压比其他挤压方法金属流动均匀。

挤压方法对金属流动的影响主要通过改变接触摩擦条件实现。采用有效摩擦挤压时，挤压筒可动，挤压筒沿金属流动方向以高于挤压轴的速度运动，相当于挤压筒拉着锭坯前进，从而使挤压筒作用于锭坯的摩擦力方向与通常的正挤压时方向相反，摩擦力促使金属向模孔中流动，金属流动较为均匀。该方法的主要优点是：制品的组织性能、力学性能分布与通常的反挤压（挤压筒和锭坯同步同速运动）相似，制品变形均匀，没有缩尾缺陷，锭坯表面层在变形区中产生的附加拉应力比通常反挤压时小，可以显著提高金属流动速度。

12.3.2　外摩擦条件的影响

接触摩擦力，特别是挤压筒壁相对于金属的摩擦力对金属流动影响最大。有时会对金属流动均匀性起不良作用，如正挤压过程，有时可以对金属流动起积极作用；如有效摩擦挤压法的摩擦力可以作为推动力实现挤压过程。

用实心锭坯挤压管材，用来穿孔的工具称为穿孔针。穿孔针挤压管材时，先穿孔后挤压，坯料中心部分金属受到穿孔针的摩擦和冷却作用，降低了中心部分金属的流速，从而使流动较为均匀，减少了缩尾长度。

挤压方法、合金的种类对金属流动均匀性的影响，主要通过外摩擦的变化而产生。平模挤压时金属的流动可以分为如图 12-9 所示的四种类型，它们主要取决于坯料与工模具之间的摩擦的大小。

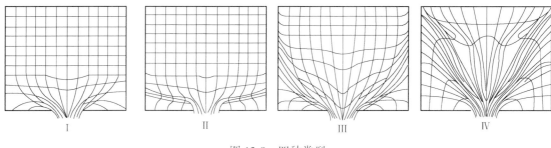

Ⅰ　　　　　　　Ⅱ　　　　　　　Ⅲ　　　　　　　Ⅳ

图 12-9　四种类型

Ⅰ型流动是一种理想的流动类型，几乎不存在金属流动死区。这一类型只有坯料与挤压筒壁和模面之间完全不存在摩擦（理想润滑状态）的时候才能获得，实际生产中很难实现。模面处于良好润滑状态的反挤压、钢的玻璃润滑挤压接近这一流动类型。虽然静液挤压接近于理想润滑状态，但由于所用挤压模一般为锥模，其流动与Ⅰ型流动有较大差别。

Ⅱ型流动为处于良好润滑状态挤压时的流动类型，金属流动比较均匀。处于较好润滑状态的热挤压、各种金属与合金的冷挤压属于这一流动类型。实际的有色金属热反挤压时的金属流动类型接近于Ⅱ型流动，或者介于Ⅰ型和Ⅱ型之间。

Ⅲ型流动主要为发生在低熔点合金无润滑热挤压时的流动类型。例如，铝及铝合金的热挤压。此时金属与挤压筒壁之间的摩擦接近于粘着摩擦状态，随着挤压的进行，塑性区逐渐扩展到整个坯料体积，挤压后期易形成缩尾缺陷。

Ⅳ型流动为最不均匀的流动类型。当坯料与挤压筒壁之间为完全的粘着摩擦状态，且坯料内外温差较大时出现。较高熔点金属（如 $\alpha+\beta$ 黄铜）无润滑热挤压且挤压速度较慢时，容易出现这种流动行为。此时坯料表面存在较大摩擦，且由于挤压筒温度远低于坯料的加热温度，使得坯料表面温度大幅度降低，表层金属沿筒壁流动更为困难而向中心流动，导致在挤压的较早阶段便产生缩尾现象。

12.3.3　工具结构与形状的影响

与挤压件直接接触而产生影响的工具有三个，它们是挤压模、挤压筒和挤压垫，这些工具的结构和形状直接影响被挤压金属的流动。

（1）挤压模。挤压模的类型、结构、形状和尺寸对金属流动有显著影响。按挤压筒内的金属流动状态，分流模挤压比直流模挤压金属流动均匀，如图 12-10 和图 12-11 所示；多孔模挤压比单孔模挤压金属流动均匀。但多孔模挤压时会产生各模孔金属流出速度不一，从而使得挤出后的制品长短不一，其原因在于塑性变形区提供给各模孔的金属流量不同，如图 12-12 所示。

分流模和多孔模挤压与直流模挤压相比，不易产生缩尾现象。可以将分流模视作多孔模的一种特例。组合式分流模是挤压带孔异型材或管材的常用模具，坯料在挤压力作用下被模具的过桥分流而进入模孔，在高压下经焊合被挤出模孔成形。期间，过桥对中心部分的金属流动起到一定的阻碍作用，使得金属流动比较均匀。

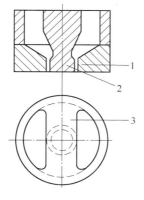

图 12-10　分流模结构

1—外模；2—舌芯（内模）；3—过桥

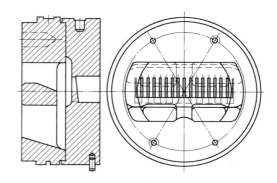

图 12-11　散热器铝型材组合式分流模

　　挤压模角是挤压模面与挤压轴线之间的夹角，其对金属流动的均匀性有重要影响。一般来说，模角越大，金属流动越不均匀。使金属能够获得较为均匀流动的模角与挤压比大小有关。挤压比较小时模角对金属流动的影响如图 12-13 所示。

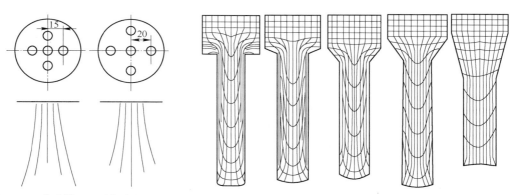

图 12-12　多孔模配置对各孔流量的影响　　　　图 12-13　挤压比较小时模角对金属流动的影响

　　模孔定径带长度对金属流动的均匀性也有重要影响，是调节金属流动的主要参数。

　　（2）挤压筒。挤压筒内孔形状常用圆形，但根据被挤压金属的形状，可设计成扁圆等异形挤压筒形状，其原则是断面形状相似，可使金属流动较为均匀，同时可降低挤压力。模孔配置可考虑采用与挤压筒内孔重心重合的方法。

　　（3）挤压垫。挤压垫与坯料接触的工作面可以是平面、凸面或凹面形状。凸面用于采用穿孔针的管材挤压，此时挤压模一般为锥模，在挤压过程中不容易产生死区，凸面垫可以减少压余，提高成材率。凹面垫用于坯料对接的无压余挤压。由缩尾形成原理可知，对于易形成中心缩尾的棒材挤压，采用凹面垫可以防止过早产生缩尾。凸面垫和凹面垫一般用于特殊用途，若用于普通的棒材或实心型材挤压，则凸面垫增加金属流动的不均匀性，凹面垫则可降低金属流动的不均匀性，平面垫的效果则介于二者之间，因而普通挤压中几乎均使用平面垫。

12.3.4　变形程度和变形速度的影响

　　一般来说，当其他条件相同时，大挤压比使变形程度增加，随着模孔的减小，外层金属向模孔中流动的阻力增大，使中心部位和表层部位的金属流动速度差增大，金属流动均匀性下降。但当变形程度增加到一定程度后，剪切变形深入到内部，开始向均匀方面流动转化。研究表明，当挤压比达到一定程度（85%以上时），挤压时金属流动趋于均匀，挤压件中心部位和表层部位的力学性能也趋于均匀。

在挤压时，金属各部分体积的流动速度是不相同的，由关系式 $v_1 = \lambda v_j$ 可知，速度与变形程度有密切的关系，当其他条件相同时，挤压比 λ 与流出速度 v_1 成正比。通常是挤压速度 v_j 增大，不均匀流动加剧，附加应力增大，挤压制品会出现周期性周向裂纹或破裂。尤其是铝合金挤压，常由于挤压速度快而出现裂纹。挤压速度的影响通过下述三方面起作用：

（1）挤压速度高，流动更不均匀，附加应力增大。

（2）挤压速度提高，来不及软化，加快了加工硬化，使金属塑性降低。

（3）挤压速度的提高，增加了变形热效应，使铸锭温度上升，可能进入高温脆性区，降低金属加工塑性。

在实际生产中，常将温度和挤压速度统筹考虑，在挤压温度高时，就需要适当地控制挤压速度。温度较低时，可适当提高挤压速度，以保证产品质量。

12.3.5　制品形状的影响

挤压件断面对称性、宽高比、壁厚差异、比周长（周长与断面积之比，表示断面复杂程度的参数）均对金属流动均匀性产生影响。断面对称性差、宽高比大、壁厚差异大、比周长大的挤压件，挤压时的金属流动均匀性差。采用穿孔针挤压管材比挤压同样直径棒材的金属流动均匀性好，这是因为穿孔针（芯棒）占据了中心流速较快的区域，管材壁厚范围内的变形区应力状态变化比棒材径向应力状态变化小得多的缘故。

12.3.6　材质的影响

材质的影响主要体现在两个方面，一是金属的强度，二是变形条件下坯料的表面状态。其实质都是通过所受外摩擦影响的大小起作用。一般而言，强度高的金属比强度低的金属流动均匀，合金比纯金属挤压流动均匀。这是因为在其他条件相同的情况下，强度较高的合金与工模具之间的摩擦系数降低，摩擦的不利影响相对减少。在热挤压条件下，不同金属的表面状态不同，金属流动均匀性不同，例如，纯铜表面的氧化皮具有较好的润滑作用，所以纯铜挤压时的金属流动均匀性比 α 黄铜（H80、H62、HSn70-1 等）的均匀，而 α+β 黄铜（H62、HPb59-1）、铝青铜、钛合金等挤压时金属流动均匀性最差。

生产实践表明，轻合金在挤压过程中，最基本的工艺特点之一是对工具的黏结作用十分敏感，这种黏结会产生很大的接触摩擦力，由此产生的应力接近于金属的剪切屈服强度，将使锭坯表面层和中心层之间的剪切变形产生很大差异，加剧金属流动的不均匀性。钛合金的挤压温度高，导热性差，断面和长度上温度梯度大，导致金属流动不均匀程度大。铝镁合金的挤压温度比较低，导热性好，沿断面和长度上温度梯度小，在一定程度上可以改善金属流动的不均匀性。

12.3.7　变形温度的影响

挤压温度主要通过以下几个方面对金属流动产生影响：

（1）坯料的温度分布。锭坯横断面上的力学性能分布锭坯在出炉后，由于空气和挤压筒的冷却作用，使其外层金属的塑性降低，强度升高，内部则塑性高而强度低，这必然造成坯料的内部金属易于流动而外部金属难于流动，导致金属流动不均匀。因此，需要对挤压工具预热以减少坯料内、外部的温差，使其金属流动均匀。

（2）导热性。一般来说，金属加热温度升高，导热性能下降，促使铸锭断面温度分布不均匀，因而挤压时金属流动不均匀。金属热导率大小对金属流动均匀性影响很大，例如紫铜导热性能良好，热导率最高为 $3.5 \sim 3.9 W/(cm^2 \cdot K)$，而黄铜的热导率比紫铜低，所以锭坯断面上的温度分布就不同，紫铜比黄铜锭坯的温度分布均匀。虽然紫铜的强度没有黄铜高，但是由于紫铜的热导率高，同时紫铜在高温下，其氧化皮又起润滑作用，所以在挤压时金属流动比黄铜均匀。

（3）相的变化。相变组织造成变形抗力和摩擦的变化，导致流动状态的变化。例如铅黄铜 HPb59-1 在 720℃ 以上为 β 组织，金属流动较为均匀；在 720℃ 以下为 α+β 组织，金属流动不均匀。又如钛合金在挤压时也发现，在 875℃ 时的组织下挤压时流动均匀，而在 882℃ 以上，即在 β 组织下挤压时流动不均匀。

（4）摩擦条件。对多数金属（如铝合金、黄铜等）来说，随铸锭温度升高，摩擦系数增大，从而使金属在挤压时流动不均匀。一般情况下，挤压筒温度升高，挤压时金属流动趋于均匀，这是因为挤压温度升高，摩擦系数虽有某些提高，但相对来说，这种影响是次要的，主要还是由于挤压筒温度升高，铸锭内外层温度差减小，变形抗力趋于一致，所以挤压时使金属流动趋于均匀。在实际生产中，都采用预热和加热挤压筒的方法，使挤压筒保持在一定温度下工作。

12.3.8　金属力学性能的影响

金属强度对挤压流动的影响较大，高强度金属比低强度金属流动均匀；挤压合金比纯金属流动均匀；同一种金属，低温时强度高，其流动较为均匀。挤压过程中，强度较高的金属产生的变形热效应与摩擦热效应较强烈，这种热量改变了锭坯内的热量分布，从而使流动变得较为均匀。此外，对较高强度的金属，外摩擦对流动的影响比金属自身力学性能增高的影响相对要小，流动会较为均匀。

上述流动影响因素分析可归纳为：外部因素有外摩擦、温度、工具形状、变形程度和变形速度等；内部因素有金属材质、金属力学性能、材料的导热性以及金属的相变性质等。温度、工具形状、外摩擦为主要影响因素，并通过变形区的应力状态而影响金属的流动。金属流动的不均匀性一定存在，而流动的均匀性只是相对的。

习　题

12-1　正向挤压流动三个阶段的金属流动特点与挤压力的变化关系怎样，分析原因？

12-2　给出正向挤压基本挤压阶段的应力与应变的分布规律，并分析原因。

12-3　分析影响金属挤压流动的因素有哪些，怎样影响？

12-4　分析挤压过程中留压余的原因。

13 挤 压 力

作用在挤压杆上，使坯料在挤压筒中通过模孔流出的力，称为挤压力。挤压力随挤压杆行程而变化（见图 12-1），所以通常所指的挤压力是挤压过程中的最大压力 P_{max}。挤压力是确定挤压机吨位、制定工艺参数、校核和设计挤压机各零部件、校核模具强度以及挤压机实现计算机自动控制的重要参数。单位挤压力 p 表示为：

$$p = \frac{P_{max}}{F_d} \tag{13-1}$$

式中　F_d——挤压垫面积，mm^2。

挤压应力状态系数 n_σ 表示为单位挤压力与挤压时塑性变形区内平均流动应力 σ_k 之比：

$$n_\sigma = \frac{p}{\sigma_k} \tag{13-2}$$

13.1　影响挤压力的因素

13.1.1　挤压温度的影响

挤压模、挤压筒和挤压垫三者直接与坯料接触，因此，在挤压过程中，坯料中的温度分布受到变形热影响。不同的工模具形状、坯料形状和材质及其组织，以及不同的挤压方法和挤压速度等均可形成不同的温度场。严格意义上说，挤压温度是指该温度分布情况。

挤压温度通过金属变形抗力而影响挤压力，一般而言，挤压温度高，变形抗力降低，挤压力呈非线性下降，如图 13-1 所示。所有的金属或合金应尽可能在材质和设备允许的条件下，在较高的温度范围内进行挤压。

13.1.2　坯料长度的影响

坯料长度对挤压力的影响是通过坯料与挤压筒内壁间摩擦阻力而产生作用的。不同的挤压方式，摩擦状态不同。正向挤压时，稳定挤压阶段的坯料与筒壁间存在很大的摩擦力，坯料长度对挤压力的影响很大，坯料越长，挤压力越大，如图 13-2 所示。反向挤压时，塑性变形区集中在模孔附近，坯料长度对挤压力几乎没有影响。

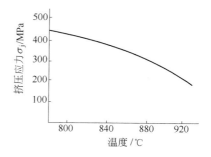

图 13-1　挤压温度对挤压应力的影响
（材料：QAl 10-4-4；实验条件：挤压比 $\lambda = 4.0$，工厂条件下测定）

13.1.3　变形程度的影响

挤压力与变形程度（挤压比）呈正比关系，随着变形程度增大，挤压力正比上升。变形程度对各种金属挤压力影响的关系曲线如图 13-3 所示。

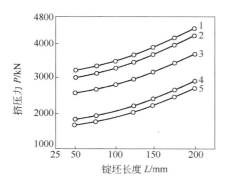

图 13-2　锭坯长度对挤压力的影响

1—QSn4-0.3；2—B30；3—H96；4—T2-T4；5—H62

（挤压条件：挤压筒 ϕ80mm，v_j=480mm/s，模角 α=1°，

工作带长 l=8mm，石墨润滑）

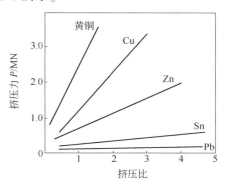

图 13-3　变形程度对挤压力的影响

13.1.4　挤压速度的影响

挤压速度对挤压力的影响也是通过变形抗力起作用的。冷挤压时，变形速度对挤压力的影响较小。热挤压时，变形速度对挤压力的影响规律（见图 13-4）与变形速度对金属变形抗力的影响规律（见图 13-5）相似。这种现象可以用金属再结晶软化需要充分的时间来解释。图 13-6 为 H68 黄铜加热到 650℃ 与 700℃ 两种温度时，采用几种不同的挤压速度所得到的挤压速度对挤压力的影响曲线。由图可见，温度高，变形抗力降低，挤压力相应降低，然而在不同的挤压阶段，呈现出不同的挤压力变化。这可以理解为：开始挤压阶段，温度影响不大，挤压速度越高，可导致金属变形抗力增大，挤压力较大；挤压后期，由于坯料的冷却，如果挤压速度缓慢，则需要较高的挤压力。

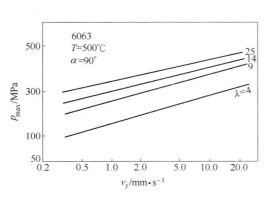

图 13-4　6030 铝合金挤压力
与挤压速度之间的关系

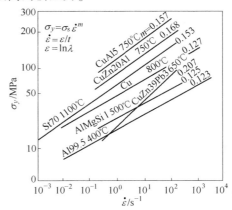

图 13-5　变形速度对挤压变形抗力的影响图
（St70，抗拉强度为 700MPa）

13.1.5　模角的影响

锥形模角所需挤压力小于平面模。这是因为模角越大，金属流动越不均匀，金属变形功增大，挤压力增高；但很小的模角又将导致接触摩擦功大大增加。可使挤压力取得最小值的模角为最佳模角 α_{opt}，过去一般认为 $\alpha_{opt}=45°\sim60°$，但事实上挤压最佳模角因挤压条件而异，主要与挤压比和外摩擦有关，式（13-3）表明了无润滑条件下热挤压最佳模角与挤压比之间的关系，即：

$$\alpha_{opt} = \arccos \frac{1}{1+\varepsilon_e} = \arccos \frac{1}{1+\ln\lambda} \tag{13-3}$$

正向挤压时模角对挤压应力的影响如图 13-7 所示。

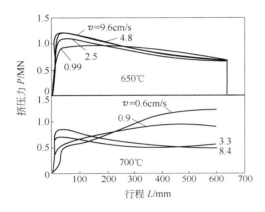

图 13-6　黄铜棒挤压时挤压速度
对挤压力的影响规律
（挤压条件：坯料尺寸 $\phi170mm\times750mm$；
制品 $\phi50mm$，$\lambda=11.5$）

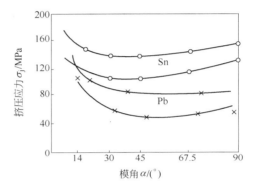

图 13-7　正向挤压时模角 α
对挤压应力 σ_j 的影响

13.1.6　摩擦的影响

金属与工模具之间的摩擦是造成金属不均匀流动的重要因素，摩擦系数小，金属流动较为均匀，同时使摩擦功变小，挤压降低。正挤时润滑对挤压力的影响如图 13-8 所示。

13.1.7　其他因素的影响

多孔模挤压时，当模孔总面积相同而模孔数不同时，模孔对称分布的挤压力小于非对称分布模孔的挤压力。当采用润滑剂进行挤压时，可降低挤压力 30%~40%。

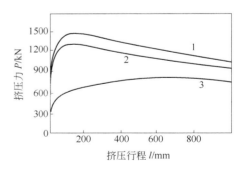

图 13-8　正挤时润滑对挤压力的影响
1—粗糙面；2—光滑面无润滑；
3—光滑面有润滑

产品形状越复杂、对称性越差、型材的宽厚比越大，原料直径越大、原料长度越长，挤压力越大。

采用反挤法可比正挤降低挤压力约 30%。

13.2　挤压力计算

现有的挤压力计算方法有经验公式法、图解法、平截面解析法、滑移线法、变形功法、上限法、有限元法和神经元网络法等多种，各有特点。平截面法通过合理假设和适当简化挤压变形区应力应变状态，获得具有主要影响因素的解析式，可用来分析主要工艺参数影响下的挤压力变化规律，但对具体工艺条件（如复杂变形状态和摩擦条件等）的适应性较差；经验算法是建立在大量实验基础上的方法，具有结构简单、使用方便的特点，但不能反映各种挤压参数变化对挤压力的影响，计算误差较大。然而上述两种方法简捷实用、使用方便，在工程计算中常用。本节主要讨论解析法和经验公式法两种计算方法。

13.2.1　解析法

13.2.1.1　棒材单孔挤压力

挤压棒材时，将其中的坯料分成定径区、塑性变形区、未变形区和难变形区四个区域，坯料受力情况如图 13-9 所示。

定径区的坯料受到挤压模工作带的压力和摩擦力，不发生塑性变形，但受到来自 2 区的压力 σ_{x_1}。坯料在此区内呈三向压应力状态。

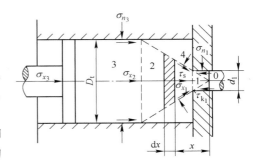

图 13-9　棒材挤压时受力状态
1—定径区；2—塑性变形区；
3—未变形区；4—难变形区

塑性变形区的坯料受到来自 1 区的压应力 σ_{x_1}、来自 3 区的压应力 σ_{x_2}、来自 4 区的压应力 σ_n 和摩擦应力 τ_s 的共同作用，坯料也呈三向压应力状态。

未变形区在 2 区的压应力 σ_{x_2}、垫片的压应力 σ_{x_3}、挤压筒壁的压应力 σ_n 和摩擦力 τ_k 的作用下呈强烈三向压应力状态。在垫片附近几乎为三向等值压应力状态，坯料在此区内几乎不发生塑性变形。

难变形区呈等值三向压应力状态，坯料处于弹性变形状态。随挤压进行，部分金属转入塑性变形区，死区不断缩小。采用锥形模挤压时，如模角合适、润滑条件好，难变形区可以不出现。

用平截面解析法推导挤压应力 $\sigma_{x_3} = \sigma_j = p$ 的过程如下。

如图 13-10 所示，定径区坯料已完成其塑性变形，但存在弹性变形，因而产生 σ_{n_1}，同时与模具相对运动产生摩擦应力 τ_{k_1}，按库仑摩擦定律，并取 $\sigma_{n_1} \approx \sigma_s$，则：

$$\tau_{k_1} = f_1 \sigma_{n_1} \tag{13-4}$$

按静力平衡方程

$$\sigma_{x_1} \frac{\pi}{4} d_1^2 = \tau_{k_1} \pi d_1 l_1$$

$$\sigma_{x_1} \frac{\pi}{4} d_1^2 = f_1 \sigma_s \pi d_1 l_1$$

$$\sigma_{x_1} = \frac{4 f_1 \sigma_s l_1}{d_1} \tag{13-5}$$

式中　l_1——工作带长度；

d_1——工作带直径；

f_1——工作带与坯料间的摩擦系数。

变形区单元体受力情况如图 13-11 所示。在塑性变形区与 "死区" 的分界面上，应力达到极大值 $\tau_{k_2} = \dfrac{1}{\sqrt{3}}\sigma_s = \tau_s$，作用在单元体锥面上的应力沿 X 轴的平衡方程为：

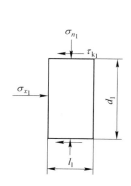
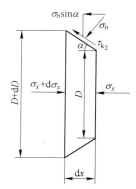

图 13-10　定径区受力分析　　　图 13-11　塑性变形区单元体上的作用力

$$\frac{\pi}{4}(D + dD)^2(\sigma_x + d\sigma_x) - \frac{\pi}{4}D^2\sigma_x - \pi D\frac{dx}{\cos\alpha}\sigma_n\sin\alpha - \frac{1}{\sqrt{3}}\sigma_s\pi D dx = 0 \quad （13-6）$$

整理后，略去高阶微量，得：

$$2(\sigma_x - \sigma_n)dD + Dd\sigma_x - \frac{2\sigma_s}{\sqrt{3}}\cot\alpha dD = 0 \quad\quad\quad （13-7）$$

将近似塑性条件 $(\sigma_n - \sigma_x = \sigma_s)$ 代入式 (13-7)，得：

$$Dd\sigma_x - 2\sigma_s dD - \frac{2\sigma_s}{\sqrt{3}}\cot\alpha dD = 0$$

$$d\sigma_x = 2\sigma_s\left(1 + \frac{1}{\sqrt{3}}\cot\alpha\right)\frac{dD}{D} \quad\quad\quad （13-8）$$

将两边积分，得：

$$\sigma_x = 2\sigma_s\left(1 + \frac{1}{\sqrt{3}}\cot\alpha\right)\ln D + C \quad\quad\quad （13-9）$$

当 $D = d_1$，$\sigma_x = \sigma_{x1} = \dfrac{4f_1 l_1}{d_1}\sigma_s$ 时，式 (13-9) 为：

$$\frac{4f_1\sigma_s l_1}{d_1} = 2\sigma_s\left(1 + \frac{1}{\sqrt{3}}\cot\alpha\right)\ln d_1 + C \quad\quad\quad （13-10）$$

将式 (13-10) 与式 (13-9) 相减，得：

$$\sigma_x = 2\sigma_s\left(1 + \frac{1}{\sqrt{3}}\cot\alpha\right)\ln\frac{D}{d_1} + \frac{4f_1\sigma_s l_1}{d_1}$$

即

$$\sigma_x = \sigma_s\left(1 + \frac{1}{\sqrt{3}}\cot\alpha\right)\ln\left(\frac{D}{d_1}\right)^2 + \frac{4f_1\sigma_s l_1}{d_1} \quad\quad\quad （13-11）$$

当 $D = D_t$，$\sigma_x = \sigma_{x_2}$ 时，则：

$$\sigma_{x_2} = \sigma_s \left(1 + \frac{1}{\sqrt{3}} \cot\alpha \right) \ln \left(\frac{D_t}{d_1} \right)^2 + \frac{4f_1 \sigma_s l_1}{d_1}$$

$$\sigma_{x_2} = \sigma_s \left(1 + \frac{1}{\sqrt{3}} \cot\alpha \right) \ln\lambda + \frac{4f_1 \sigma_s l_1}{d_1} \qquad (13\text{-}12)$$

在未变形区，由于坯料与挤压筒间的压应力 σ_n 数值很大，坯料表面摩擦所产生的切应力 $\tau_k = \tau_s = \frac{1}{\sqrt{3}} \sigma_s$，则垫片表面的挤压应力为：

$$\sigma_j = \sigma_{x_3} = \sigma_{x_2} + \frac{1}{\sqrt{3}} \sigma_s \frac{\pi D_t l_3}{\frac{\pi}{4} D_t^2} = \sigma_{x_2} + \frac{1}{\sqrt{3}} \times \frac{4 l_3}{D_t} \sigma_s \qquad (13\text{-}13)$$

未变形区长度为：

$$l_3 = l_0 - l_2 = l_0 - \frac{D_t - d_1}{2\tan\alpha}$$

将式(13-12)代入式(13-13)，得到的挤压应力为：

$$\sigma_j = \sigma_s \left[\left(1 + \frac{1}{\sqrt{3}} \cot\alpha \right) \ln\lambda + \frac{4f_1 l_1}{d_1} + \frac{4}{\sqrt{3}} \times \frac{l_3}{D_t} \right] \qquad (13\text{-}14)$$

挤压力为：

$$P = \sigma_j \frac{\pi}{4} D_t^2 \qquad (13\text{-}15)$$

式中　α——模具锥角或死区角度（平模挤压时取 $\alpha = 60°$），（°）；

　　　λ——挤压系数（挤压比）；

　　　D_t——挤压筒内径，mm；

　　　d_1——模孔直径，mm；

　　　l_1——工作带长度，mm；

　　　l_2——变形区长度，mm；

　　　l_3——未变形区部分锭坯的长度，mm；

　　　l_0——锭坯的长度，mm；

　　　σ_s——挤压坯料的屈服强度，MPa（见表 13-3~表 13-9）。

13.2.1.2　型材挤压力计算

单孔或多孔型材挤压力计算可在上述单孔棒材挤压力公式的基础上修正获得：

$$\sigma_j = \sigma_s \left[\left(1 + \frac{\sqrt[3]{a}}{\sqrt{3}} \cot\alpha \right) \ln\lambda + \frac{\Sigma Z f_1 l_1}{\Sigma F} + \frac{4}{\sqrt{3}} \times \frac{l_3}{D_t} \right]$$

$$P = \sigma_j \frac{\pi}{4} D_t^2 \qquad (13\text{-}16)$$

式中　ΣZ——制品的周边长度总和；

　　　ΣF——制品的断面积总和；

　　　a——经验系数，$a = \dfrac{\Sigma Z}{1.13\pi \sqrt{\Sigma F}}$，考虑模孔形状复杂性而修正单孔模挤压力公式。

13.2.1.3　管材挤压力计算

管材挤压有固定穿孔针挤压与随动穿孔针挤压两种形式。与棒材挤压相比，管材挤压增加了穿孔针的摩擦力，使挤压力增加。

A　固定穿孔针挤压管材的挤压力计算

带瓶式针（见图 13-12）和圆柱形的针挤压力计算公式为：

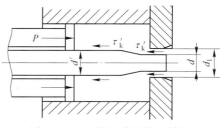

图 13-12　固定瓶式针挤压管材

$$\sigma_j = \sigma_s\left[\left(1 + \frac{1}{\sqrt{3}}\cot\alpha\,\frac{\overline{D}+d}{\overline{D}}\right)\ln\lambda + \frac{4f_1 l_1}{d_1 - d} + \frac{4}{\sqrt{3}}\times\frac{l_3}{D_t - d'}\right]$$

$$P = \sigma_j\frac{\pi}{4}(D_t^2 - d'^2) \tag{13-17}$$

式中　$\overline{D}$——塑性变形区坯料平均直径，$\overline{D} = \frac{1}{2}(D_t + d_1)$；

d——制品内径；

d_1——制品外径；

d'——穿孔针直径，当穿孔针为圆柱体时，d' 变为 d；

其他符号同前。

B　随动穿孔针挤压管材的挤压力计算

挤压时，穿孔针随挤压杆一起移动，未变形部分与穿孔针间无相对运动，无摩擦力。挤压力计算公式为：

$$\sigma_j = \sigma_s\left[\left(1 + \frac{1}{\sqrt{3}}\cot\alpha\,\frac{\overline{D}+d}{\overline{D}}\right)\ln\lambda + \frac{4f_1 l_1}{d_1 - d} + \frac{4}{\sqrt{3}}\times\frac{l_3 D_t}{D_t^2 - d^2}\right] \tag{13-18}$$

$$P = \sigma_j\frac{\pi}{4}(D_t^2 - d_1^2)$$

式中符号意义同前。

13.2.1.4　反向挤压力计算

棒材反向挤压时，由于坯料与挤压筒之间没有摩擦力，挤压力的计算公式为：

$$\sigma_j = \sigma_s\left[\left(1 + \frac{1}{\sqrt{3}}\cot\alpha\right)\ln\lambda + \frac{4f_1 l_1}{d_1}\right] \tag{13-19}$$

$$P = \sigma_j\frac{\pi D_t^2}{4}$$

同理推导可得管材反向挤压力计算公式为：

$$\sigma_j = \sigma_s\left[\left(1 + \frac{1}{\sqrt{3}}\cot\alpha\,\frac{\overline{D}+d}{\overline{D}}\right)\ln\lambda + \frac{4f_1 l_1}{d_1 - d}\right] \tag{13-20}$$

$$P = \sigma_j\frac{\pi(D_t^2 - d_1^2)}{4} \tag{13-21}$$

式中　$\overline{D}$——塑性变形区平均直径，$\overline{D} = 0.5(D_t - d_1)$；

d——管材内径，mm；

其余符号同前。

13.2.1.5 穿孔力计算

带穿孔的挤压过程以及无缝管坯穿孔时的金属流动规律如图 13-13 所示。当初始填充完成后，进入穿孔开始阶段，金属逆向流动。穿孔力 P 随穿孔针穿入深度 h 增加而提高，当穿孔深度达一定程度时，P 很快增至稳定阶段。随后，由于穿孔针侧面摩擦力增大，穿孔力继续缓慢增加。当穿孔针前端距模面一定距离时，穿孔力出现最大值 $P_{\max}$，并形成金属断裂条件，此后由于侧面摩擦力逐渐减小，使穿孔针的运动阻力下降，最后端部中心的金属（料头）完全断裂并被顶出。

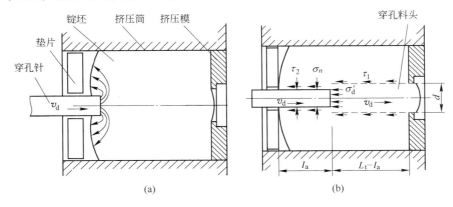

图 13-13　穿孔过程金属流动和穿孔针受力情况

（a）穿孔开始阶段金属流动；（b）穿孔力达到最大时金属流动与穿孔针受力情况

最大穿孔力所在的穿孔深度 l_a 因穿孔针直径大小而异，穿孔针直径越小，最大穿孔力所在的穿孔深度越大。可以想象，当 $d/D_t \to 1$ 时，穿孔过程相当于挤压，最大穿孔力发生在穿孔开始阶段；当 $d/D_t \to 0$ 时，穿孔针上的力主要是针侧表面的摩擦力，因而最大穿孔力发生在穿孔的最深阶段。图 13-14 可用来确定最大穿孔力时的穿孔深度。

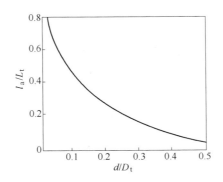

图 13-14　最大穿孔力时的穿孔深度与穿孔针直径之间的关系

穿孔针上的力由作用在针前端面上的正压力和作用在针侧表面的摩擦力两部分组成（见图 13-13）。穿孔针端面总压力为：

$$P_{d_1} = \frac{\pi}{4} d^2 \sigma'_d \tag{13-22}$$

P_{d_1} 应与作用在穿孔料头侧表面的剪应力合力相等，即：

$$P_{d_1} = \pi d (L_t - l_a) \tau_1$$

而

$$P_{d_2} = \pi d l_a \tau_2$$

最大穿孔力为:

$$P_{max} = P_{d_1} + P_{d_2} = \pi d_1 (L_t - l_a) \tau_1 + \pi d l_a \tau_2 \tag{13-23}$$

这里将表面剪应力取为:

$$\tau_1 = \tau_2 = \frac{K}{2} \quad (K = 1.15\sigma_s)$$

则最大穿孔力为:

$$P_{max} = \frac{\pi d}{2} K \left[(L_t - l_a) \frac{d_1}{d} + l_a \right] \tag{13-24}$$

式中 K——平面变形抗力,MPa;

     d_1——管材外径,mm;

     d——穿孔针直径或管材内径,mm;

     L_t——坯料填充后长度,mm;

     l_a——最大穿孔力时的穿孔深度,mm。

热穿孔时穿孔针需要冷却、润滑等,对热坯料起着冷却作用,因此需要在计算时采用温度修正系数 Z 加以修正。其计算公式分别为:

$$P_{max} = Z \frac{\pi d}{2} K \left[(L_t - l_a) \frac{d_1}{d} + l_a \right] \tag{13-25}$$

$$Z = 1 + \frac{39.12 \times 10^{-7} \lambda' \Delta T t}{D_t - d} \tag{13-26}$$

式中 ΔT——穿孔针与坯料的温差,℃;

     λ'——金属热导率,J/(s·m·℃),由表 13-1 选取。

表 13-1 金属热导率 λ'

金属材料	$\lambda' / \text{J} \cdot (\text{s} \cdot \text{m} \cdot \text{℃})^{-1}$									
	300℃	400℃	500℃	600℃	700℃	800℃	900℃	1000℃	1100℃	1200℃
紫铜	—	—	—	—	20.1	19.8	19.4	19.1	—	—
H90	—	—	10.3	11.2	12.0	12.9	13.9	—	—	—
H68	—	—	6.7	6.9	6.9	7.2	7.4	—	—	—
H62	—	—	7.9	8.6	9.3	10.0	11.0	—	—	—
H59	—	—	10.5	11.5	12.4	13.2	14.1	—	—	—
镍	—	—	—	—	—	2.9	2.9	2.9	2.6	2.5
铝	15.6	18.2	21.3	24.2	—	—	—	—	—	—
钢	—	—	—	—	—	1.2	1.0	0.7	0.2	—

简单计算时,可以采用穿孔力计算的近似公式:

$$P = \frac{\pi}{2} d^2 \left(2 + \frac{d}{D_t - d} \right) K \tag{13-27}$$

采用瓶形穿孔针时,式(13-27)中的 d 为穿孔针体的较大直径。

13.2.2 经验法

典型经验算式为：

$$p = ab\sigma_s\left(\ln\lambda + \frac{4L_t f}{D_t - d}\right) \tag{13-28}$$

式中　p——单位挤压力，MPa；

　　σ_s——坯料屈服强度，MPa，按表13-3～表13-9选取（有些材料不同温度下 σ_s 难测定，可用不同温度下 σ_b 代替）；

　　a——材质修正系数，$a=1.3\sim1.7$，软合金取下限，硬合金取上限；

　　b——制品断面形状修正系数，简单断面棒材或圆管挤压时取 $b=1.0$，复杂断面型材挤压时取 $b=1.1\sim1.6$；

　　d——穿孔针直径或管材内径，mm，挤压棒材时取 $d=0$；

　　λ——挤压比；

　　L_t——坯料填充后长度，mm；

　　D_t——挤压筒内径，mm；

　　f——摩擦系数（见表13-2）。

表 13-2　不同挤压条件下的摩擦系数

挤压条件	无润滑热挤压	带润滑热挤压	冷挤压
摩擦系数 f	0.5	0.2~0.25	0.1~0.15

表 13-3　铝及铝合金的屈服强度 σ_s

合金牌号	σ_s/MPa						
	200℃	250℃	300℃	350℃	400℃	450℃	500℃
铝	57.8	36.3	27.4	21.6	12.3	7.8	5.9
5A02	—	—	63.7	53.9	44.1	29.4	9.8
5A05	—	—	—	73.5	56.8	36.3	19.6
5A06	—	—	78.4	58.8	39.2	31.4	22.5
3A21	52.9	47.0	41.2	35.3	31.4	23.5	20.6
6A02	70.6	51.0	38.2	32.4	28.4	15.7	—
2A50	—	—	—	55.9	39.2	31.4	24.5
6063	—	—	—	39.2	24.5	16.7	14.7
2A11	—	—	53.9	44.1	34.3	29.4	24.5
2A12	—	—	68.6	49.0	39.2	34.3	27.4
7A04	—	—	88.2	68.6	53.9	39.2	34.3

表 13-4　镁及镁合金的屈服强度 σ_s

合金牌号	σ_s/MPa					
	200℃	250℃	300℃	350℃	400℃	450℃
镁	117.6	58.8	39.2	24.5	19.6	12.3

续表 13-4

合金牌号	σ_s/MPa					
	200℃	250℃	300℃	350℃	400℃	450℃
MB1	—	—	39.2	33.3	29.4	24.5
MB2、MB8	117.6	88.2	68.6	39.2	34.3	29.4
MB5	98.0	78.4	58.8	49.0	39.2	29.4
MB7	—	—	51.0	44.1	39.2	34.3
MB15	107.8	68.6	49.0	34.3	24.5	19.6

表 13-5   铜及铜合金的屈服强度 σ_s

合金牌号	σ_s/MPa								
	500℃	550℃	600℃	650℃	700℃	750℃	800℃	850℃	900℃
铜	58.8	53.9	49.0	43.1	37.2	31.4	25.5	19.6	17.6
H96	—	—	107.8	81.3	63.7	49.0	36.3	25.5	18.1
H80	49.0	36.3	25.5	22.5	19.6	17.2	12.3	9.8	8.3
H68	53.9	49.0	44.1	39.2	34.3	29.4	24.5	19.6	—
H62	78.4	58.8	34.3	29.4	26.5	23.5	19.6	14.7	—
HPb59-1	—	—	19.6	16.7	14.7	12.7	10.8	8.8	—
HAl77-2	127.4	112.7	98.0	78.4	53.9	49.0	19.6	—	—
HSn70-1	80.4	49.0	29.4	17.6	7.8	4.9	2.9	—	—
HFe59-1-1	58.8	27.4	21.6	17.6	11.8	7.8	3.9	—	—
HNi65-5	156.8	117.6	88.2	78.4	49.0	29.4	19.6	—	—
QAl9-2	173.5	137.2	88.2	38.2	13.7	10.8	8.2	3.9	—
QAl9-4	323.4	225.4	176.4	127.4	78.4	49.0	23.5	—	—
QAl10-3-1.5	215.6	156.8	117.6	68.6	49.0	29.4	14.7	11.8	7.8
QAl10-4-4	274.4	196.0	156.8	117.6	78.4	49.0	24.4	19.6	14.7
QBe2	—	—	—	—	98.0	58.8	39.2	34.3	—
QSi1-3	303.8	245.0	196.0	147.0	117.6	78.4	49.0	24.5	11.8
QSi3-1	—	—	117.6	98.0	73.5	49.0	34.3	19.6	14.7
QSn4-0.3	—	—	147.0	127.4	107.8	88.2	68.6	—	—
QSn4-3	—	—	121.5	92.1	62.7	52.9	46.1	31.4	—
QSn6.5-0.4	—	—	196.0	176.4	156.8	137.2	117.6	35.3	—
QCr0.5	245	176.4	156.8	137.2	117.6	68.6	58.8	39.2	19.6

表 13-6   白铜、镍及镍合金的屈服强度 σ_s

合金牌号	σ_s/MPa								
	750℃	800℃	850℃	900℃	950℃	1000℃	1050℃	1100℃	1150℃
B5	53.9	44.1	34.3	24.5	19.6	14.7	—	—	—
B20	101.9	78.9	57.8	41.7	27.4	16.7	—	—	—

合金牌号	σ_s/MPa								
	750℃	800℃	850℃	900℃	950℃	1000℃	1050℃	1100℃	1150℃
B30	58.8	54.9	50.0	42.7	36.3	—	—	—	—
BZn15-20	53.4	40.7	32.8	27.4	22.5	15.7	—	—	—
BFe5-1	73.5	49.0	34.3	24.5	19.6	14.7	—	—	—
BFe30-1-1	78.4	58.8	47.0	36.3	—	—	—	—	—
镍	—	110.7	93.1	74.5	63.7	52.9	45.1	37.2	
NMn2-2-1	—	186.2	147.0	98.0	78.4	58.8	49.0	39.2	29.4
NMn5	—	156.8	137.2	107.8	88.2	58.8	49.0	39.2	29.4
NCu28-2.5-1.5	—	142.1	119.6	99.0	80.4	61.7	50.0	39.2	—

表 13-7 锌、锡、铅的屈服强度 σ_s

合金牌号	σ_s/MPa							
	50℃	100℃	150℃	200℃	250℃	300℃	350℃	400℃
锌	—	76.4	51.9	35.3	23.5	13.7	11.8	8.8
锡	31.4	19.1	11.3	2.9	—	—	—	—
铅	12.7	7.8	7.4	4.9	—	—	—	—

表 13-8 钛及钛合金的屈服强度 σ_s

合金牌号	σ_s/MPa							
	600℃	700℃	750℃	800℃	850℃	900℃	1000℃	1100℃
TA2、TA3	254.8	117.6	49.0	29.4	29.4	24.5	19.6	—
TA6	421.4	245	156.8	132.3	107.8	68.8	35.3	16.7
TA7	—	303.8	163.7	—	122.5			
TC4	—	343	205.8	—	63.7			
TC5	—	215.6	73.5	—	68.6		24.5	19.6
TC6	—	225.4	98.0	—	73.5		24.5	19.6
TC7	—	274.4	98.0	—	89.0		29.4	19.6
TC8	—	499.8	230.3	—	96.0	—	—	—

表 13-9 不同温度下有色金属与合金的抗拉强度 σ_b

有色金属材料		σ_b/MPa						
重金属	温度/℃	常温						
	铅	20						
	温度/℃	100	150	200	250	300	350	400
	锌	78	53	36	24	14	12	0.09

续表 13-9

有色金属材料			σ_b/MPa									
		温度/℃	500	550	600	650	700	750	800	850	900	950
重金属	铜	紫铜	50	55	50	44	38	32	26	20	18	15
		H68	—	—	45	40	35	30	25	20	—	—
		H62	80	60	35	30	27	24	20	15	—	—
		HPb59-1	—	—	20	17	15	13	11	9	—	—
		HAl77-2	130	115	90	80	50	30	20	—	—	—
		HNi65-5	160	120	90	80	50	30	20	—	—	—
		QAl10-3-1.5	—	—	120	70	50	30	15	12	8	—
		QAl10-4-4	—	—	160	120	80	50	25	20	15	—
		QBe2	—	—	—	—	100	60	40	35	—	—
		QSi3-1	—	—	120	100	75	50	35	20	15	—
		QSi1-3	—	—	200	150	120	80	50	25	12	—
		QSn6.5-0.1	—	—	200	180	160	140	120	—	—	—
		QSn4-0.3	—	—	150	130	110	90	70	—	—	—
		QCr0.5	—	—	160	140	120	70	60	40	20	16
		温度/℃	750	800	850	900	950	1000	1050	1100	1150	1200
	镍	纯镍	—	113	95	76	65	54	46	38		
		NMn5	—	160	140	110	90	60	50	40	30	25
		NCu28-2.5-1.5	—	145	122	101	82	63	51	44	—	—
		B19	104	81	59	43	28	17	—	—		
		B30	80	60	48	37	—	—	—			
		BFe5-1	75	50	35	25	20	15	—			

		温度/℃	200	250	300	350	400	450	500
轻金属	铝	5A05	50.0	35.0	25.0	20.0	12.0	—	—
		5A07	—	—	—	42.0	32.0	27.0	20.0
		2A11	—	—	80.0	60.0	40.0	32.0	23.0
		2A12	—	—	70.0	50.0	40.0	35.0	28.0
		6A02	55.0	40.0	30.0	25.0	20.0	15.0	—
		6063	63.3	31.6	22.5	16.2	—	—	—
		7A04	—	—	100.0	80.0	65.0	50.0	35.0
		温度/℃	200	250	300	350	400	450	500
	镁	纯镁	40.0	25.0	20.0	16.0	12.0	10.0	—
		MB1	—	—	40.0	34.0	12.0	10.0	
		MB2、MB8	—	—	40.0	34.0	30.0	25.0	
		MB5	—	—	60.0	50.0	35.0	28.0	
		MB7	—	—	52.0	45.0	40.0	35.0	

有色金属材料			$\sigma_{\rm b}$/MPa							
稀有金属	温度/℃		600	700	800	850	900	950	1000	1100
	钛	TA2	260	120	50	40	30	25	20	—
		TA6	430	250	160	135	110	70	36	17

13.3 挤压力公式计算例题

【例 13-1】 在 15MN 的挤压机上用 $\phi150$mm 的挤压筒挤压 $\phi28$mm 的 H80 棒材，坯料尺寸为 $\phi145$mm×350mm，挤压温度为 750℃，挤压速度 $v_{\rm j}=150$mm/s，平模挤压，定径带长度 10mm。求最大挤压力。

解：采用式（13-14）计算，首先确定挤压比，即：

$$\lambda = \frac{150^2}{28^2} = 28.7$$

无润滑热挤压摩擦系数按表 13-2 取 $f_1=0.5$，按表 13-5 查得 H80 在 750℃时屈服强度为 17.2MPa。

平模挤压时取 $\alpha=60°$，考虑最大挤压力位于填充完毕之后，此时的坯料长度即为未变形区部分 l_3，即：

$$l_3 = \frac{145^2}{150^2} \times 350 = 327（{\rm mm}）$$

$$\sigma_{\rm j} = 17.2\left[\left(1 + \frac{1}{\sqrt{3}}\cot60°\right)\ln28.7 + \frac{4 \times 0.5 \times 10}{28} + \frac{4}{\sqrt{3}} \times \frac{327}{150}\right] = 175.86（{\rm MPa}）$$

$$P_{\max} = \sigma_{\rm j}\frac{\pi}{4}D_{\rm t}^2 = 175.86 \times \frac{\pi}{4} \times 150^2 = 3.11（{\rm MN}）$$

【例 13-2】 在 35MN 水压机上将 $\phi270$mm×350mm 的 5A02 铝合金坯料挤压成 $\phi110$mm×5mm 管材。挤压筒内径 $D_{\rm t}=280$mm；挤压温度 $T_{\rm j}=400℃$；平模挤压；定径带长度 $l_1=15$mm；圆柱式穿孔针 $d=100$mm。计算挤压力。

解：采用式（13-17）计算，得：

（1）挤压比：

$$\lambda = \frac{280^2}{110^2 - 100^2} = 37.33$$

（2）填充后坯料长度 l_3：

$$l_3 = \frac{270^2}{280^2} \times 350 = 325.45（{\rm mm}）$$

（3）平模挤压时取：

$$\alpha = 60°$$

$$\overline{D} = \frac{1}{2}(280 + 110) = 195（{\rm mm}）$$

$$d' = d$$

查表 13-3 得，铝合金 5A02 在 400℃时的屈服强度 $\sigma_s = 44.1\text{MPa}$，代入公式得：

$$\sigma_j = 44.1\left[\left(1 + \frac{1}{\sqrt{3}}\cot 60° \frac{195 + 100}{195}\right)\ln 37.33 + \frac{4 \times 0.5 \times 15}{110 - 100} + \frac{4}{\sqrt{3}} \times \frac{325.45}{280 - 100}\right]$$

$$= 556.58(\text{MPa})$$

$$P_{\max} = \sigma_j \frac{\pi}{4}(D_t^2 - d'^2) = 556.58 \times \frac{\pi}{4} \times (280^2 - 100^2) = 29.91(\text{MN})$$

【例 13-3】　上述条件按式(13-28)计算挤压力。

解：取 $a = 1.5$，$b = 1.0$，代入公式得单位挤压力：

$$p = ab\sigma_s\left(\ln\lambda + \frac{4L_t f}{D_t - d}\right) = 1.45 \times 1.0 \times 44.1 \times \left(\ln 37.33 + \frac{4 \times 325.45 \times 0.5}{280 - 100}\right)$$

$$= 495.7(\text{MPa})$$

最大挤压力为：

$$P_{\max} = p\frac{\pi}{4}(D_t^2 - d^2) = 495.7 \times \frac{\pi}{4} \times (280^2 - 100^2) = 26.63(\text{MN})$$

习　　题

13-1　影响挤压力的因素有哪些，怎样影响？试分析原因。

13-2　结合挤压力的计算公式，分析模角对挤压力的影响规律。

第3篇 金属拉拔理论

14 拉拔概述

14.1 拉拔的一般概念

拉拔是指依靠拉力使金属坯料通过模孔，其断面减小以获得尺寸精确、表面光洁、组织性能符合一定要求的金属压力加工方法。金属的拉拔成形通常在室温下进行，属于冷加工方式。在高于室温、低于再结晶温度以下的拉拔称为温拔，属于温加工。拉拔是金属材料塑性加工方法中除了轧制之外的主要加工方法，常用于轧制后的产品如线材、管材和型材的深度加工。

冷拔可促使金属材料强度的提高，经过适当热处理可提高综合力学性能，冷拔金属制品的形状、尺寸与机械零件相近，尺寸精度高，减少了二次加工余量，在机加工行业中用来替代热轧材料，金属消耗可降低 10% ~ 30%。此外，冷拔型材平直度高，表面粗糙度小于 0.63 ~ 5μm，部分产品可不经过机加工直接使用。冷拔生产设备简单、投资低、工艺操作容易。

直径小于 5mm 的金属丝只能通过拉拔加工；小直径的管材常用拉拔加以减径减壁，生产冷拔成品管；型材的冷拔则主要在于提高产品尺寸精度、降低表面粗糙度、提高强度等。

14.2 拉拔分类

按拔件的断面形状，拉拔可分为实心材拉拔与空心材拉拔；按拉拔温度范围，可分为冷拔和温拔；按工模具形式，可分为整体模拉拔、辊式模拉拔；按模孔数目，可分为单孔拉拔和多孔拉拔；按拔机形式，可分为链式拉拔、液压拉拔、连续拉拔等；按辅助设备形式，可分为反拉力拉拔和超声波拉拔等。这里主要讨论实心拉拔和空心拉拔两种形式。

14.2.1 实心材拉拔

实心材拉拔的主要产品是型线材。图 14-1 所示是采用不同的工模具形式的型线材拉拔。

14.2.2 空心材拉拔

空心材拉拔的主要产品是各类管材，管材拉拔的基本方法如图 14-2 所示。

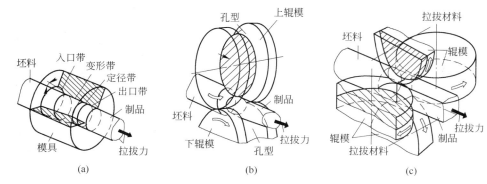

图 14-1　型线材的拉拔方式

（a）整体模拉拔；（b）二辊模拉拔；（c）四辊模拉拔

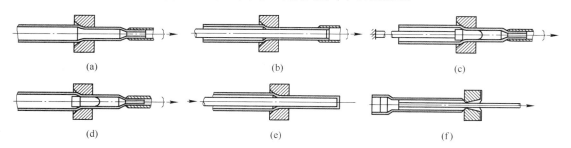

图 14-2　管材拉拔方法示意图

（a）空拔；（b）长芯棒拔制；（c）短芯棒拔制；（d）游动芯棒拔制；（e）顶管；（f）扩拔

（1）空拔。拉拔时，管坯内部不放芯头，即无芯头拉拔，主要是以减少管坯的外径为目的，如图 14-2（a）所示。拉拔后的管材壁厚一般会略有变化，壁厚或者增加，或者减小。经多次空拉的管材，内表面粗糙，严重时会产生裂纹；内径和壁厚的尺寸控制困难。

空拔法特点是生产工序比较简单，适用于小直径管材、异形管材、盘管拉拔以及减径量很小的减径与整形拉拔。

（2）长芯棒拔制。将管坯自由地套在表面抛光的芯杆上，使芯杆与管坯一起拉过模孔，以实现减径和减壁，此法称为长芯棒拉拔。芯杆的长度应略大于拉拔后管材的长度。拉拔一道次之后，需要用脱管法或滚轧法取出芯杆。长芯棒拉拔如图 14-2（b）所示。

长芯棒拉拔的特点是道次加工率较大，可达 63%，但由于需要准备许多不同直径的长芯杆和增加脱管工序，通常在生产中很少采用，它适用于薄壁管材以及塑性较差的钨、钼管材的生产。

（3）固定短芯棒拔制。拉拔时将带有芯头的芯杆固定，管坯通过模孔实现减径或减壁，如图 14-2（c）所示。固定短芯棒拉拔比较方便，拉拔的管材内表面质量比空拔的要好，内外径和壁厚的尺寸控制比较好。此法在管材生产中应用最广泛，但拉拔细管比较困难，而且不能生产长管。

（4）游动芯棒拔制。在拉拔过程中，芯头不固定在芯杆上，而是靠本身的外形建立起来的力平衡被稳定在模孔中，如图 14-2（d）所示。游动芯棒拉拔是管材拉拔较为先进的一种方法，非常适用于长管和盘管生产，其优点是：可提高拉拔生产率，内外径和壁厚的尺寸控制比较好，对提高成品率和管材内表面质量极为有利。但是与固定芯棒拉拔相比，游动芯棒拉拔的难度较大，工艺条件和技术要求较高，配模有一定限制，故不可能完全取代固定芯棒拉拔。

（5）顶管。顶管法又称艾尔哈特法。将芯棒套入带底的管坯中，操作时管坯连同芯棒一同由模孔中顶出，从而对管坯进行加工，如图 14-2(e) 所示。在生产难熔金属和贵金属短管材时常用此种方法。它也适合于生产 $\phi300 \sim 400mm$ 以上的大直径管材。

（6）扩拔。管坯通过扩径后，直径增大，壁厚和长度减小，这种方法主要是由于受设备能力限制，不能生产大直径的管材时采用，如图 14-2(f) 所示。

拉拔一般皆在冷状态下进行，但是对一些在常温下强度高、塑性差的金属材料，如某些合金钢和铝、铍、钨等，则采用温拔和热拔。此外，对于具有六方晶格的锌、镁合金，为了提高其塑性，也需采用温拔。

14.3　拉拔的特点

拉拔与其他压力加工方法相比较具有以下特点：

（1）拉拔制品的尺寸精确、表面质量高。因此，可以减少拉拔制品在机加工时的加工余量，节约材料，同时冷拔制品表面光洁。

（2）拉拔制品力学性能高。通过合理控制拉拔过程中的加工硬化可提高制品的强度，特别是对于不能用热处理方法提高强度的材料，提供了改善性能的途径。

（3）最适合于连续高速生产断面非常小的长的制品。铜、铝线的直径最细可达 $\phi10\mu m$，而用特殊方法拉拔的不锈钢丝最细可达 $\phi0.5\mu m$。拉拔管材的壁厚最薄达 $0.5\mu m$。

（4）拉拔生产的工具与设备简单，维护方便。在一台设备上只需更换模具就可以生产多种规格和品种的制品。

（5）坯料拉拔道次变形量和两次退火间的总变形量受到拉应力的限制。一般道次断面加工率在 $20\% \sim 60\%$ 以下，过大的道次加工率将导致拉拔制品的尺寸、形状不合格，甚至频繁地被拉断。这就使得拉拔道次、制作夹头、退火及酸洗等工序繁多，成品率降低。

14.4　拉拔技术的发展历史

拉拔加工的历史悠久，在公元前 20 ~ 30 世纪，已出现通过小孔模进行金丝手工拉制方法。公元前 15 ~ 17 世纪，在亚述（Assyria）、巴比伦（Babylon）和腓尼基等地出现了各种贵金属的拉线，并把这些贵金属线用于装饰品。公元 8 ~ 9 世纪，能制各种金属线。公元 12 世纪，有锻线工与拉线工之分，前者是通过锤锻，后者是通过拉拔制线材，人们认为就是从这个时候起确立了拉拔加工。

公元 13 世纪中叶，德国首先制造了水力拉线机，并在世界上逐渐推广，直到 17 世纪才接近于现在的单卷筒拉拔机。1871 年出现了连续拉线机。

中国明代宋应星的《天工开物》中"锤锻"篇记载的抽线琢针反映了在我国古代人们就已经掌握拉丝和渗碳热处理技术。

20 世纪 20 年代，韦森西贝尔（Weissenberg Siebel）发明了反张力拉拔法，由于反张力的作用，使拉模的磨损大幅度减少，同时改善了制品的力学性能。在此时期拉拔模由铁模发展到合金钢模，到 1925 年克鲁伯（Krupp）公司研制成功硬质合金模。随着拉拔技术的不断进步，萨克斯（1929 年）和西贝尔（1927 年）两人以不同的观点，第一次确立了拉拔理论，此后拉拔理论得到不断的发展，尤其是新的研究方法（上界法、有限元法等）的开拓，计算机的发展，也将拉拔理论的研究推向一个新的阶段。

1955 年柯利斯托佛松（Christopherson）研究成功强制润滑拉拔法，可大幅度减小摩擦力和拉拔难加工材料，同时使拉模寿命明显延长。同年布莱哈（Blaha）和拉格勒克尔（Lagencker）发展了超声波拉拔法，使拉拔力显著减小。1963 年 Robinson 等又将超声波振动应用于拉拔线制品，使拉拔力可降低 50%。从而使拉拔的研究进入新的领域。

辊模拉拔法是 1956 年由日本五弓等研究成功的，可使材料表面的摩擦阻力大大减小，拉拔道次加工率增加，能明显改善拉拔材料的力学性能。

另外，如超塑性无模拉拔、电磁效应拉拔、拉拔模的设计加工等技术也发展很快。

近几十年来，在研究许多新的拉拔方法的同时，开展了高速拉拔的研究，成功地制造了多模高速连续拉拔机、多线链式拉拔机和圆盘拉拔机。高速拉拔机的拉拔速度达到 80m/s；圆盘拉拔机可生产 $\phi40\sim50$mm 以下的管材，最大圆盘直径为 $\phi3$m，拉拔速度可达 25m/s，最大管长为 6000m 以上；多线链式拉拔机一般可自动供料、自动穿模、自动套芯杆、自动咬料和挂钩、管材自动下落以及自动调整中心。另外还有管棒材成品连续拉拔矫直机列，在该机列上实现了拉拔、矫直、抛光、切断、退火以及探伤等。

由于拉拔产品质量和加工工艺方面具有明显优势，拉拔金属制品的产量和品种规格逐年增加。目前，外径大于 $\phi500$mm 的管材、直径小至 $\phi0.002$mm 的细丝，均可采用拉拔加工成形。拉拔产品的性能、精度和表面质量能够适应多种实用场合，被广泛地应用于国民经济各个领域。

14.5　拉拔技术的发展趋势

根据拉拔的生产与技术的发展现状，今后拉拔技术将在以下几个方面进一步发展：

（1）进一步扩大产品的品种、规格，增加卷种；提高产品的精度，减少制品缺陷。

（2）研究拉拔装备的自动化、连续化与高速化技术；研究将拉拔生产全部或部分工序衔接起来组成连续生产线的集成技术，以进一步提高生产率，降低消耗。

（3）进一步加强拉拔工模具材料的研究，以提高拉拔工具的寿命。

（4）研究新的润滑剂及润滑技术，进一步提高拉拔制品的质量。

（5）研究新的拉拔技术、新的拉拔理论和新的拉拔方法，以达到节能、节材、提高产品质量和生产率的目的。

（6）开展拉拔系统仿真的研究，应用计算机技术、系统工程和人工智能技术优化拉拔工艺过程。

（7）进一步研究金属制品成分和拉拔工艺对组织性能变化的定量关系，以优化拉拔工艺过程。

习　题

14-1　什么是拉拔，同其他压力加工方法比较有什么优缺点？

14-2　试比较几种管材拉拔方法的特点。

14-3　叙述拉拔的发展历史和技术发展趋势。

15　拉拔理论基础

15.1　拉拔时的变形指数

拉拔时坯料发生变形，原始形状和尺寸将改变。不过，金属塑性加工过程中变形体的体积实际上是不变的。

以 F_Q、L_Q 表示拉拔前金属坯料的断面积及长度，F_H、L_H 表示拉拔后金属制品的断面积及长度。根据体积不变条件，可以得到主要变形指数和它们之间的关系式：

（1）伸长系数 λ。这一指数表示拉拔一道次后金属材料的长度增加的倍数或拉拔前后横断面的面积之比，即：

$$\lambda = L_H/L_Q = F_Q/F_H \tag{15-1}$$

（2）相对加工率 ε。这一指数表示拉拔一道次后金属材料横断面积缩小值与其原始值之比，即：

$$\varepsilon = (F_Q - F_H)/F_Q \tag{15-2}$$

式中，ε 通常以百分数表示。

（3）相对伸长率 μ。这一指数表示拉拔一道次后金属材料长度增量与原始长度之比，即：

$$\mu = (L_H - L_Q)/L_Q \tag{15-3}$$

式中，μ 通常以百分数表示。

（4）积分（对数）伸长系数 i。这一指数为拉拔道次前后金属材料横断面积之比的自然对数，即：

$$i = \ln(F_Q/F_H) = \ln\lambda \tag{15-4}$$

拉拔时的变形指数之间的关系为：

$$\lambda = 1/(1 - \varepsilon) = 1 + \mu = e^i \tag{15-5}$$

各变形指数之间的关系见表 15-1。

表 15-1　变形指数之间的关系

变形指数	指标符号	变形指数					
		用直径 D_Q、D_H 表示	用截面积 F_Q、F_H 表示	用长度 L_Q、L_H 表示	用伸长系数 λ 表示	用相对加工率 ε 表示	用相对伸长率 μ 表示
伸长系数	λ	$\dfrac{D_Q^2}{D_H^2}$	F_Q/F_H	L_H/L_Q	λ	$\dfrac{1}{1-\varepsilon}$	$1+\mu$

续表 15-1

变形指数	指标符号	变 形 指 数					
		用直径 D_Q、D_H 表示	用截面积 F_Q、F_H 表示	用长度 L_Q、L_H 表示	用伸长系数 λ 表示	用相对加工率 ε 表示	用相对伸长率 μ 表示
相对加工率	ε	$\dfrac{D_Q^2 - D_H^2}{D_Q^2}$	$\dfrac{F_Q - F_H}{F_Q}$	$\dfrac{L_H - L_Q}{L_H}$	$\dfrac{\lambda - 1}{\lambda}$	ε	$\dfrac{\mu}{1 + \mu}$
相对伸长率	μ	$\dfrac{D_Q^2 - D_H^2}{D_H^2}$	$\dfrac{F_Q - F_H}{F_H}$	$\dfrac{L_H - L_Q}{L_Q}$	$\lambda - 1$	$\dfrac{\varepsilon}{1 - \varepsilon}$	μ

15.2　实现拉拔过程的基本条件

与挤压、轧制、锻造等加工过程不同，拉拔过程是借助于在被加工的金属前端施以拉力实现的，此拉力称为拉拔力。拉拔力与被拉金属出模口处的横断面积之比称为单位拉拔力，即拉拔应力，实际上拉拔应力就是变形区末端的纵向应力。

拉拔应力应小于金属出模口的屈服强度。如果拉拔应力过大，超过金属出模口的屈服强度，则可引起制品出现细颈，甚至拉断。因此，拉拔时一定要遵守下列条件：

$$\sigma_1 = \frac{P_1}{F_1} < \sigma_s \qquad (15\text{-}6)$$

式中　σ_1——作用在被拉金属出模口横断面上的拉拔应力；

　　　P_1——拉拔力；

　　　F_1——被拉金属出模口横断面积；

　　　σ_s——金属出模口后的变形抗力。

对有色金属来说，由于变形抗力 σ_s 不明显，确定困难，加之金属在加工硬化后，变形抗力与其抗拉强度 σ_b 相近，故亦可表示为 $\sigma_1 < \sigma_b$。

被拉金属出模口的抗拉强度 σ_b 与拉拔应力 σ_1 之比称为安全系数 K，即：

$$K = \frac{\sigma_b}{\sigma_1} \qquad (15\text{-}7)$$

所以，实现拉拔过程的基本条件是 $K>1$，安全系数与被拉金属的直径、状态（退火或硬化）以及变形条件（温度、速度、反拉力等）有关。一般 K 在 $1.40 \sim 2.00$ 之间，即 $\sigma_1 = (0.7 \sim 0.5)\sigma_b$。如果 $K<1.4$，则由于加工率过大，可能出现断头、拉断；当 $K>2.0$ 时，则表示道次加工率不够大，未能充分利用金属的塑性。制品直径越小，壁厚越薄，K 值应越大些。这是因为随着制品直径的减小，壁厚的变薄，被拉金属对表面微裂纹和其他缺陷以及设备的振动，还有速度的突变等因素的敏感性增加，因而 K 值相应增加。

安全系数 K 与制品品种、直径的关系见表 15-2。

表 15-2　有色金属拉线时的安全系数

拉拔制品的品种与规格	厚壁管材、型材及棒材	薄壁管材和型材	不同直径的线材/mm				
			>1.0	1.0~0.4	0.4~0.1	0.10~0.05	0.05~0.015
安全系数 K	$K>1.35 \sim 1.4$	1.6	$\geqslant 1.4$	$\geqslant 1.5$	$\geqslant 1.6$	$\geqslant 1.8$	$\geqslant 2.0$

　　对钢材来说，变形抗力 σ_s 的确定也不很方便，σ_s 是变量，它取决于变形的大小。一般来说，习惯采用拉拔钢材头部的断面强度（即拉拔前材料的强度极限）确定拉拔必要条件较为方便，实际上拉拔条件的破坏主要是断头的问题。因此，在配模计算时拉拔应力 σ_1 的确定，主要根据实际经验取 $\sigma_1 < (0.8 \sim 0.9)\sigma_b$，安全系数 $K > 1.1 \sim 1.25$。

　　游动芯头成盘拉拔与直线拉拔有重要区别，管材在卷筒上弯曲过程中，承受负荷的不仅是横断面，还有纵断面。每道次拉拔的最大加工率受管材横断面和纵断面允许应力值的限制。与此同时，在卷筒反力的作用下，管材横断面形状可能产生畸变，由圆形变成近似椭圆。

　　从管材与卷筒接触处开始，在管材横断面上产生拉拔应力与弯曲应力的叠加，在弯曲管材的不同断面及同一断面的不同处，应力均不同。在管材与卷筒开始接触处，断面外层边缘的拉应力达到极大值。此时实现拉拔过程的基本条件发生变化，即：

$$K = \frac{\sigma_b}{\sigma_1 + \sigma_{wmax}} \qquad (15\text{-}8)$$

式中　σ_{wmax}——最大弯曲应力。

　　因此，成盘拉管的道次加工率必须小于直线拉拔的道次加工率，弯曲应力 σ_w 随卷筒直径的减小而增大。

　　用经验公式可计算卷筒的最小直径：

$$D \geqslant 100\frac{d}{s} \qquad (15\text{-}9)$$

式中　d——拉拔后管材外径；

　　　　s——壁厚（拉拔后）。

15.3　圆棒拉拔时的应力与变形

15.3.1　应力与变形状态

15.3.1.1　应力与变形状态

　　拉拔时，变形区中的金属所受的外力有拉拔力 P、模壁给予的正压力 N 和摩擦力 T，如图 15-1 所示。

　　拉拔力 P 作用在被拉棒材的前端，它在变形区引起主拉应力 σ_1。

　　正压力与摩擦力作用在棒材表面上，它们是由于棒材在拉拔力作用下，通过模孔时，模壁阻碍金属运动形成的。正压力的方向垂直于模壁，摩擦力的方向平行于模壁且与金属的运动方向相反。摩擦力的数值可由库仑摩擦定律求出。

　　金属在拉拔力、正压力和摩擦力的作用下，变形区的金属基本上处于两向压（σ_r、σ_θ）和一向拉（σ_1）的应力状态。由于被拉金属是实心圆形棒材，应力呈轴对称应力状态，即 $\sigma_r \approx \sigma_\theta$。

15.3.1.2　变形区内的应力分布规律

　　根据用赛璐珞板拉拔时做的光弹性实验，变形区内的应力分布如图 15-2 所示。

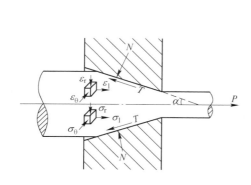

图 15-1　拉拔时的受力与变形状态

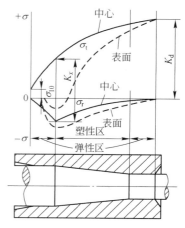

图 15-2　变形区内的应力分布

（1）应力沿轴向的分布规律。轴向应力 σ_1 由变形区入口端向出口端逐渐增大，即 $\sigma_{1r} < \sigma_{1ch}$，周向应力 σ_θ 及径向应力 σ_r 则从变形区入口端到出口端逐渐减小，即 $|\sigma_{\theta r}| > |\sigma_{\theta ch}|$，$|\sigma_{rr}| > |\sigma_{rch}|$。

轴向应力 σ_1 的此种分布规律可以作如下的解释：在稳定拉拔过程中，变形区内的任一横断面在向模孔出口端移动时面积逐渐减小，而此断面与变形区入口端球面间的变形体积不断增大。为了实现塑性变形，通过此断面作用于变形体的 σ_1 亦必须逐渐增大。径向应力 σ_r 和周向应力 σ_θ 在变形区内的分布情况可由以下两方面得到证明。

1）根据塑性方程式，可得：

$$\sigma_1 + \sigma_r = K_{zh} \qquad (15\text{-}10)$$

由于变形区内的任一断面的金属变形抗力可以认为是常数，而且在整个变形区内由于变形程度一般不大，金属硬化并不剧烈。这样，由式（15-10）可以看出，随着 σ_1 向出口端增大，σ_r 与 σ_θ 必然逐渐减小。

2）在拉拔生产中观察模子的磨损情况发现，当道次加工率大时，模子出口处的磨损比道次加工率小时要轻。这是因为道次加工率大，在模子出口处的拉应力 σ_1 也大，而径向应力 σ_r 则小，从而产生的摩擦力和磨损也就小。另外，还发现模子入口处一般磨损比较快，过早地出现环形槽沟。这也可以证明此处的 σ_r 值是较大的。

综上所述，可将 σ_1 与 σ_r 在变形区内的分布以及二者间的关系表示在图 15-3 中。

（2）应力沿径向分布规律。径向应力 σ_r 与周向应力 σ_θ 由表面向中心逐渐减小，即 $|\sigma_{rw}| > |\sigma_{rn}|$ 和 $|\sigma_{\theta w}| > |\sigma_{\theta n}|$，而轴向应力 σ_1 分布情况则相反，中心处的轴向应力 σ_1 大，表面的 σ_1 小，即 $\sigma_{1n} > \sigma_{1w}$。

σ_r 及 σ_θ 由表面向中心层逐渐减小可作如下解释：在变形区，金属的每个环形的外表面上作用着径向应力 σ_{rw}，在内表面上作用着径向应力 σ_{rn}，而径向应力总是力图减小其外表面，距中心层越远，表面积越大，因而所需的力就越大，如图 15-4 所示。

轴向应力 σ_1 在横断面上的分布规律同样亦可由前述的塑性方程式得到解释。另外，拉拔的棒材内部有时出现周期性中心裂纹也证明 σ_1 在断面上的分布规律。

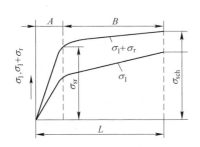

图 15-3　变形区内各断面上
σ_l 与 σ_r 间的关系

L—变形区全长；A—弹性区；B—塑性区

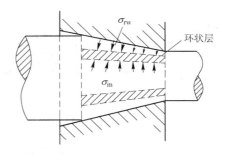

图 15-4　作用于塑性变形区环内外
表面上的径向应力

15.3.2　金属在变形区内的流动特点

为了研究金属在锥形模孔内的变形与流动规律，通常采用网格法。图 15-5 所示为采用网格法获得的在锥形模孔内的圆断面实心棒材子午面上的坐标网格变化情况示意图。通过对坐标网格在拉拔前后的变化情况分析，得出如下规律：

（1）纵向上的网格变化。拉拔前在轴线上的正方形格子 A 拉拔后变成矩形，内切圆变成正椭圆，其长轴和拉拔方向一致。由此可见，金属轴线上的变形是沿轴向延伸，在径向和周向上被压缩。

拉拔前在周边层的正方形格子 B 拉拔后变成平行四边形，在纵向上被拉长，径向上被压缩，方格的直角变成锐角和钝角。

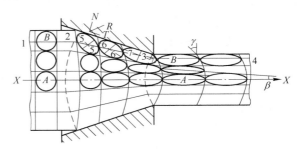

图 15-5　拉拔圆棒时断面坐标网格的变化

其内切圆变成斜椭圆，它的长轴线与拉拔轴线相交成 β 角，这个角度由入口端向出口端逐渐减小。由此可见，在周边上的格子除受到轴向拉长、径向和周向压缩外，还发生了剪切变形 γ。产生剪切变形的原因是由于金属在变形区中受到正压力 N 与摩擦力 T 的作用，而在其合力 R 方向上产生剪切变形，沿轴向被拉长，椭圆形的长轴（5-5、6-6、7-7 等）不与 1-2 线相重合，而是与模孔中心线（X-X）构成不同的角度，这些角度由入口到出口端逐渐减小。

（2）横向上的网格变化。在拉拔前，网格横线是直线，自进入变形区开始变成凸向拉拔方向的弧形线，表明平的横断面变成凸向拉拔方向的球形面。由图可见，这些弧形的曲率由入口到出口端逐渐增大，到出口端后保持不再变化。这说明在拉拔过程中周边层的金属流动速度小于中心层的，并且随模角、摩擦系数增大，这种不均匀流动更加明显。拉拔后往往在棒材后端面出现的凹坑，就是由于周边层与中心层金属流动速度差造成的结果。

由网格还可看出，在同一横断面上椭圆长轴与拉拔轴线相交成 β 角，并由中心层向周边层逐渐增大，这说明在同一横断面上剪切变形不同，周边层的变形大于中心层。

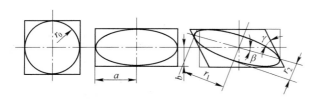

图 15-6　拉拔时方网格的变形

综上所述，圆形实心材拉拔时，周边层的实际变形要大于中心层。这是因为在周边层除了延伸变形之外，还包括弯曲变形和剪切变形。

观察网格的变形可证明上述结论，如图 15-6 所示。

对正方形 A 格子来说，由于它位于轴线上，不发生剪切变形，所以延伸变形是它的最大主变形，即：

$$\varepsilon_{1A} = \ln \frac{a}{r_0} \qquad (15-11)$$

压缩变形为：

$$\varepsilon_{2A} = \ln \frac{b}{r_0} \qquad (15-12)$$

式中　a——变形后格子中正椭圆的长半轴；

　　　b——变形后格子中正椭圆的短半轴；

　　　r_0——变形前格子的内切圆的半径。

对于正方形 B 格子来说，有剪切变形，其延伸变形为：

$$\varepsilon_{1B} = \ln \frac{r_{1B}}{r_0} \qquad (15-13)$$

压缩变形为：

$$\varepsilon_{2B} = \ln \frac{r_{2B}}{r_0} \qquad (15-14)$$

式中　r_{1B}——变形后 B 格子中斜椭圆的长半轴；

　　　r_{2B}——变形后 B 格子中斜椭圆的短半轴。

同样，对于相应断面上的 n 格子（介于 A、B 格子中间）来说，延伸变形为：

$$\varepsilon_{1n} = \ln \frac{r_{1n}}{r_0} \qquad (15-15)$$

压缩变形为：

$$\varepsilon_{2n} = \ln \frac{r_{2n}}{r_0} \qquad (15-16)$$

式中　r_{1n}——变形后 n 格子中斜椭圆的长半轴；

　　　r_{2n}——变形后 n 格子中斜椭圆的短半轴。

由实测得出，各层中椭圆的长、短轴变化情况是：

$$r_{1B} > r_{1n} > a$$
$$r_{2B} < r_{2n} < b$$

对上述关系都取主变形，则有：

$$\ln \frac{r_{1B}}{r_0} > \ln \frac{r_{1n}}{r_0} > \ln \frac{a}{r_0} \tag{15-17}$$

这说明拉拔后边部格子延伸变形最大，中心线上的格子延伸变形最小，其他各层相应格子的延伸变形介于二者之间，而且由周边向中心依次递减。

同样由压缩变形也可得出，拉拔后在周边上格子的压缩变形最大，而中心轴线上的格子压缩变形最小，其他各层相应格子的压缩变形介于二者之间，而且由周边向中心依次递减。

15.3.3 变形区的形状

根据棒材拉拔时的滑移线理论可知，假定模子是刚性体，通常按速度场把棒材变形分

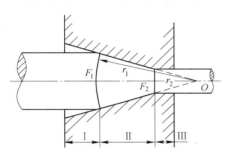

图 15-7 棒材拉拔时变形区的形状

为三个区：Ⅰ区和Ⅲ区为非塑性变形区或称弹性变形区；Ⅱ区为塑性变形区，如图 15-7 所示。Ⅰ区与Ⅱ区的分界面为球面 F_1，而Ⅱ区与Ⅲ区分界面为球面 F_2。一般情况下，F_1 与 F_2 为两个同心球面，其半径分别为 r_1 和 r_2，原点为模子锥角顶点 O。因此，塑性变形区的形状为模子锥面（锥角为 2α）和两个球面 F_1、F_2 所围成的部分。

另外，根据网格法试验也可证明，试样网格纵向线在进、出模孔发生两次弯曲，把它们各折点连起来就会形成两个同心球面；或者把网格开始变形和终了变形部分分别连接起来，也会形成两个球面。多数研究者认为两个球面与模锥面围成的部分为塑性变形区。

根据固体变形理论，所有的塑性变形皆在弹性变形之后，并且伴有弹性变形，而在塑性变形之后必然有弹性恢复，即弹性变形。因此，当金属进入塑性变形区之前肯定有弹性变形，在Ⅰ区内存在部分弹性变形区，若拉拔时存在后张力，那么Ⅰ区变为弹性变形区。当金属从塑性变形区出来之后，在定径带Ⅲ会观察到弹性后效作用，表现为断面尺寸有少许的增大和网格的横线曲率有少许减小。因此，在正常情况下定径区也是弹性变形区。在弹性变形区中，由于受拉拔条件的作用，可能出现以下几种异常情况：

（1）非接触直径增大。当无反拉力或反拉力较小时，在拉模入口处可以看到环形沟槽，这说明在该区出现了非接触直径增大的弹性变形区（见图 15-8）。

在非接触直径增大区内，金属表面层受轴向和径向压应力，而周向为拉应力。同时，仅发生轴向压缩变形，而径向和周向为拉伸变形。

坯料非接触直径增大的结果，使本道次实际的压缩率增加，入口端的模壁压力和摩擦阻力增大。由此而引起拉模入口端易过早磨损和出现环形沟槽。同时，随着摩擦力和模角增大及道次压缩率减小，金属的倒流量增多，从而拉模入口端环形沟槽的深度加深，导致使用寿命明显降低。同时，由沟槽中剥落下来的屑片还使棒或线材表面出现划痕。

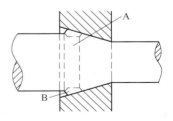

图 15-8 坯料的非接触直径增大
A—非接触直径增大区；B—轴向应力和径向应力为压应力，而周向应力为拉应力

（2）非接触直径减小。在带反拉力拉拔的过程中，会使拉模的入口端坯料直径在进入变形区以前发生直径变细，而且随着反拉力的增大，非接触直径减小的程度增加。因此，可以减小或消除非接触直径增大的弹性变形区。这样，该道次实际的道次压缩率将减小。

（3）出口直径增大或缩小。在拉拔的过程中，坯料和拉模在力的作用下都将产生一定的弹性变形。因此，当拉拔力去除后，棒或线材的直径将大于拉模定径带的直径。一般随着线材断面尺寸和模角增大、拉拔速度和变形程度提高，以及坯料弹性模数和拉模定径带长度的减小，棒或线材直径增大的程度增加。

但是，当摩擦力和道次压缩率较大，而拉拔速度又较高时，则变形热效应增加，从而棒或线材的出口直径会小于拉模定径带的直径，简称缩径。

（4）纵向扭曲。当棒或线材沿长度方向存在不均匀变形时，则在拉拔后，沿其长度方向上会引起不均匀的尺寸缩短，从而导致纵向弯曲、扭拧或打结，会危害操作者的安全。

（5）断裂。当坯料内部或表面有缺陷或加工硬化程度较高或拉拔力过大等使安全系数过低时，会在拉模出口弹性变形区内引起脆断。

塑性变形区的形状与拉拔过程的条件和被拉金属的性质有关，如果被拉拔的金属材料或者拉拔过程的条件发生变化，那么变形区的形状也随之变化。

在塑性变形区中，中心层与表面层金属变形是不均匀的。

（1）中心层。金属主要产生压缩和延伸变形，而且流动速度最快。这是因为中心层的金属受变形条件的影响比表面层小些。

（2）表面层。表面层的金属除了发生压缩和延伸变形外，还产生剪切和附加弯曲变形。它们主要是由压缩应力、附加剪切应力和弯曲应力的综合作用引起的。

附加剪切变形程度随着与中心层距离的减小而减弱。另外，随着与中心层距离的增加，金属的流动速度逐渐减慢，在坯料表面达最小值。这是由于表面层金属所受的摩擦阻力最大的原因。而且在摩擦力很大时，表面层可能变为黏着区。这样，就使原来是平齐的坯料尾端变成了凹形。

在拉拔过程结束后，棒或线材经过长久存放或在使用过程中，随着残余应力的消失会逐渐改变自身的形状和尺寸，称为自然变形。

自然变形量的大小随不均匀变形程度的增加，即残余应力的增大而相应加大。这种自然变形是不利的，因而要求拉拔过程中要减小不均匀变形的程度。

习　题

15-1　实现拉拔过程的条件是什么？

15-2　分析圆棒材拉拔时变形区所受的力以及应力和应变状态。

15-3　分析圆棒材拉拔时变形区金属的流动规律。

15-4　分析圆棒材拉拔时变形区应力分布规律。

15-5　分析圆棒材拉拔时，拉拔模的磨损情况及其特点。

16 拉 拔 力

拉拔过程中作用在模孔出口端的变形金属上的外力称为拉拔力。拉拔力有总拉拔力 P、平均单位拔制力 $\bar{p}$（拉拔力与拉拔后材料的断面积之比 $\bar{p}=P/F$，也称作拉拔应力）、相对单位拔制力 $\bar{p}/\sigma_s$ 三种表示方法。

拉拔力由三部分组成：金属自身发生塑性变形所需的力、克服金属与模具之间摩擦所需的外力、附加外力（如反拉力）等。

16.1 各种因素对拉拔力的影响

影响拉拔力的主要因素有：金属材料自身的屈服强度、伸长系数、金属与模具之间的摩擦系数、变形区形状（如模角）、变形区长度、反拉力等。

16.1.1 被加工金属的性质对拉拔力的影响

拉拔力与被拉拔金属的抗拉强度成线性关系，抗拉强度越高，拉拔力越大。图 16-1 表示由直径 2.02mm 拉到 1.64mm，即以 34% 的断面减缩率拉拔各种金属圆线时所存在的这种关系。

16.1.2 变形程度对拉拔力的影响

拉拔应力与变形程度成正比关系，如图 16-2 所示，随着断面减缩率的增加，变形能耗增加，拉拔应力增大。

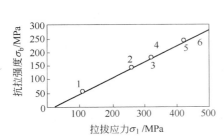

图 16-1 金属抗拉强度与拉拔
应力之间的关系

1—铝；2—铜；3—青铜；4—H70；

5—含 97% 铜和 3% 镍的合金；6—B20

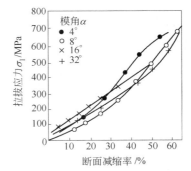

图 16-2 拉拔黄铜线时拉拔应力与
断面减缩率的关系

16.1.3 模角对拉拔力的影响

拉拔模的模角 α 对拉拔力的影响如图 16-3 所示。由图可见，随着模角 α 增大，拉拔应力发生变化，并且存在一个最小值，其相应的模角称为最佳模角。

从图 16-3 还可以看出，随着变形程度增加，最佳模角 α 值逐渐增大，有关模角 α 对拉拔力的影响可以作如下解释：模角 α 过小，坯料与模壁的接触面积增大，导致拉拔过程中摩擦功耗增加，使拉拔力增加；模角 α 过大，金属在变形区中的流线急剧转弯，导致"二次折弯"引起的附加剪切变形功耗增加，使拉拔力增加。因此，在一定的拉拔工艺条件下，存在最佳模角，使拉拔力取最小值。

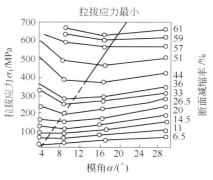

图 16-3　拉拔应力与模角
α 之间的关系

16.1.4　拉拔速度对拉拔力的影响

在低速（5m/min 以下）拉拔时，拉拔应力随拉拔速度的增加而有所增加。当拉拔速度增加到 6~50m/min 时，拉拔应力下降，继续增加拉拔速度，拉拔应力变化不大。拉拔速度对拉拔力的影响可以作如下解释：当拉拔速度比较小时，拉拔速度增加，变形速度增加，则单位时间内的变形程度增加，金属材料加工硬化程度增加，拉拔力随之增大；当拉拔速度比较大时，拉拔速度增加，变形热效应增加，使金属的变形抗力下降而抵消拉拔过程中金属材料的加工硬化，从而使拉拔力增加趋缓甚至有所下降。

另外，开动拉拔设备的瞬间，由于产生冲击，拉拔力显著增大。

16.1.5　摩擦与润滑对拉拔力的影响

拉拔过程中，金属与工具之间的摩擦系数大小对拉拔力有着很大的影响。凡减小摩擦力的因素，均使拉拔力降低。润滑剂的性质、润滑方式、模具材料、模具和被拉拔材料的表面状态对摩擦力的大小皆有影响。表 16-1 为不同润滑剂和模具材料对拉拔力的影响。在其他条件相同的情况下，使用钻石模的拉拔力最小，硬质合金模次之，钢模最大。这是因为模具材料越硬，抛光得越好，金属越不容易黏结工具，摩擦就越小。

表 16-1　润滑剂与模具材料对拉拔力影响的实验结果

金属与合金	坯料直径/mm	加工率/%	模具材料	润滑剂	拉拔力/N
铝	2.0	23.4	碳化钨	固体肥皂	127.5
			钢	固体肥皂	235.4
黄铜	2.0	20.1	碳化钨	固体肥皂	196.1
			钢	固体肥皂	313.8
磷青铜	0.65	18.5	碳化钨	固体肥皂	147.0
			碳化钨	植物油	255.0
B20	1.12	20	碳化钨	固体肥皂	156.9
			碳化钨	植物油	196.1
			钻石	固体肥皂	147.0
			钻石	植物油	156.9

　　一般润滑方法所形成的润滑膜较薄，未脱离边界润滑的范围，摩擦力仍较大。近年来，拉拔时采用了流体动力润滑方法，可使材料和模子表面间的润滑膜增厚，实现流体摩擦。流体动力润滑的方法如图 16-4 所示。单模流体动力润滑又称为柯利斯托佛松管润滑。管子与坯料之间具有狭窄的间隙，借助于运动的坯料和润滑剂的黏性，使模具入口处的润滑剂压力增高，从而达到增加润滑膜厚度的目的。在拉管时，将两个模子靠在一起实现所谓的倍模拉拔，在管内壁与芯头间形成 0.25~0.50mm 的间隙，也可以建立起流体动力润滑的条件。

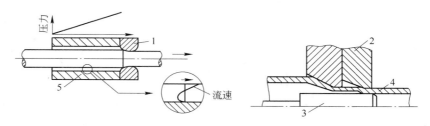

图 16-4　流体动力润滑
1—减径模；2—减壁模；3—芯棒；4—管子；5—增压管

　　生产实践已经证明，用游动芯棒拉拔时的拉拔力较固定短芯棒的要小。其原因是，在变形区内，芯棒的锥形表面与管子内壁间形成狭窄的锥形缝隙可以建立起流体动力润滑条件（润滑楔效应），从而降低了芯棒与管子间的摩擦系数。流体动压力越大，则润滑效果越好。流体动压力的大小与润滑楔的角度、润滑剂性能、黏度以及拉拔速度有关，润滑楔的角度越小、润滑剂黏度越大和拉拔速度越高，则润滑楔效应越显著。

　　如图 16-5 所示为将润滑剂以很高的压力送入拉拔模孔中的一种流体静力润滑技术。为了使润滑剂密封，还用一个密封模，故也称双模强制润滑。

　　不同条件下的摩擦系数见表 16-2 和表 16-3。

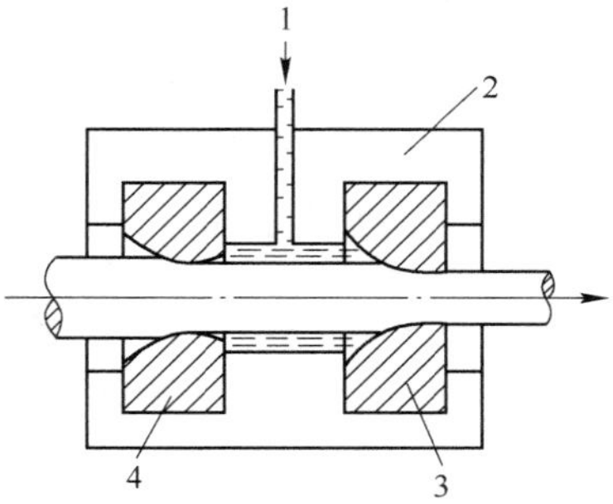

表 16-2　拉拔管材时平均摩擦系数

金属与合金	道　次			
	1	2	3	4
紫　铜	0.10~0.12	0.15	0.15	0.16
H62	0.11~0.12	0.11	0.11	0.11
H68	0.09	0.09	0.12	—
HSn70-1	0.10	0.11	0.12	—

图 16-5　双模流体静力润滑
1—高压油；2—模箱；
3—拉拔模；4—密封模

表 16-3　拉拔棒材时的平均摩擦系数

金属与合金	状　态	模　具　材　料		
		钢	硬质合金	钻　石
紫铜、黄铜	退　火	0.08	0.07	0.06
	冷　硬	0.07	0.06	0.05

金属与合金	状　态	模　具　材　料		
		钢	硬质合金	钻　石
青铜、镍及其合金、白铜	退　火	0.07	0.06	0.05
	冷　硬	0.06	0.05	0.04
铝	退　火	0.11	0.10	0.09
	冷　硬	0.10	0.09	0.08
硬　铝	退　火	0.09	0.08	0.07
	冷　硬	0.08	0.07	0.06
锌及其合金	—	0.11	0.10	—
铅	—	0.15	0.12	—
钨、钼	610~900℃	—	0.25	0.20
钼	室　温	—	0.15	0.12
钛及其合金	退　火		0.10	
	冷　硬		0.08	
锆	退　火		0.11~0.13	
	冷　硬		0.08~0.09	

16.1.6　反拉力对拉拔力的影响

反拉力对拉拔力的影响如图 16-6 所示。随着反拉力 Q 值的增加，模具所受到的压力 M_q 近似直线下降，拉拔力 P_1 逐渐增加。但是，在反拉力达到临界反拉力 Q_c 值之前，对拉拔力并无影响。临界反拉力或临界反拉应力 σ_{qc} 值的大小主要与被拉拔材料的弹性极限和拉拔前的预先变形程度有关，而与该道次的加工率无关。弹性极限和预先变形程度越大，则临界反拉应力也越大。利用这一点，将反拉应力值控制在临界反拉应力值范围以内，可以在不增大拉拔应力和不减小道次加工率的情况下减小模具入口处金属对模壁的压力磨损，从而延长了模具的使用寿命。

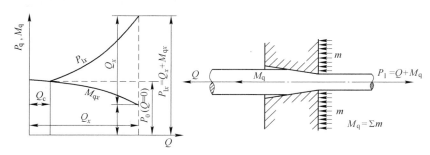

图 16-6　反拉力对拉拔力与模子压力的影响

在临界反拉应力范围内，增加反拉应力对拉拔应力无影响的原因可作如下解释。

随着反拉应力的增加，模具入口处的接触弹性变形区逐渐减小。与此同时，金属作用于模孔壁上的压力减小，继而使摩擦力也相应减小。摩擦力的减小值与此时反拉力值相当。当反拉力 Q 比较小时，反拉力消耗于实现被拉拔材料的弹性变形。

当反拉应力 σ_q 达到临界反拉应力 σ_{qc} 值后，弹性变形可完全实现，而塑性变形过程开始。如果继续增大反拉力，将改变塑性变形区的应力 σ_r、σ_1 的分布，使拉拔应力增大。此时拉拔力不仅消耗于实现塑性变形，而且还用于克服过剩的反拉力。

因此，不论在什么情况下，采用反拉力 Q 小于或等于临界反拉力值进行拉拔都是有利的，因为这时拉拔力不增大，但同时模孔的磨损却减小。采用反拉力 Q 大于临界反拉力值是不合适的，因为此时拉拔力和拉拔应力都增大，从而可能有必要减小道次伸长系数，并且相应地增多变形次数。

16.1.7 振动对拉拔力的影响

在拉拔时对拉拔工具（模具或芯棒）施以振动可以显著地降低拉拔力，继而提高道次加工率。所用的振动频率分为声波（25～500Hz）与超声波（16～80kHz）两种。振动的方式有轴向、径向和周向。拉拔时所采用的振动方式如图 16-7 所示。

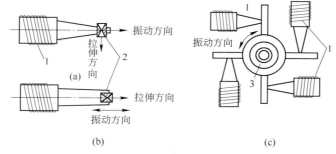

图 16-7　拉拔时的振动方式

（a）径向振动；（b）轴向振动；（c）周向振动
1—振子；2—模具；3—带外套的模具

在用声波使模具振动时，模具以振动装置所给予的频率对被拉拔的制品作相对移动。但是此过程并不带有波动的性质，因在此种频率下的波长大于模具到鼓轮间的距离。所用振荡器的功率要足以保证模具振动，而不会在拉拔力的作用下停止。声波低频振动可利用机械的或液压振动装置。

超声波振动的拉拔过程与声波振动的不同，它是一种波动过程。目前，研究了各种方法以保证用不同的振动方法拉拔时能保持共振条件，达到使拉拔力降低、提高模具寿命、改善制品质量的目的。

根据对声波和超声波拉拔研究的结果可得出以下结论：

（1）在高频振动下，拉拔应力的减小部分是由于变形区的变形抗力降低所引起的，其机理可解释为：在晶格缺陷区吸收了振动能，继而使位错势能提高；为了使这些位错移动所必需的剪切应力减小所致。

（2）在低频和高频轴向振动下，拉拔应力的减小还由于模具和金属接触表面周期性的脱开而使摩擦力减小。但这只有在模具振动速度大于拉拔速度时才有可能。随着拉拔速度增大，此效应减小，并在一定条件下（拉拔与模具振动速度相等），由于模具与金属未脱离接触而消失。

（3）振动模接触表面对金属的频繁打击作用可能也是一个减少拉拔应力的附加原因。

（4）高频周向或扭转振动在速度高于 $1m/s$ 时没有明显的效果。这是由于在拉拔方向所发生的振幅非常小，故其振动的线速度变低。所以，采用高频振动的效果随着拉拔速度增加而减少。

在低频周向振动时，变形抗力不会降低。因此，此种频率下不能实现此机理，故拉拔应力的减小只能解释为是由于摩擦力减小的缘故。

16.2　拉拔力的理论计算

拉拔力的理论计算方法较多，如平截面解析法、工程法、滑移线法、上界法以及有限元法等。而目前应用较广泛的为平截面解析法和工程法，下面做主要介绍。

16.2.1　棒线材拉拔力计算

棒线材拉拔中应力分析示意图如图 16-8 所示。在变形区内 x 方向上取一厚度为 dx 的单元体，并根据单元体上作用的 x 轴向应力分量，建立微分平衡方程式：

$$\frac{1}{4}\pi(\sigma_{lx} + d\sigma_{lx})(D + dD)^2 = \frac{1}{4}\pi\sigma_{lx}D^2 - \pi D\sigma_n(f + \tan\alpha)dx \tag{16-1}$$

$$dx = \frac{\dfrac{dD}{2}}{\tan\alpha}$$

整理，略去高阶微量得：

$$Dd\sigma_{lx} + 2\sigma_{lx}dD + 2\sigma_n\left(\frac{f}{\tan\alpha} + 1\right)dD = 0 \tag{16-2}$$

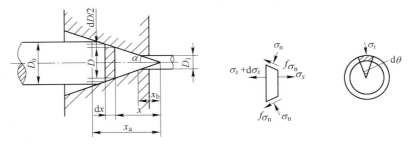

图 16-8　棒线材拉拔中应力分析

当模角 α 与摩擦系数 f 很小时，在变形区内金属沿 x 方向变形均匀，可以认为 τ_k 值不大，采用近似塑性条件 $\sigma_1 - \sigma_3 = \sigma_s$。

如将 σ_{lx} 与 σ_n 的代数值代入近似塑性条件式中得：

$$\sigma_{lx} + \sigma_n = \sigma_s \tag{16-3}$$

将式（16-3）代入式（16-2），并设 $B = \dfrac{f}{\tan\alpha}$，则式（16-2）可变成：

$$\frac{d\sigma_{lx}}{B\sigma_{lx} - (1 + B)\sigma_s} = 2\frac{dD}{D} \tag{16-4}$$

将式(16-4)积分，得：

$$\int \frac{\mathrm{d}\sigma_{1x}}{B\sigma_{1x} - (1 + B)\sigma_s} = \int 2\frac{\mathrm{d}D}{D}$$

$$\frac{1}{B}\ln\left[B\sigma_{1x} - (1 + B)\sigma_s\right] = 2\ln D + C \qquad (16\text{-}5\text{a})$$

利用边界条件，当无反拉力时，在模具入口处 $D = D_0$，$\sigma_{1x} = 0$。因此，$\sigma_n = \sigma_s$，将此条件代入式(16-5a)，得：

$$\frac{1}{B}\ln\left[-(1 + B)\sigma_s\right] = 2\ln D_0 + C \qquad (16\text{-}5\text{b})$$

式(16-5a)与式(16-5b)相减，整理后为：

$$\frac{B\sigma_{1x} - (1 + B)\sigma_s}{-(1 + B)\sigma_s} = \left(\frac{D}{D_0}\right)^{2B}$$

$$\frac{\sigma_{1x}}{\sigma_s} = \left[1 - \left(\frac{D}{D_0}\right)^{2B}\right]\frac{1 + B}{B} \qquad (16\text{-}6)$$

在模具出口处，$D = D_1$ 代入式(16-6)，得：

$$\frac{\sigma_{1_1}}{\sigma_s} = \frac{1 + B}{B}\left[1 - \left(\frac{D_1}{D_0}\right)^{2B}\right] \qquad (16\text{-}7)$$

拉拔应力 $\sigma_1 = (\sigma_{1x})_{D = D_1} = \sigma_{1_1}$，即：

$$\sigma_1 = \sigma_{1_1} = \sigma_s\left(\frac{1 + B}{B}\right)\left[1 - \left(\frac{D_1}{D_0}\right)^{2B}\right] \qquad (16\text{-}8)$$

式中 σ_1——拉拔应力，即模具出口处棒材断面上的轴向应力 σ_{1_1}；

σ_s——金属材料的平均变形抗力，取拉拔前后材料的变形抗力平均值；

B——参数；

D_0——拉拔坯料的原始直径；

D_1——拉拔棒、线材出口直径。

（1）式(16-8)考虑了模面摩擦的影响，但是没有考虑由于附加剪切变形引起的剩余变形，在"平均主应力法"中是无法考虑剩余变形的，而根据能量近似理论，Korber-Eichringer 提出把式(16-8)补充一项附加拉拔应力 σ'_1，假定在模孔内金属的变形区是以模锥顶点 O 为中心的两个球面 F_1 和 F_2，如图16-9所示。金属材料进入 F_1 球面时，发

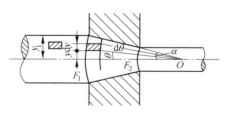

图16-9 进出变形区的剪切变形示意图

生剪切变形，金属材料出 F_2 球面也受剪切变形，并向平行于轴线的方向移动，考虑到金属在两个球面受到剪切变形，因此，在拉拔力计算式(16-8)中追加一项附加拉拔应力 σ'_1。在距中心轴为 y 的点上，以 θ 角作为在模入口处材料纵向纤维的方向变化，那么纯剪切变形 $\theta = \dfrac{\alpha y}{y_1}$，也可以近似地认为 $\tan\theta = y\tan\alpha/y_1$ 剪切屈服强度为 τ_s，微元体 $\pi y_1^2 \mathrm{d}l$ 所受到的

剪切功 W 为：

$$W = \int_0^{y_1} 2\pi y \mathrm{d}y \tau_s \tan\theta \mathrm{d}l = \frac{2}{3}\tau_s \tan\alpha \pi y_1^2 \mathrm{d}l \qquad (16\text{-}9)$$

由于这个功等于轴向拉拔应力 σ_1 所做的功，即：

$$W = \sigma_1 \pi y_1^2 \mathrm{d}l \qquad (16\text{-}10)$$

因此，由式（16-9）和式（16-10）可得：

$$\sigma_1 = \frac{2}{3}\tau_s \tan\alpha \qquad (16\text{-}11)$$

金属在模具的出口 F_2 处又转变为原来的方向，同时考虑到 $\tau_s = \dfrac{\sigma_s}{\sqrt{3}}$，结果拉拔应力应当加上剪切变形而产生的附加修正值，即：

$$\sigma_1' = \frac{4\sigma_s}{3\sqrt{3}}\tan\alpha \qquad (16\text{-}12)$$

所以

$$\sigma_1 = \sigma_s \left\{ (1 + B)\left[1 - \left(\frac{D_1}{D_0}\right)^{2B} \right] + \frac{4}{3\sqrt{3}}\tan\alpha \right\} \qquad (16\text{-}13)$$

（2）若考虑反拉力的影响，则拉拔力的公式（16-8）也要变化，假设加的反拉应力为 $\sigma_q(\sigma_s)$，利用边界条件，当 $D = D_0$，$\sigma_{1x} = \sigma_q$ 时，因此 $\sigma_n = \sigma_s - \sigma_q$，则将此条件代入式（16-5a）可得：

$$\frac{1}{B}\ln\left[B\sigma_q - (1 + B)\sigma_s \right] = 2\ln D_0 + C \qquad (16\text{-}14)$$

式（16-5a）与式（16-14）相减，整理后为：

$$\frac{B\sigma_{1x} - (1 + B)\sigma_s}{B\sigma_q - (1 + B)\sigma_s} = \left(\frac{D}{D_0}\right)^{2B}$$

$$\frac{\sigma_{1x}}{\sigma_s} = \frac{1 + B}{B}\left[1 - \left(\frac{D}{D_0}\right)^{2B} \right] + \frac{\sigma_q}{\sigma_s}\left(\frac{D}{D_0}\right)^{2B} \qquad (16\text{-}15)$$

当 $D = D_1$ 时，代入式（16-15）得：

$$\frac{\sigma_{1_1}}{\sigma_s} = \frac{1 + B}{B}\left[1 - \left(\frac{D_1}{D_0}\right)^{2B} \right] + \frac{\sigma_q}{\sigma_s}\left(\frac{D_1}{D_0}\right)^{2B} \qquad (16\text{-}16)$$

拉拔应力 $\sigma_1 = (\sigma_{1x})_{D = D_1} = \sigma_{1_1}$，所以

$$\sigma_1 = \sigma_s\left(\frac{1 + B}{B}\right)\left[1 - \left(\frac{D_1}{D_0}\right)^{2B} \right] + \sigma_q\left(\frac{D_1}{D_0}\right)^{2B} \qquad (16\text{-}17)$$

（3）考虑定径区的摩擦力作用，在拉拔力计算公式（16-8）中，σ_{1_1} 只是塑性变形区出口断面的应力，而实际拉拔模有定径区，为克服定径区外摩擦，所需的拉拔应力要比 σ_{1_1} 大，计算定径区这部分摩擦力较为复杂，但在实际工程计算中，由于工作带长度很短，摩擦系数也较小，故常忽略或者采用近似处理方法。有以下几点情况：

1）把定径区这部分金属按发生塑性变形近似处理。在前面的应力分布规律分析中，认为定径区金属处在弹性状态。若在计算中按弹性变形状态处理较为复杂，而由于模子定

径区工作带有微小的锥度（1°～2°），同时金属刚出塑性变形区，因此把这部分仍按塑性变形处理，使拉拔力的计算大大简化。

从定径区取出单元体，如图16-10所示，取轴向上微分平衡方程式为：

$$(\sigma_x + \mathrm{d}\sigma_x)\frac{\pi}{4}D_1^2 - \sigma_x\frac{\pi}{4}D_1^2 - f\sigma_n\pi D_1\mathrm{d}x = 0$$

$$\mathrm{d}\sigma_x\frac{\pi}{4}D_1^2 = f\sigma_n\pi D_1\mathrm{d}x$$

$$\frac{D_1}{4}\mathrm{d}\sigma_x = f\sigma_n\mathrm{d}x \qquad (16\text{-}18)$$

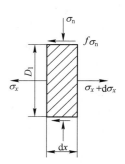

图16-10　定径区微小单元体的应力状态

采用近似塑性条件［与式(16-3)类似］，即：

$$\sigma_x + \sigma_n = \sigma_s$$

并代入式(16-18)，得：

$$\frac{D_1}{4}\mathrm{d}\sigma_x = f(\sigma_s - \sigma_x)\mathrm{d}x$$

$$\frac{\mathrm{d}\sigma_x}{\sigma_s - \sigma_x} = \frac{4f}{D_1}\mathrm{d}x \qquad (16\text{-}19)$$

将式(16-19)在定径区（$x = 0$ 到 $x = l_d$）积分，即：

$$\int_{\sigma_{1_1}}^{\sigma_1}\frac{\mathrm{d}\sigma_x}{\sigma_s - \sigma_x} = \int_0^{l_d}\frac{4f}{D_1}\mathrm{d}x \qquad (16\text{-}20)$$

$$\ln\frac{\sigma_1 - \sigma_s}{\sigma_{1_1} - \sigma_s} = \frac{4f}{D_1}l_d$$

$$\frac{\sigma_1 - \sigma_s}{\sigma_{1_1} - \sigma_s} = \mathrm{e}^{-\frac{4f}{D_1}l_d} \qquad (16\text{-}21)$$

所以

$$\sigma_1 = (\sigma_{1_1} - \sigma_s)\mathrm{e}^{-\frac{4f}{D_1}l_d} + \sigma_s \qquad (16\text{-}22)$$

式中　f——摩擦系数；

　　　l_d——定径区工作带长度。

2）若按 C. N. 古布金考虑定径区摩擦力对拉拔力的影响，可将拉拔应力计算式(16-8)增加一项 σ_a，σ_a 值由经验公式求得：

$$\sigma_a = (0.1 \sim 0.2)f\frac{l_d}{D_1}\sigma_s \qquad (16\text{-}23)$$

16.2.2　管材拉拔力计算

管材拉拔力计算公式的推导方法与棒、线材拉拔力公式推导基本相同，为了使计算公式简化，有3个假定条件：拉拔管材壁厚不变；在一定范围内应力分布是均匀的；管材衬拉时的减壁段，其管坯内外表面所受的法向压应力 σ_n 相等，摩擦系数 f 相同。推导过程仍然是首先对塑性变形区微小单元体建立微分平衡方程式，然后采用近似塑性条件，利用边界条件推导出拉拔力计算公式，下面仅对不同类型的拉拔力计算公式做简要介绍。

16.2.2.1　空拉管材

管材空拉时，其外作用力情况与棒、线材拉拔类似，如图 16-11 所示。在塑性变形区取微小单元体，其受力状态如图 16-12 所示。

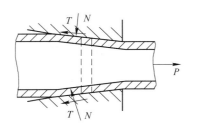
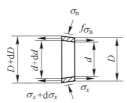
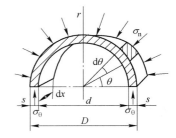

图 16-11　管材空拉时的受力情况　　　　图 16-12　应力 σ_θ 与
σ_n 的关系

对微小单元体在轴向上建立微分平衡方程，即：

$$(\sigma_x + \mathrm{d}\sigma_x)\frac{\pi}{4}\big[(D+\mathrm{d}D)^2 - (d+\mathrm{d}d)^2\big] - \sigma_x\frac{\pi}{4}(D^2 - d^2) + \frac{1}{2}\sigma_n\pi D\mathrm{d}D + \frac{f\sigma_n\pi D}{2\tan\alpha}\mathrm{d}D = 0$$

展开简化并略去高阶微量，得：

$$(D^2 - d^2)\mathrm{d}\sigma_x + 2(D-d)\sigma_x\mathrm{d}D + 2\sigma_n D\mathrm{d}D + 2\sigma_n D\frac{f}{\tan\alpha}\mathrm{d}D = 0 \tag{16-24}$$

引入塑性条件，得：

$$\sigma_x + \sigma_\theta = \sigma_s \tag{16-25}$$

由图 16-14 可见，沿 r 方向建立平衡方程，即：

$$2\sigma_\theta s = \int_0^\pi \frac{D}{2}\mathrm{d}\theta\sigma_n\sin\theta = \sigma_n D$$

简化为

$$\sigma_\theta = \frac{D}{D-d}\sigma_n \tag{16-26}$$

将式(16-24)~式(16-26)引入 $B = f/\tan\alpha$，利用边界条件求解，得：

$$\frac{\sigma_{x_1}}{\sigma_s} = \frac{1+B}{B}\left(1 - \frac{1}{\lambda^B}\right) \tag{16-27}$$

式中　λ——管材的伸长系数，

$$\lambda = \frac{D_0^2 - d_0^2}{D_1^2 - d_1^2} = \frac{D_0 - S}{D_1 - S}$$

D_0，d_0——管坯的外径和内径；

D_1，d_1——模定径区工作带直径和管材的内径。

定径区的摩擦力作用，将使模口出管材断面上的拉拔应力要比 σ_{x_1} 大一些，用棒、线材求解，可以导出：

$$\frac{\sigma_1}{\sigma_s} = 1 - \frac{1 - \dfrac{\sigma_{x_1}}{\sigma_s}}{e^{c_1}} \tag{16-28}$$

$$c_1 = \frac{2fl_d}{D_1 - S}$$

式中　f——模定径区摩擦系数；

　　　l_d——模定径区工作带长度；

　　　S——管材壁厚。

故拉拔力为：

$$P = \sigma_1 \frac{\pi}{4}(D_1^2 - d_1^2) \tag{16-29}$$

式中　D_1，d_1——该道次拉拔后管材外、内径。

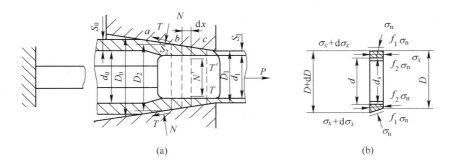

图 16-13　固定短芯棒拉拔

16.2.2.2　衬拉管材

衬拉管材时，塑性变形区可分为减径段和减壁段，对减径段拉应力可采用管材空拉时的公式(16-27)计算，现在主要是解决减壁段的问题，对减壁段来说，减径段终了时断面上的拉应力，相当于反拉力的作用。

（1）固定短芯棒拉拔时，其受力情况如图 16-13 所示。图 16-13(a)中 b 断面上拉应力 σ_{x_2} 按空拉管材的公式(16-27)进行计算，而公式中的伸长系数 λ，在此是指空拉段的伸长系数，即：

$$\lambda_{ab} = \frac{F_0}{F_2} = \frac{D_0 - S_0}{D_2 - S_2} \quad (S_2 = S_0)$$

在减壁段即图 16-13(a)中 $b-c$ 段，坯料变形的特点是内径保持不变，外径逐步减小，因此管坯壁厚也减小。为了简化，设管坯内、外表面所受的法向压应力 σ_n 相等，即 $\sigma_n = \sigma_n'$，摩擦系数也相同，即 $f_1 = f_2 = f$，按图 16-13 中所示的微小单元体建立微分平衡方程，即：

$$(\sigma_x + \mathrm{d}\sigma_x)\frac{\pi}{4}\big[(D + \mathrm{d}D)^2 - d_1^2\big] - \sigma_x\frac{\pi}{4}(D^2 - d_1^2) +$$

$$\frac{\pi}{2}D\sigma_n\mathrm{d}D + \frac{f}{2\tan\alpha}\pi D\sigma_n\mathrm{d}D + \frac{f}{2\tan\alpha}\pi d_1\sigma_n\mathrm{d}D = 0$$

整理后得：

$$2\sigma_x D \mathrm{d}D + (D^2 - d_1^2)\mathrm{d}\sigma_x + 2\sigma_n D \mathrm{d}D + \frac{2f}{\tan\alpha}\sigma_n(D + d_1)\mathrm{d}D = 0 \quad (16\text{-}30)$$

代入塑性条件 $\sigma_x + \sigma_n = \sigma_s$，整理后得：

$$(D^2 - d_1^2)\mathrm{d}\sigma_x + 2D\left\{\sigma_s\left[1 + \left(1 + \frac{d_1}{D}\right)\frac{f}{\tan\alpha}\right] - \sigma_x\left(1 + \frac{d_1}{D}\right)\frac{f}{\tan\alpha}\right\}\mathrm{d}D = 0 \quad (16\text{-}31)$$

以 $\dfrac{d_1}{\overline{D}}$ 代替 $\dfrac{d_1}{D}$，$\overline{D} = \dfrac{1}{2}(D_2 + D_1)$ 并引入符号 $B = \dfrac{f}{\tan\alpha}$，将式(16-31)积分并代入边界条件得：

$$\frac{\sigma_{x_1}}{\sigma_s} = \frac{1 + \left(1 + \dfrac{d_1}{\overline{D}}\right)B}{\left(1 + \dfrac{d_1}{\overline{D}}\right)B}\left[1 - \left(\frac{D_1^2 - d_1^2}{D_2^2 - d_1^2}\right)^{\left(1 + \frac{d_1}{\overline{D}}\right)B}\right] + \frac{\sigma_{x_2}}{\sigma_s} \times \left(\frac{D_1^2 - d_1^2}{D_2^2 - d_1^2}\right)^{\left(1 + \frac{d_1}{\overline{D}}\right)B} \quad (16\text{-}32)$$

式中，$\dfrac{D_1^2 - d_1^2}{D_2^2 - d_1^2}$ 为减壁段的伸长系数的倒数，以 $\dfrac{1}{\lambda_{bc}}$ 表示，并设

$$A = \left(1 + \frac{d_1}{\overline{D}}\right)B$$

代入式(16-32)得：

$$\frac{\sigma_{x_1}}{\sigma_s} = \frac{1 + A}{A}\left[1 - \left(\frac{1}{\lambda_{bc}}\right)^A\right] + \frac{\sigma_{x_2}}{\sigma_s}\left(\frac{1}{\lambda_{bc}}\right)^A \quad (16\text{-}33)$$

固定短芯棒拉拔时定径区摩擦力对 σ_1 的影响与空拉不同，还有内表面的摩擦应力。用棒材拉拔时的同样方法，可得到：

$$\frac{\sigma_1}{\sigma_s} = 1 - \frac{1 - \sigma_{x_1}/\sigma_s}{\mathrm{e}^{c_2}} \quad (16\text{-}34)$$

$$c_2 = \frac{4fl_d}{D_1 - d_1} = \frac{2fl_d}{S_1}$$

式中 D_1——该道次拉拔模定径区直径；

$\quad\quad d_1$——该道次拉拔芯棒直径；

$\quad\quad S_1$——该道次拉拔后制品壁厚。

（2）游动芯棒拉拔时，其受力情况如图16-14所示，它与固定短芯棒拉拔的主要区别在于减壁段 $b\text{-}c$ 的外表面的法向压力 N_1 与内表面的法向压力 N_2 的水平分力的方向相反，在拉拔过程中，芯棒将在一定范围内移动，现在按前极限位置来推导拉拔力计算公式。

将变形区分为空拉、减径、减壁区及定径区进行拉拔应力计算。

空拉区按空拉管材式(16-27)计算拉拔应力，即：

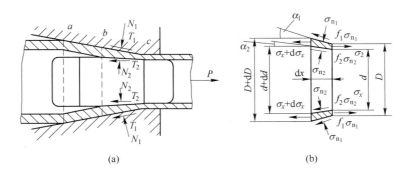

图 16-14　游动芯棒拉拔管材

$$\frac{\sigma_{x_2}}{\sigma_{s_3}} = \frac{1+B}{B}\left(1 - \frac{1}{\lambda_{ab}^B}\right) \tag{16-35}$$

$$B = \frac{f}{\tan\alpha}$$

式中　λ_{ab}——空拉区 ab 的伸长系数,

$$\lambda_{ab} = \frac{D_0^2 - d_0^2}{D_2^2 - d_2^2} = \frac{D_0 - S_0}{D_2 - S_0} \tag{16-36}$$

σ_{s_3}——空拉区 ab 的平均屈服应力。

减径减壁区 bc 的最终断面上的拉拔应力 σ_{x_1},取一微小单元体,列出微分平衡方程式:

$$\sigma_{n_1}\frac{\pi}{4}\left[(D+dD)^2 - D^2\right] - \sigma_{n_2}\frac{\pi}{4}\left[(d+dd)^2 - d^2\right] + f_1\sigma_{n_1}\pi Ddx + f_2\sigma_{n_2}\pi dx - $$

$$\sigma_x\frac{\pi}{4}(D^2 - d^2) + (\sigma_x + d\sigma_x)\frac{\pi}{4}\left[(D+dD)^2 - (d+dd)^2\right] = 0 \tag{16-37}$$

假设 $\sigma_{n_1} = \sigma_{n_2} = \sigma_n$,$f_1 = f_2 = f$,并且将 $\sigma_n = \sigma_s - \sigma_x$,$dx = \frac{dD}{2\tan\alpha_1}$,$dd = \frac{\tan\alpha_2}{\tan\alpha_1}dD$,

$B = \dfrac{f}{\tan\alpha_1}$ 代入式(16-37),略去高阶微量后得:

$$(D^2 - d^2)d\sigma_x + 2\sigma_s\left[D + (D+d)B - d\frac{\tan\alpha_2}{\tan\alpha_1}\right]dD - 2\sigma_x(D+d)BdD = 0 \tag{16-38}$$

将式(16-38)与式(16-31)比较,两式相似,区别在于增加了 $d\dfrac{\tan\alpha_2}{\tan\alpha_1}$ 项,同时式(16-31)中的常量 d_1 在式(16-38)中是变量的,如果以减壁段的内径平均值 $\bar{d} = \dfrac{1}{2}(d_2 + d_1)$ 代替 d,外径平均值 $\bar{D} = \dfrac{1}{2}(D_2 + D_1)$,用与固定短芯棒相同的计算方法,可以得到减壁区终了断面上 d_c 的拉拔应力计算式,即:

$$\frac{\sigma_{x_1}}{\sigma_s} = \frac{1 + A - C}{A}\left[1 - \left(\frac{1}{\lambda_{bc}}\right)^A\right] + \frac{\sigma_{x_2}}{\sigma_s}\left(\frac{1}{\lambda_{bc}}\right)^A \tag{16-39}$$

$$A = \left(1 + \frac{\overline{d}}{\overline{D}}\right)B$$

$$B = \frac{f}{\tan\alpha_1}$$

$$C = \frac{\overline{d}}{\overline{D}} \times \frac{\tan\alpha_2}{\tan\alpha_1}$$

$$\lambda_{bc} = \frac{(D_2 - S_0)S_0}{(D_1 - S_1)S_1}$$

式中 σ_{x_2} ——减径区 b 点的轴向应力；

$\overline{D}$, $\overline{d}$ ——减壁区 bc 管的平均外径与内径；

α_2 ——芯棒锥角；

α_1 ——模角。

考虑定径区摩擦力的影响，即：

$$\frac{\sigma_1}{\sigma_s} = 1 - \frac{1 - \sigma_{x_1}/\sigma_s}{e^{c_2}} \tag{16-40}$$

16.2.3 拉拔机电机功率计算

（1）单模拉拔时，电机功率的计算公式为：

$$W = Pv/1000\eta \quad (\text{kW})$$

式中 P ——拉拔力，N；

v ——拉拔速度，m/s；

η ——拉拔机的效率，0.8~0.9。

（2）多模拉拔时，电机功率的计算公式为：

$$W = (P_1v_1 + P_2v_2 + P_3v_3 + \cdots + P_nv_n)/1000\eta_1\eta_2$$

式中 η_1 ——拉拔机卷筒的机械效率，0.9~0.95；

η_2 ——拉拔机机械传动效率，0.85~0.92。

16.3 拉拔力计算例题

根据实际管棒材工艺过程，就棒、空拉、游动芯棒拉拔和固定芯棒拉拔分别举例说明。

【例 16-1】 LY12 棒材，坯料 ϕ50mm 退火，拉前 ϕ40mm，拉后 ϕ35mm，模角 α = 12°，定径带长度 3mm，摩擦系数 0.09。试求 P_1。

解：（1）准备参数：

$$B = f/\tan\alpha = 0.09/\tan12° = 0.425, \quad \lambda = \frac{D_0^2}{D_1^2} = \frac{40^2}{35^2} = 1.31$$

$$C_0 = \frac{4fl_d}{D_1} = \frac{4 \times 0.09 \times 3}{35} = 0.031$$

（2）求变形抗力 σ_s：

$$\bar{\varepsilon} = 0.5 \times (\varepsilon_1 + \varepsilon_0) = 0.5 \times \left(\frac{50^2 - 40^2}{50^2} + \frac{50^2 - 35^2}{50^2} \right) = 43.5\%$$

查加工硬化曲线，得 $\sigma_s = 260\text{MPa}$。

（3）求 $\dfrac{\sigma_{x_1}}{\sigma_s}$，$\dfrac{\sigma_1}{\sigma_s}$，$P_1$：

$$\frac{\sigma_{x_1}}{\sigma_s} = \frac{1+B}{B}\left(1 - \frac{1}{\lambda^B}\right) = \frac{1+0.425}{0.425} \times \left(1 - \frac{1}{1.31^{0.425}}\right) = 0.3635$$

$$\frac{\sigma_1}{\sigma_s} = 1 - \frac{1 - \dfrac{\sigma_{x_1}}{\sigma_s}}{e^{c_0}} = 1 - \frac{1 - 0.3635}{e^{0.031}} = 0.3829$$

$$P_1 = \frac{\sigma_1}{\sigma_s}\sigma_s \frac{\pi}{4}D_1^2 = 0.3829 \times 260 \times \frac{\pi}{4} \times 35^2 = 95(\text{kN})$$

【例 16-2】 空拉 LF2 铝管，退火后拉第一道次，拉前 $\phi30\text{mm} \times 4\text{mm}$，拉后 $\phi25\text{mm} \times 4\text{mm}$，模角 $\alpha = 12°$，定径带长度 3mm，摩擦系数 0.1。试求 P_1。

解：（1）准备参数：

$$B = f/\tan\alpha = 0.1/\tan12° = 0.472, \quad \lambda = \frac{D_0 - S_0}{D_1 - S_1} = \frac{30 - 4}{25 - 4} = 1.24$$

$$C_1 = \frac{4fl_d}{D_1 - S_1} = \frac{4 \times 0.1 \times 3}{35 - 4} = 0.0286$$

（2）求变形抗力 σ_s：

$$\bar{\varepsilon} = 0.5 \times (\varepsilon_1 + \varepsilon_0) = 0.5 \times \left[\frac{(30 - 4) \times 4 - (25 - 4) \times 4}{(30 - 4) \times 4} + 0 \right] = 9.65\%$$

查加工硬化曲线，得 $\sigma_s = 230\text{MPa}$。

（3）求 $\dfrac{\sigma_{x_1}}{\sigma_s}$，$\dfrac{\sigma_1}{\sigma_s}$，$P_1$：

$$\frac{\sigma_{x_1}}{\sigma_s} = \frac{1+B}{B}\left(1 - \frac{1}{\lambda^B}\right) = \frac{1+0.472}{0.472} \times \left(1 - \frac{1}{1.24^{0.472}}\right) = 0.301$$

$$\frac{\sigma_1}{\sigma_s} = 1 - \frac{1 - \dfrac{\sigma_{x_1}}{\sigma_s}}{e^{c_1}} = 1 - \frac{1 - 0.301}{e^{0.0286}} = 0.320$$

220

$$P_1 = \frac{\sigma_1}{\sigma_s}\sigma_s\pi S_1(D_1 - S_1) = 0.32 \times 230 \times 3.14 \times 4 \times (25 - 4) = 19.4(\mathrm{kN})$$

【例 16-3】　拉拔 H80 黄铜管，坯料在 $\phi 40\mathrm{mm} \times 5\mathrm{mm}$ 时退火，其后道次用游动芯棒拉拔，拉拔前 $\phi 30\mathrm{mm} \times 4\mathrm{mm}$，拉拔后 $\phi 25\mathrm{mm} \times 3.5\mathrm{mm}$，模角 $\alpha = 12°$，芯棒锥角 $\alpha_1 = 9°$，定径带长度 3mm，摩擦系数 0.09。试求 P_1。

解：（1）各断面尺寸为：

$D_0 = 30\mathrm{mm}$　　　　　　$D_2 = ?$　　　　　　　$D_1 = 25\mathrm{mm}$

$d_0 = 22\mathrm{mm}$　　　　　　$d_2 = ?$　　　　　　　$d_1 = 18\mathrm{mm}$

$S_0 = 4\mathrm{mm}$　　　　　　$S_2 = S_0 = 4\mathrm{mm}$　　　　$S_1 = 3.5\mathrm{mm}$

$$d_2 = d_1 + 2\Delta S\frac{\cos\alpha}{\sin(\alpha - \alpha_1)}\sin\alpha_1 = 18 + 2(4 - 3.5)\frac{\cos 12°}{\sin(12° - 9°)}\sin 9° = 20.92(\mathrm{mm})$$

$$D_2 = d_2 + 2S_2 = 20.92 + 2 \times 4 = 28.92(\mathrm{mm})$$

（2）求各个指数

$$B = f/\tan\alpha = 0.09/\tan 12° = 0.42$$

$$\bar{d} = \frac{1}{2}(d_2 + d_1) = \frac{1}{2} \times (20.92 + 18) = 19.46(\mathrm{mm})$$

$$\bar{D} = \frac{1}{2}(D_2 + D_1) = \frac{1}{2} \times (28.92 + 25) = 26.96(\mathrm{mm})$$

$$A = \left(1 + \frac{\bar{d}}{\bar{D}}\right)B = \left(1 + \frac{19.46}{26.96}\right) \times 0.42 = 0.72$$

$$C_2 = \frac{2f l_\mathrm{d}}{S_1} = \frac{2 \times 0.09 \times 4}{3.5} = 0.21$$

$$C = \frac{\bar{d}}{\bar{D}} \times \frac{\tan\alpha_1}{\tan\alpha} = \frac{19.46}{26.96} \times \frac{\tan 9°}{\tan 12°} = 0.54$$

$$\lambda_\mathrm{ab} = \frac{D_0 - S_0}{D_2 - S_2} = \frac{30 - 4}{28.92 - 4} = 1.04$$

$$\lambda_\mathrm{bc} = \frac{(D_2 - S_2)S_2}{(D_1 - S_1)S_1} = \frac{(28.92 - 4) \times 4}{(25 - 3.5) \times 3.5} = 1.32$$

（3）求 $\dfrac{\sigma_{x_2}}{\sigma_s}$，$\dfrac{\sigma_{x_1}}{\sigma_s}$，$\dfrac{\sigma_1}{\sigma_s}$：

$$\frac{\sigma_{x_2}}{\sigma_s} = \left(\frac{1 + B}{B}\right)\left(1 - \frac{1}{\lambda_\mathrm{ab}^B}\right) = \left(\frac{1 + 0.42}{0.42}\right) \times \left(1 - \frac{1}{1.04^{0.42}}\right) = 0.055$$

$$\frac{\sigma_{x_1}}{\sigma_s} = \frac{1 + A - C}{A}\left(1 - \frac{1}{\lambda_\mathrm{bc}^A}\right) + \frac{\sigma_{x_2}}{\sigma_s} \times \frac{1}{\lambda_\mathrm{bc}^A}$$

$$= \frac{1 + 0.72 - 0.54}{0.72} \times \left(1 - \frac{1}{1.32^{0.72}}\right) + 0.55 \times \frac{1}{1.32^{0.72}} = 0.34$$

$$\frac{\sigma_1}{\sigma_s} = 1 - \frac{1 - \dfrac{\sigma_{x_1}}{\sigma_s}}{e^{c_2}} = 1 - \frac{1 - 0.34}{e^{0.21}} = 0.465$$

（4）求变形抗力 σ_s：

$$\bar{\varepsilon} = 0.5 \times (\varepsilon_0 + \varepsilon_1)$$

$$= 0.5 \times \left[\frac{(40 - 5) \times 5 - (30 - 4) \times 4}{(40 - 5) \times 5} + \frac{(40 - 5) \times 5 - (25 - 3.5) \times 3.5}{(40 - 5) \times 5} \right]$$

$$= 48.7\%$$

查加工硬化曲线，得 $\sigma_s = 600\text{MPa}$。

（5）求拉拔力 P_1：

$$P_1 = \frac{\sigma_1}{\sigma_s} \sigma_s \pi (D_1 - S_1) S_1 = 0.465 \times 600 \times 3.14 (25 - 3.5) \times 3.5 = 65.92 (\text{kN})$$

也可用游动芯棒拉拔简化拉拔应力计算，即：

$$\sigma_1 = 1.6 \omega_1 \ln\lambda \, \overline{\sigma_s}$$

$$\omega_1 = \frac{\tan\alpha + f}{(1 - f\tan\alpha)\tan\alpha} + \frac{d_1}{d} \times \frac{f_1}{\tan\alpha}$$

式中　$\overline{\sigma_s}$——变形前后的平均屈服应力；

　　　λ——伸长系数；

　　　f——管材外表面与拉模的摩擦系数；

　　　f_1——管材内表面与芯棒的摩擦系数；

　　d, d_1——管材拉拔后的外径与内径。

【例 16-4】　拉拔 H80 黄铜管，坯料在 $\phi40\text{mm} \times 5\text{mm}$ 时退火，其后道次用固动芯棒拉拔，拉拔前 $\phi30\text{mm} \times 4\text{mm}$，拉拔后 $\phi25\text{mm} \times 3.5\text{mm}$，模角 $\alpha = 12°$，芯头锥角 $\alpha_1 = 9°$，定径带长度 3mm，摩擦系数 0.09。试求 P_1。

解：（1）各断面尺寸为：

$D_0 = 30\text{mm}$ 　　　　　$D_2 = ?$ 　　　　　$D_1 = 25\text{mm}$

$d_0 = 22\text{mm}$ 　　　　　$d_2 = d_1 = 18\text{mm}$

$S_0 = 4\text{mm}$ 　　　　　$S_2 = 4\text{mm}$ 　　　　　$S_1 = 3.5\text{mm}$

$$D_2 = d_2 + 2S_2 = 18 + 2 \times 4 = 26(\text{mm})$$

（2）求各个指数：

$$B = f/\tan\alpha = 0.09/\tan12° = 0.42$$

$$A = \left(1 + \frac{d_1}{D}\right) B = \left(1 + \frac{18}{25.5}\right) \times 0.42 = 0.7$$

$$C_2 = \frac{2fl_d}{S_1} = \frac{2 \times 0.09 \times 4}{3.5} = 0.21$$

$$\lambda_{ab} = \frac{D_0 - S_0}{D_2 - S_2} = \frac{30 - 4}{26 - 4} = 1.18$$

$$\lambda_{bc} = \frac{(D_2 - S_2)S_2}{(D_1 - S_1)S_1} = \frac{(26 - 4) \times 4}{(25 - 3.5) \times 3.5} = 1.17$$

（3）求 $\dfrac{\sigma_{x_2}}{\sigma_s}$, $\dfrac{\sigma_{x_1}}{\sigma_s}$, $\dfrac{\sigma_1}{\sigma_s}$:

$$\frac{\sigma_{x_2}}{\sigma_s} = \left(\frac{1 + B}{B}\right)\left(1 - \frac{1}{\lambda_{ab}^B}\right) = \left(\frac{1 + 0.42}{0.42}\right) \times \left(1 - \frac{1}{1.18^{0.42}}\right) = 0.227$$

$$\frac{\sigma_{x_1}}{\sigma_s} = \frac{1 + A}{A}\left(1 - \frac{1}{\lambda_{bc}^A}\right) + \frac{\sigma_{x_2}}{\sigma_s} \times \frac{1}{\lambda_{bc}^A} = \frac{1 + 0.7}{0.7} \times \left(1 - \frac{1}{1.17^{0.7}}\right) + 0.227 \times \frac{1}{1.17^{0.7}} = 0.456$$

$$\frac{\sigma_1}{\sigma_s} = 1 - \frac{1 - \dfrac{\sigma_{x_1}}{\sigma_s}}{e^{c_2}} = 1 - \frac{1 - 0.456}{e^{0.21}} = 0.559$$

（4）求变形抗力 σ_s :

$$\overline{\varepsilon} = 0.5 \times (\varepsilon_1 + \varepsilon_0)$$

$$= 0.5 \times \left[\frac{(40 - 5) \times 5 - (30 - 4) \times 4}{(40 - 5) \times 5} + \frac{(40 - 5) \times 5 - (25 - 3.5) \times 3.5}{(40 - 5) \times 5}\right]$$

$$= 48.7\%$$

查加工硬化曲线，得 $\sigma_s = 600\mathrm{MPa}$。

（5）求拉拔力 P_1 :

$$P_1 = \frac{\sigma_1}{\sigma_s}\sigma_s\pi(D_1 - S_1)S_1 = 0.559 \times 600 \times 3.14 \times (25 - 3.5) \times 3.5 = 79.25(\mathrm{kN})$$

习　　题

16-1　分析影响拉拔力的因素。

16-2　分析临界反拉力对拉拔应力的影响。

16-3　试分析超声波拉拔可以降低拉拔应力的原因。

16-4　试分析降低拉拔力，减少模具磨损，提高模具寿命的方法。

参 考 文 献

[1] 赵志业.金属塑性变形与轧制理论［M］.北京：冶金工业出版社，1980.
[2] 陆济民.轧制原理［M］.北京：冶金工业出版社，1993.
[3] А.И.采利柯夫.轧钢机的力参数计算理论［M］.北京：中国工业出版社，1965.
[4] 吕立华.金属塑性变形与轧制原理［M］.北京：化学工业出版社，2007.
[5] 张小平，袁建平.轧制理论［M］.北京：冶金工业出版社，2006.
[6] 齐克敏，丁桦.材料成形工艺学［M］.北京：冶金工业出版社，2006.
[7] 庞玉华.金属塑性加工学［M］.西安：西北工业大学出版社，2005.
[8] 曹鸿德.塑性变形力学基础与轧制原理［M］.北京：机械工业出版社，1981.
[9] 周纪华，管克智.金属塑性变形阻力［M］.北京：机械工业出版社，1989.
[10] 汪大年.金属塑性成形原理［M］.北京：机械工业出版社，1982.
[11] 王廷溥.金属塑性加工学［M］.北京：冶金工业出版社，1988.
[12] 杨节.轧制过程数学模型［M］.北京：冶金工业出版社，1983.
[13] 李生智.金属压力加工概论［M］.北京：冶金工业出版社，1984.
[14] 东北工学院有色金属及合金压力加工教研室.有色金属及合金板带材生产［M］.北京：冶金工业出版社，1959.
[15] 傅德武.轧钢学［M］.北京：冶金工业出版社，1983.
[16] 上海冶金局孔型学习班.孔型设计（上册）［M］.上海：上海人民出版社，1977.
[17] 王克智.轧制理论.北京科技大学内部讲义，1986.
[18] 张树堂.面向21世纪轧钢理论研究的展望［J］.钢铁研究学报，1998，10（6）：56~59.
[19] 王国栋.现代轧制理论发展的特征［J］.第五届轧制理论及新技术开发学术委员会学术年会资料，1991.
[20] 孙一康.带钢热连轧数学模型基础［M］.北京：冶金工业出版社，1979.
[21] А.И.采利柯夫.轧制原理手册［M］.北京：冶金工业出版社，1989.
[22] 温景林，丁桦，等.有色金属挤压与拉拔技术［M］.北京：化学工业出版社，2007.
[23] 温景林.金属挤压与拉拔工艺［M］.沈阳：东北大学出版社，1996.
[24] 马怀宪.金属塑性加工学——挤压、拉拔与管材冷轧［M］.北京：冶金工业出版社，1991.
[25] 杨守山.有色金属塑性加工学［M］.北京：冶金工业出版社，1983.
[26] 谢建新，刘静安.金属挤压理论与技术［M］.北京：冶金工业出版社，2001.
[27] 谢建新.材料加工新技术与新工艺［M］.北京：冶金工业出版社，2006.
[28] 吴诗亨.挤压原理［M］.北京：国防工业出版社，1994.
[29] 李国祯.现代钢管轧制与工具设计原理［M］.北京：冶金工业出版社，2006.
[30] 龚尧，周国盈.连轧钢管［M］.北京：冶金工业出版社，1992.
[31] 王廷溥.轧钢工艺学［M］.北京：冶金工业出版社，1981.
[32] 王廷溥.金属塑性加工学——轧制理论与工艺［M］.3版.北京：冶金工业出版社，2012.